普通高等教育计算机类系列教材

STM32 系列单片机原理及应用

——C 语言案例教程

主　编　海　涛

副主编　李啸骢　卢　泉

参　编　朱浩亮　韦善革

机械工业出版社

本书主要介绍 STM32 系列单片机 C 语言程序设计和应用技术两个方面的内容。全书共 9 章，包括单片机综述、STM32 的内部结构及接口特点、通用 I/O（输入/输出）的端口（GIPO）、STM32 单片机的中断系统及定时器、STM32 的 A/D 和 D/A 转换模块、总线通信接口 I²C 与 SPI、STM32 CAN 总线设计、STM32 硬件和实用程序、STM32 实验平台操作指南。

本书可作为电气自动化、工业自动化、仪器仪表、机电一体化等专业本科生和研究生的教材，也可作为相关技术人员的参考书。

图书在版编目（CIP）数据

STM32 系列单片机原理及应用：C 语言案例教程/海涛主编．—北京：机械工业出版社，2021.8（2024.6 重印）

普通高等教育计算机类系列教材

ISBN 978-7-111-68701-6

Ⅰ.①S… Ⅱ.①海… Ⅲ.①单片微型计算机—高等学校—教材 Ⅳ.①TP368.1

中国版本图书馆 CIP 数据核字（2021）第 139407 号

机械工业出版社（北京市百万庄大街 22 号　邮政编码 100037）
策划编辑：刘丽敏　责任编辑：刘丽敏　张翠翠
责任校对：张晓蓉　封面设计：张　静
责任印制：邓　博
北京中科印刷有限公司印刷
2024 年 6 月第 1 版第 5 次印刷
184mm×260mm·14.5 印张·359 千字
标准书号：ISBN 978-7-111-68701-6
定价：45.00 元

电话服务　　　　　　　　　网络服务
客服电话：010-88361066　　机 工 官 网：www.cmpbook.com
　　　　　010-88379833　　机 工 官 博：weibo.com/cmp1952
　　　　　010-68326294　　金 书 网：www.golden-book.com
封底无防伪标均为盗版　机工教育服务网：www.cmpedu.com

前　言

STM32 是嵌入式 32 位高档单片机系列之一，具有很高的性价比。目前该单片机有基本型系列、增强型系列、USB 基本型系列、互补型系列。

STM32 广泛应用于汽车、电力、自动化、通信等行业，其可靠性高，性能优越，市场占有率高。

为了提高读者应用单片机的能力和水平，我们在认真总结多年教学、科研经验的基础上编写了本书。编写时，充分考虑了初学者的特点及认识规律，努力把科学性与实用性、易读性结合起来，力求内容新颖、重点突出、侧重应用；从实际出发，用读者容易理解的体系和叙述方法，深入浅出、循序渐进地介绍内容，使从未学过微型计算机原理的读者也能掌握嵌入式单片机的知识。

STM32 是意法半导体集团开发的一个微控制器系列，是专为要求高性能、低成本、低功耗的嵌入式应用而设计的，按内核架构分为不同产品。其主流产品（STM32F0、STM32F1、STM32F3）的可靠性高，性能优越，市场占有率高。STM32 系列单片机集各类通信接口、AD/DA、定时器、看门狗、EEPROM、闪存、RAM 等于一体，功能很强，资源丰富，需要的外围电路少，有利于学习和开发产品。

本书的编写工作开始于 2019 年 7 月，由广西大学电气工程学院硕士生导师、教授级高级工程师海涛任主编并负责统稿全书的工作，广西大学李啸骢教授、卢泉副教授任副主编。参与本书编写的还有南宁学院的朱浩亮、广西大学的韦善革。

在本书的编写过程中，广西大学的陆代泽、肖建伦、陈昌贵、隆茂田、邓樟波、范恒、李娜娜、陈娟、陆猛、吴宗霖、杜松霖、张茜雯、张鑫垚等做了很多辅助工作，广西申能达智能科技有限公司的海蓝天也给予了大力支持和帮助，在此对他们表示感谢。

由于时间紧迫，编者水平有限，书中错误之处在所难免，恳请读者批评指正。

编　者

目　　录

第1章 单片机综述

内容提要 使用 C 语言开发嵌入式系统是今后单片机发展的主要方向。本章叙述了微机发展史，对嵌入式系统从定义、特点及与其他单片机的关系等几个方面进行了阐述，并介绍了单片机的应用特点、STM32 与 51 单片机比较所具有的优点和用 C 语言开发单片机的优势。

1.1 微机发展史简介

微机系统的核心部件为 CPU，从 CPU 的发展、演变过程可体现微机系统的发展过程。

第一代：4 位及低档 8 位 CPU（1971—1972 年），以 Intel4004 为代表。

第二代：中、低档 8 位 CPU（1973—1974 年），以 Intel8008 为代表。

第三代：高、中档 8 位 CPU（1975—1977 年），以 Intel8085 为代表。

第四代：16 位及低档 32 位 CPU（1978—1992 年）。

1978 年，Intel 首次推出 16 位 CPU 8086。

1985 年，Intel 推出了 32 位 CPU 80386（时钟频率为 20MHz）。

1989 年推出了 80486（时钟频率为 30～40MHz）CPU，后期推出的 80486 DX2 首次引入了倍频的概念，有效缓解了外部设备的制造工艺跟不上 CPU 主频发展速度的矛盾。

第五代：高档 32 位 CPU（1993—1999 年）。

1993 年，Intel 公司推出了新一代高性能 CPU——Pentium（奔腾），1999 年推出了开发代号为 Coppermine 的 PⅢ，加强了 CPU 在三维图像和浮点运算方面的能力。

第六代：Pentium Ⅱ CPU。

1998 年，Intel 公司推出了 Pentium Ⅱ CPU。从此以后，CPU 的发展和竞争愈演愈烈，CPU 的类别和型号几乎隔月就更新，其他公司也推出了相同档次的 CPU，如 K6，Athlon（K7）。以后 CPU 推出的速度越来越快。

1.2 微机与单片机

微机由 5 部分组成：运算器、控制器、存储器、输入设备、输出设备。但因微机的发展与大规模集成电路（LSI）密切相关，故微机在组成方面有自己的特点：

1）运算器和控制器集成在一个芯片上，称为 CPU 芯片。

2）存储器由半导体存储器芯片组成。

3）CPU、存储器、I/O 接口通过 AB、DB、CB 三总线交换信息。

4）外设通过 I/O 接口芯片与机器内的各部件交换信息。

所谓单片机（Single Chip Microcomputer），就是把中央处理器（Central Processing Unit, CPU）、存储器（Memory）、定时器、I/O（Input/Output）接口电路等一些计算机的主要功

能部件集成在一块集成电路芯片上的微型计算机。以往按照计算机的体系结构、运算速度、结构规模、适用领域，将其分为大型计算机、中型计算机、小型计算机和微型计算机，并以此来组织学科和产业分工，这种分类沿袭了约 40 年。近 10 年来，随着计算机技术的迅速发展，实际情况产生了根本性的变化。例如，由 20 世纪 70 年代末定义的微型计算机演变出来的个人计算机（PC），如今已经占据了全球计算机工业 90% 的市场，其处理速度也超过了当年大、中型计算机的定义。随着计算机技术和产品对其他行业的广泛渗透，以应用为中心的分类方法变得更为切合实际，也就是按计算机的嵌入式应用和非嵌入式应用将其分为嵌入式计算机和通用计算机。通用计算机具有计算机的标准形态，通过装配不同的应用软件，应用在社会的各个方面，其典型产品为 PC；而嵌入式计算机则以嵌入式系统的形式隐藏在各种装置、产品和系统中。

1.3　嵌入式系统

从 1946 年计算机诞生之日起，在计算机的发展过程中，它主要朝着大型和快速的方向发展。计算机功能的大致演变过程为：数值计算的人力替代→近代计算机的海量数值计算→过程的模拟仿真、分析和决策。在此期间，随着大规模集成电路技术的不断发展和人们需求的多样化，微型计算机异军突起，从而导致计算机向两个方向发展：一个是向高速度、高性能的通用计算机方向发展；另一个是向稳定可靠、小而价廉的嵌入式计算机或专用计算机方向发展。

1.3.1　嵌入式系统的定义与特点

1. 嵌入式系统的定义

按照历史性、本质性、普遍性要求，嵌入式系统应定义为"嵌入对象系统中的专用计算机系统"。嵌入性、专用性与计算机系统是嵌入式系统的 3 个基本要素。对象系统则是指嵌入式系统所嵌入的宿主系统。

2. 嵌入式系统的特点

嵌入式系统的特点与定义不同，它是由定义中的 3 个基本要素衍生出来的。对于不同的嵌入式系统，其特点会有差异。

与嵌入性相关的特点：由于是嵌入对象系统中的，因此必须满足对象系统的要求，如物理环境（小型）、电气环境（可靠）、成本（价廉）等要求。

与专用性相关的特点：软硬件的裁剪性。满足对象要求的最小软硬件配置等。

与计算机系统相关的特点：嵌入式系统必须是能满足对象系统控制要求的计算机系统。与前面两个特点相呼应，这样的计算机必须配置与对象系统相适应的接口电路。

另外，在理解嵌入式系统定义时，不要与嵌入式设备相混淆。嵌入式设备是指内部有嵌入式系统的产品和设备，如内含单片机的家用电器、仪器仪表、工控单元、机器人、手机、PDA 等。

按照上述嵌入式系统的定义，只要是满足定义中三要素的计算机系统，都可称为嵌入式系统。

有些人把嵌入式处理器当作嵌入式系统，这是不准确的。按照定义，嵌入式系统必须是一个嵌入式计算机系统,因此,只有嵌入式处理器构成一个计算机系统,并作为嵌入式应用时,这样的计算机系统才可称作嵌入式系统。

嵌入式系统被定义为:以应用为中心,以计算机技术为基础,软件及硬件可裁剪,适应应用系统对功能、可靠性、成本、体积、功耗要求的专用计算机系统。

1.3.2 嵌入式系统与单片机

1. 嵌入式计算机

嵌入式计算机也称专用计算机,具有对象交互、嵌入式应用、I/O 管理的功能,如单片机(STM32)、DSP 以及其他用于专门功能的计算机。

随着科技的发展,计算机在现场环境的可靠性大大提高,体积小型化,从而走出机房,迈入微型计算机时代。同时,微型计算机强化了 I/O 驱动功能,对外部的控制管理功能得以增强,将计算机嵌入对象系统中完成对象的智能化控制要求,诞生了嵌入式计算机系统。

嵌入式应用对计算机系统的要求:

1)可靠性高:防止控制失误。

2)物理空间有限:要嵌入对象系统中。

3)强大的 I/O 管理、驱动能力。

4)要和外围电路、功能单元打交道。

5)具有足够的应用软件:符合对象管理、控制要求的应用软件。

人们在通用计算机无法满足广泛的电气智能化要求的情况下,按照嵌入式应用要求,设计出最底层要求的芯片级嵌入式计算机系统,它就是微小型化、低价位(芯片形态、芯片价)的嵌入式计算机系统。单片机就这样应运而生了。

2. 嵌入式系统

(1)概念

嵌入式系统是实现嵌入式应用、无通用计算机形态和功能的专用计算机系统。

嵌入式系统的特点:嵌入性、专用性、计算机系统。

嵌入式系统的要求:可靠性、微小型、经济性、智能性、实时性。

(2)嵌入式系统的种类

按嵌入式系统存在的形态,可分为:

系统级工控机:嵌入式系统的最早形态,它是将通用计算机加固而实现的,尚具有通用计算机的形态和操作系统,应用开发比较方便,但造价较高。

板级系统:指以各种通用微处理器为核心构成的功能模块或功能板。一些通用 CPU 处理器生产厂家将在通用微处理器方面的技术和产品"移植"到嵌入式应用领域。

芯片级系统:在功能和形态上真正具有"嵌入式"意义的嵌入式系统,如 MCU、EMPU、DSP 等。

3. 单片机的功能

虽然单片机只是一个芯片,但从组成和功能上看,它已具有了微型计算机系统的含义。单片机的内部结构如图 1.1 所示。

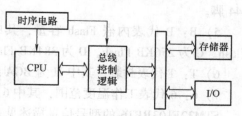

图 1.1 单片机的内部结构

由 ST 厂商推出的 STM32 是一款性价比高的单片机系列。为高性能、低成本、低功耗的嵌入式应用专门设计的 ARM Cortex - M 内核具有高性能外设：1μs 的双 12 位 ADC、4MB/s 的 UART、18MB/s 的 SPI 等。STM32 系列在功耗和集成度方面较出色，其结构简单，开发工具容易上手，深受业内欢迎。其功能主要表现在：

1）内核：ARM 32 位 Cortex - M3 CPU，最高工作频率为 72MHz，单周期乘法和硬件除法。

2）存储器：片上集成 32 ~ 512KB 的 Flash 存储器，6 ~ 64KB 的 SRAM 存储器。

3）时钟、复位和电源管理：2.0 ~ 3.6V 的电源供电和 I/O 接口的驱动电压，POR、PDR 和可编程的电压探测器（PVD），4 ~ 16MHz 的晶振，内嵌出厂前调校的 8MHz RC 振荡电路，内部 40kHz 的 RC 振荡电路，用于 CPU 时钟的 PLL，带校准用于 RTC 的 32kHz 的晶振。

4）调试模式：串行调试（SWD）和 JTAG 接口，最多高达 112 个的快速 I/O 接口、11 个定时器和 13 个通信接口。

比较流行的器件包括 STM32F103 系列、STM32 L1 系列、STM32W 系列。

4. STM32 芯片型号的命名规则

在 STM32F105 和 STM32F107 互联型系列微控制器之前，意法半导体集团已经推出 STM32 基本型系列、增强型系列、USB 基本型系列、增强型系列；新系列产品沿用增强型系列的 72MHz 处理频率。内存包括 64 ~ 256KB 的闪存和 20 ~ 64KB 的嵌入式 SRAM。新系列采用 LQFP64、LQFP100 和 LFBGA100 这 3 种封装，不同的封装应保持引脚排列一致性，结合 STM32 平台的设计理念，开发人员通过选择产品可重新优化存储器和引脚数量等，以最小的硬件变化来满足个性化的应用需求。

市面流通的型号有：

基本型：STM32F101R6、STM32F101C8、STM32F101R8、STM32F101V8 等。

增强型：STM32F103C8、STM32F103R8、STM32F103V8、STM32F103RB、STM32F103VB、STM32F103VE、STM32F103ZE 等。

STM32 型号的说明：以 STM32F103RBT6 这个型号的芯片为例，该型号的组成共 7 个部分。其命名规则如下：

1）STM32：STM32 代表 ARM Cortex - M3 内核的 32 位微控制器（MCU）。

2）F：F 代表芯片子系列。

3）103：103 代表增强型系列。

4）R：R 代表引脚数，其中 T 为 36 脚，C 为 48 脚，R 为 64 脚，V 为 100 脚，Z 为 144 脚。

5）B：B 代表内嵌 Flash 容量，其中 6 为 32KB Flash，8 为 64KB Flash，B 为 128KB Flash，C 为 256KB Flash，D 为 384KB Flash，E 为 512KB Flash。

6）T：T 代表封装，其中 H 为 BGA 封装，T 为 LQFP 封装，U 为 VFQFPN 封装。

7）6：6 代表工作温度范围，其中 6 代表 -40 ~ 85℃，7 代表 -40 ~ 105℃。

STM32F103RBT6 的型号信息描述见表 1.1。

表 1.1　STM32F103RBT6 的型号信息描述

STM32	F	103	R	B	T	6
32 位 MCU	子系列	增强型	64 脚	128KB	LQFP 封装	−40 ~ 85℃

STM32F103RBT6 即为 ST 品牌 ARM Cortex − Mx 系列内核 32 位增强型 MCU，LQFP 封装 64 脚，闪存容量为 128KB，温度范围为 −40 ~ 85℃。

5. STM32 芯片硬件主要指标描述

（1）芯片名称描述

STM32 代表 ST 品牌 Cortex − Mx 系列内核（ARM）的 32 位 MCU。

（2）芯片闪存及工作电压描述

F：通用快闪（Flash Memory）。

L：低电压（1.65 ~ 3.6V）；F 类型中，F0xx 和 F1xx 系列为 2.0 ~ 3.6V；F2xx 和 F4xx 系列为 1.8 ~ 3.6V；W：无线系统芯片，开发版。

（3）产品子系列

ARM Cortex − M0 内核有 050、051 子系列。

ARM Cortex − M3 内核型号编号及编号含义描述见表 1.2。

表 1.2　ARM Cortex − M3 内核型号编号及编号含义描述

型号编号	编号含义	型号编号	编号含义
100	超值型	105	USB 互联网型
101	基本型	107	USB 互联网型、以太网型
102	USB 基本型	108	IEEE 802. 15. 4 标准
103	增强型	152/162	带 LCD
205/207	不加密模块（备注）	215/217	加密模块（备注）

注：150DMIPS，高达 1MB 闪存/128 + 4KB RAM，USB OTG HS/FS，以太网，17 个 TIM，3 个 ADC，15 个通信外设接口和摄像头。

ARM Cortex − M4 内核型号编号及编号含义见表 1.3。

表 1.3　ARM Cortex − M4 内核型号编号及编号含义

型号编号	编号含义
405/407	不加密模块
415/417	加密模块
ARM Cortex − M4 内核硬件资源	

注：MCU + FPU，210DMIPS，高达 1MB 闪存/192 + 4KB RAM，USB OTG HS/FS，以太网，17 个 TIM，3 个 ADC，15 个通信外设接口和摄像头。

（4）引脚数及相应编号

引脚数和相应编号见表 1.4。

表 1.4　引脚数和相应编号

编号	F	G	K	T	H	C	U	R	O	V	Q	Z	I
PIN 数	20	28	32	36	40	48	63	64	90	100	132	144	176

（5）Flash 存储容量（KB Flash）及分类

Flash 存储容量（KB Flash）及分类见表 1.5。

表 1.5　Flash 存储容量（KB Flash）及分类

编号	4	6	8	B	C	D	E	F	G
容量/KB	16	32	64	128	256	384	512	768	1M
容量分类	小容量		中容量		大容量				

1.4　单片机的应用特点

单片机具有体积小、功能强、用途广、使用灵活、价格便宜、工作可靠等独特优点，成为工程技术人员技术革新的有力武器。现在单片机已得到广泛的应用。

1. 工业过程控制

过程控制是单片机应用最多，也是最有效的方面之一。单片机既可用作过程控制中的主计算机，也可作为分布式计算机控制系统中的前端机，完成模拟量采集及开关量的输入、处理和控制计算，然后输出控制信号。机械制造、机床数控、炼钢轧钢、石油化工、化肥、塑料、纺织、制糖等生产过程大量应用单片机，在航天航空、军事、航海等设备中，也越来越多地应用单片机。在过程控制中应用单片机已成为一种不可抗拒的趋势。

2. 智能化仪器仪表

单片机还广泛应用于仪器仪表中，结合不同类型的传感器，可实现诸如电压、功率、频率、湿度、温度、流量、速度、厚度、角度、长度、硬度、元素、压力等物理量的测量。采用单片机控制可使仪器仪表数字化、智能化、微型化，且功能比采用电子或数字电路的设备（如功率计、示波器、各种分析仪）更加强大。目前，无论常规仪器还是特种仪器都大量应用单片机，从而使用软件取代过去电子线路的硬件功能，使成本大大降低，功能显著增强，使用愈加方便。采用单片机已成为仪器智能化的代名词。

3. 家用电器

单片机已广泛应用于电视机、电冰箱、洗衣机、微波炉、电饭锅、恒温箱、立体声音响、录像机、家用防盗报警器等各种设备中。

4. 计算机网络和通信领域

目前的单片机普遍具备通信接口，可以很方便地与计算机进行数据通信，为在计算机网络和通信设备间的应用提供了较好的条件，现在的通信设备，从小型程控交换机、楼宇自动通信呼叫系统、列车无线通信，再到日常工作中随处可见的移动电话、集群移动通信、无线电对讲机等，基本上都实现了单片机智能控制。

5. 医用设备领域

单片机在医用设备中的用途亦相当广泛，如医用各种分析仪、监护仪、超声诊断设备及病床呼叫系统等。

此外，单片机在工商、金融、科研、教育、国防、航空航天等领域都有着十分广泛的用途。确切地讲，单片机在人们日常生活中的应用所受到的主要限制不是技术问题，而是创造力和技巧上的问题。部分 STM32 系列单片机选型与配置表见表 1.6。

表 1.6 部分 STM32 系列单片机选型与配置表

STM32F101 系列

	型号	封装	程序空间 /KB	RAM /KB	16位普通 (IC/OC/PWM)	16位高级 (IC/OC /PWM)	16位基本 (IC/OC /PWM)	I²C	看门狗	RTC	STI	USART	SDIO	USB/CAN	I²S	DAC (通道)	I/O端口	供电电压 /V	ADC (通道)
36脚	STM32F101T6U6	QFN36	32	6	2X(8/8/8)			1	2	1	1	2					26	2~3.6	1/(10)
	STM32F101T8U6	QFN36	64	10	3X(12/12/12)			1	2	1	1	2					26	2~3.6	1/(10)
48脚	STM32F101C8T6	LQFP48	64	10	3X(12/12/12)			2	2	1	2	3					37	2~3.6	1/(10)
	STM32F101C6T6	LQFP48	32	6	2X(8/8/8)			1	2	1	1	2					37	2~3.6	1/(10)
	STM32F101CBT6	LQFP48	128	16	3X(12/12/12)			2	2	1	2	3					37	2~3.6	1/(10)
	STM32F101R8T6	LQFP64	64	10	3X(12/12/12)			2	2	1	2	3					51	2~3.6	1/(16)
	STM32F101RDT6	LQFP64	384	48	4X(16/16/16)		2	2	2	1	3	5				1(2)	51	2~3.6	1/(16)
	STM32F101RBT6	LQFP64	128	16	3X(12/12/12)			2	2	1	2	3					51	2~3.6	1/(16)
64脚	STM32F101RCT6	LQFP64	256	32	4X(16/16/16)		2	2	2	1	3	5				1(2)	51	2~3.6	1/(16)
	STM32F101R6T6	LQFP64	32	6	2X(8/8/8)			1	2	1	1	2					51	2~3.6	1/(16)
	STM32F101RET6	LQFP64	512	48	4X(16/16/16)		2	2	2	1	3	5				1(2)	51	2~3.6	1/(16)
	STM32F101VBT6	LQFP100	128	16	3X(12/12/12)			2	2	1	2	3					80	2~3.6	1/(16)
	STM32F101VET6	LQFP100	512	48	4X(16/16/16)		2	2	2	1	3	5				1(2)	80	2~3.6	1/(16)
100脚	STM32F101V8T6	LQFP100	64	10	3X(12/12/12)			2	2	1	2	3					80	2~3.6	1/(16)
	STM32F101VCT6	LQFP100	256	32	4X(16/16/16)		2	2	2	1	3	5				1(2)	80	2~3.6	1/(16)
	STM32F101VDT6	LQFP100	384	48	4X(16/16/16)		2	2	2	1	3	5				1(2)	80	2~3.6	1/(16)
	STM32F101ZCT6	LQFP144	256	32	4X(16/16/16)		2	2	2	1	3	5				1(2)	112	2~3.6	1/(16)
144脚	STM32F101ZDT6	LQFP144	384	48	4X(16/16/16)		2	2	2	1	3	5				1(2)	112	2~3.6	1/(16)
	STM32F101ZET6	LQFP144	512	48	4X(16/16/16)		2	2	2	1	3	5				1(2)	112	2~3.6	1/(16)

（续）

STM32F103 系列

脚	型号	封装	程序空间/KB	RAM/KB	16位普通(IC/OC/PWM)	16位高级(IC/OC/PWM)	16位基本(IC/OC/PWM)	I²C	看门狗	RTC	STI	USART	SDIO	USB/CAN	I²S	DAC(通道)	I/O端口	供电电压/V	ADC(通道)
36脚	STM32F103T6T6	QFN36	32	10	2X(8/8/8)	1(4/4/6)		1	2	2	1	2		1/1			26	2~3.6	2/(10)
	STM32F103T8	QFN36	64	20	3X(12/12/12)	1(4/4/6)		1	2	2	1	2		1/1			26	2~3.6	2/(10)
48脚	STM32F103C8T6	LQFP48	64	20	3X(12/12/12)	1(4/4/6)		2	2	2	2	3		1/1			37	2~3.6	2/(16)
	STM32F103C6T6	LQFP48	32	10	2X(8/8/8)	1(4/4/6)		1	2	2	1	2		1/1			37	2~3.6	2/(16)
	STM32F103CBT6	LQFP48	128	20	3X(12/12/12)	1(4/4/6)		2	2	2	2	3		1/1			37	2~3.6	2/(16)
64脚	STM32F103RBT6	LQFP64	128	20	3X(12/12/12)	1(4/4/6)		2	2	2	2	3		1/1			51	2~3.6	2/(16)
	STM32F103R6T6	LQFP64	32	10	2X(8/8/8)	1(4/4/6)		1	2	2	1	2		1/1			51	2~3.6	2/(16)
	STM32F103R8T6	LQFP64	64	20	3X(12/12/12)	1(4/4/6)		2	2	2	2	3		1/1			51	2~3.6	2/(16)
	STM32F103RDT6	LQFP64	384	64	4X(16/16/16)	2(8/8/12)	2	2	2	1	3	5	1	1/1	2	1(2)	51	2~3.6	3/(16)
	STM32F103RCT6	LQFP64	256	48	4X(16/16/16)	2(8/8/12)	2	2	2	1	3	5	1	1/1	2	1(2)	51	2~3.6	3/(16)
	STM32F103RET6	LQFP64	512	64	4X(16/16/16)	2(8/8/12)	2	2	2	1	3	5	1	1/1	2	1(2)	51	2~3.6	3/(16)
100脚	STM32F103VDT6	LQFP100	384	64	4X(16/16/16)	2(8/8/12)	2	2	2	1	3	5	1	1/1	2	1(2)	80	2~3.6	3/(16)
	STM32F103VCT6	LQFP100	256	48	4X(16/16/16)	2(8/8/12)	2	2	2	1	3	5	1	1/1	2	1(2)	80	2~3.6	3/(16)
	STM32F103V8T6	LQFP100	64	20	3X(12/12/12)	1(4/4/6)		2	2	2	2	3		1/1			80	2~3.6	2/(16)
	STM32F103VBT6	LQFP100	128	20	3X(12/12/12)	1(4/4/6)		2	2	2	2	3		1/1			80	2~3.6	2/(16)
	STM32F103VET6	LQFP100	512	64	4X(16/16/16)	2(8/8/12)	2	2	2	1	3	5	1	1/1	2	1(2)	80	2~3.6	3/(16)
144脚	STM32F103ZCT6	LQFP144	256	48	4X(16/16/16)	2(8/8/12)	2	2	2	1	3	5	1	1/1	2	1(2)	112	2~3.6	3/(16)
	STM32F103ZET6	LQFP144	512	64	4X(16/16/16)	2(8/8/12)	2	2	2	1	3	5	1	1/1	2	1(2)	112	2~3.6	3/(16)
	STM32F103ZDT6	LQFP144	384	64	4X(16/16/16)	2(8/8/12)	2	2	2	1	3	5	1	1/1	2	1(2)	112	2~3.6	3/(16)

1.5　STM32 与 51 单片机比较有哪些优点

STM32 单片机属于 ARM 内核的一个版本，有很多资源是 51 单片机不具备的，如 USB 控制器。

STM32 单片机程序都是模块化的，接口相对简单，它自身的功能丰富，工作速度也快。而 51 单片机的自身功能少，需要外围元件多。

STM32 单片机互联型系列产品强化了音频、视频性能，采用一个先进的锁相环机制，实现音频级别的 I^2S 通信。结合 USB 主机或从机功能，STM32 可以从外部存储器（U 盘或 MP3 播放器）读取、解码和输出音频信号。

STM32 单片机的运算速度约是 51 单片机的几十倍，外围接口功能比 51 单片机强大得多。

STM32 单片机是基于 ARM Cortex – M3 处理器内核的 32 位闪存微控制器，为 MCU 用户开辟了全新的自由开发空间，提供了各种易于上手的软硬件辅助工具。STM32 MCU 集高性能、实时性、数字信号处理、低功耗、低电压于一身，同时保持高集成度和开发简易的特点。业内强大的产品阵容，基于工业标准的处理器，大量的软硬件开发工具，使 STM32 单片机成为各类中小项目和完整平台解决方案的理想选择。按内核架构可分为不同的产品系列。STM32F102x 产品系列如图 1.2 所示。

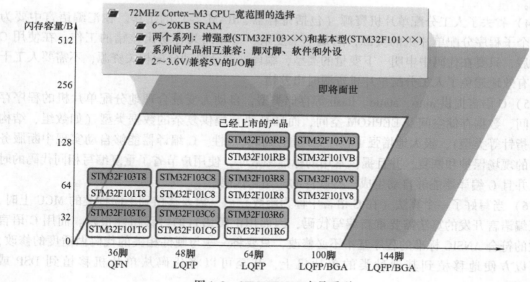

图 1.2　STM32F102x 产品系列

STM32 单片机的优越特性主要表现在有先进的外设：

- 双通道 ADC。
- 多功能定时器。
- 通用的输入/输出接口。
- 7 通道的 DMA。
- 高速通信口（SPI、I^2C、USART 等）。

1.6   用 C 语言开发单片机的优势

随着市场竞争的日趋激烈，要求电子工程师能够在短时间内编写出执行效率高且可靠的嵌入式系统的执行代码。同时，由于实际系统日趋复杂，因此要求所写的代码规范化、模块化，便于多个工程师以软件工程的形式进行协同开发。汇编语言作为传统嵌入式系统的编程语言，具有执行效率高等优点，但其本身是一种低级语言，编程效率低下，且可移植性和可读性差，维护不方便，从而导致整个系统的可靠性也较差。而 C 语言以其结构化和能产生高效代码等优势满足了电子工程师的需要，成为他们进行嵌入式系统编程的首选开发工具，得到了广泛支持。用 C 语言进行嵌入式系统的开发具有使用汇编语言编程不可比拟的优势：

1）无须精通单片机指令集和具体的硬件，也能够编写出符合硬件实际专业水平的程序。

2）可以大幅度加快开发进度，特别是开发一些复杂的系统，程序量越大，用 C 语言就越有优势。

3）可以实现软件的结构化编程，它使得软件的逻辑结构变得清晰、有条理，便于开发小组计划项目、分工合作。源程序的可读性和可维护性都很好，基本上可以忽略因开发人员变化而给项目进度或后期维护以及升级所带来的影响，从而保证整个系统的可靠性。

4）省去了人工分配单片机资源（包括寄存器、RAM 等）的工作。在汇编语言中要为每一个子程序分配单片机的资源，这是一个复杂、乏味而又容易出差错的工作。在使用 C 语言后，只要在代码中申明一下变量的类型，编译器就会自动分配相关资源，不需要人工干预，有效地避免了人工分配单片机资源时出差错。

5）C 语言提供 auto、static、flash 等存储类型，自动为变量合理地分配单片机的程序存储空间、数据存储空间及 EEPROM 空间，而且 C 语言提供复杂的数据类型（如数组、结构体、指针等类型），极大地增强了程序处理能力和灵活性。C 编译器能够自动实现中断服务程序的现场保护和恢复，并且提供常用的标准函数库，使用户节省了重复编写相同代码的时间，并且 C 编译器能够自动生成一些硬件的初始化代码。

6）当写好了一个算法（在 C 语言中称为函数）后，需要移植到不同种类的 MCU 上时，用汇编语言开发的算法需要重新编写代码，因而用汇编语言的可移植性很差。而用 C 语言开发的符合 ANSIC 标准的程序基本不必修改，只要将一些与硬件相关的代码做适度的修改，就可以方便地移植到其他种类的单片机上，甚至可以将代码从单片机移植到 DSP 或 ARM 中。

7）对于一些复杂系统的开发，可以通过移植（或 C 编译器提供的实时操作系统）来实现。虽然使用 C 语言写出来的代码会比用汇编语言写出来的代码占用的空间大 5% ~20%，但是由于芯片的容量和速度有了大幅度的提高，因此占用空间大小的差异已经不很关键。相比之下，应该更注重软件是否具有长期稳定运行的能力，注重使用先进开发工具所带来的时间和成本的优势。

使用 C 语言开发嵌入式系统，是今后单片机发展的主要方向。

本 章 小 结

嵌入式系统被定义为：以应用为中心，以计算机技术为基础，软件及硬件可裁剪，适应应用系统对功能、可靠性、成本、体积、功耗要求的专用计算机系统。特点：嵌入性、专用性、计算机系统。嵌入式系统的要求：可靠性、微小型、经济性、智能性、实时性。嵌入式系统按存在的形态可分为系统级工控机、板级系统、芯片级系统。

单片机就是把中央处理器（Central Processing Unit，CPU）、存储器（Memory）、定时器、I/O（Input/Output）接口电路等一些计算机的主要功能部件集成在一块集成电路芯片上的微型计算机。

STM32 单片机已形成一个系列。为满足不同的需求和应用，本章配有部分 STM32 系列单片机的选型与配置表，供读者参考和查用。

STM32 单片机可应用于工业过程控制、智能化仪器仪表、家用电器设备、计算机网络和通信领域等方面。

本 章 习 题

1. 什么是嵌入式系统？它的特点有哪些？如何进行分类？

2. 何谓单片机？单片机内部有哪些功能部件？

3. 与其他单片机相比较，STM32 单片机在性能上有哪些优越之处？

4. 列举日常生活中单片机应用的例子。

5. 简述 STM32 系列单片机的命名规则，如何根据项目要求选择 STM32 系列中的某一单片机？

6. 在工业过程控制、智能化仪器仪表、家用电器设备、计算机网络和通信等领域中，如何选用性价比高的单片机？

第 2 章　STM32 的内部结构及接口特点

内容提要　主要描述 STM32 单片机的主要特性、内部结构框图、引脚功能，还介绍了 STM32 的存储器、系统时钟及时钟选项、系统控制、复位中断等。

2.1　STM32 单片机概述

STM32 系列专为要求高性能、低成本、低功耗的嵌入式应用设计了 ARM Cortex – M0、M0 +、M3、M4 和 M7 内核，主流产品（STM32F0、STM32F1、STM32F3），超低功耗产品（STM32L0、STM32L1、STM32L4），高性能产品（STM32F2、STM32F4、STM32F7、STM32H7）等。STM32 是 32 位高性能嵌入式单片机，其内核为 ARM Cortex – M，特点是高性能、低成本、低功耗、可裁剪。

2.1.1　STM32 的主要特性

除了新增的功能强化型外设接口外，STM32 互联系列还提供了许多功能强大的标准接口，这些外设共用提升了应用灵活性，可使开发人员在多样性设计中重复使用同一个软件。新的 STM32 标准外设包括 10 个定时器、两个 12 位 A/D 转换器、两个 12 位 D/A 转换器、两个 I²C 接口、5 个 USART 接口、3 个 SPI 接口、12 条 DMA 通道、一个 CRC 计算单元。

新系列微控制器延续了 STM32 产品的低电压和节能两大优点。2.0 ~ 3.6V 的工作电压范围支持电池技术，如锂电池和镍氢电池，设有电池工作模式专用引脚 V_{bat}。以 72MHz 的频率从闪存执行代码，仅消耗 27mA 电流。低功耗模式共有 4 种，可将电流降至 2μA。低功耗模式快速启动也可节能，启动电路使用 STM32 内部生成的 8MHz 信号，将微控制器从停止模式唤醒用时小于 6μs。

2.1.2　STM32 单片机内部结构框图

基本上，STM32 的每个引脚都有以下 8 种配置模式。

1) 浮空输入。

2) 带弱上拉输入。

3) 带弱下拉输入。

4) 模拟输入。

5) 推挽输出。

6) 开漏输出。

7) 复用推挽输出。

8) 复用开漏输出。

STM32 单片机内部结构框图如图 2.1 所示。

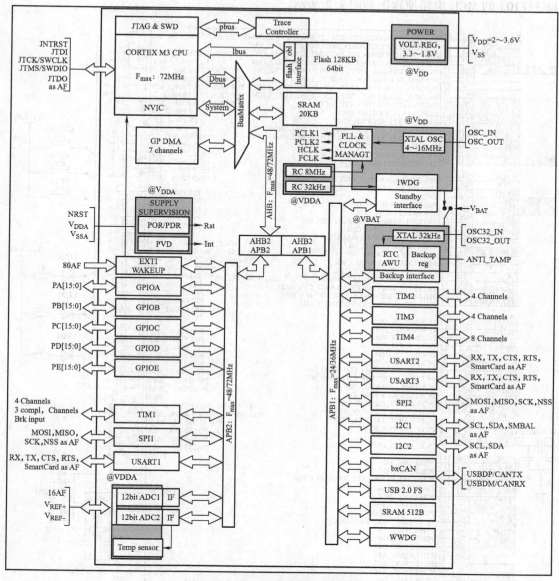

图 2.1　STM32 单片机内部结构框图

2.1.3　STM32 引脚功能描述

STM32F103 开发板选择 STM32F103ZET6 作为 MCU，是 STM32 系列中配置较强大的芯片，拥有的资源包括 64KB SRAM、512KB Flash、两个基本定时器、4 个通用定时器、两个高级定时器、两个 DMA 控制器、3 个 SPI、两个 I²C、5 个串口、一个 USB、一个 CAN、3 个 12 位 ADC、一个 12 位 DAC、一个 SDIO 接口、一个 FSMC 接口以及 112 个通用 I/O 接口。该芯片的配置强大，并且带外部总线（FSMC），用来外扩 SRAM 连接 LCD 等，通过 FSMC 驱动 LCD，显著提高 LCD 的刷屏速度，是 STM32 家族常用芯片里配置最高的芯片。

STM32F103 的 MCU 电路原理图如图 2.2 所示。

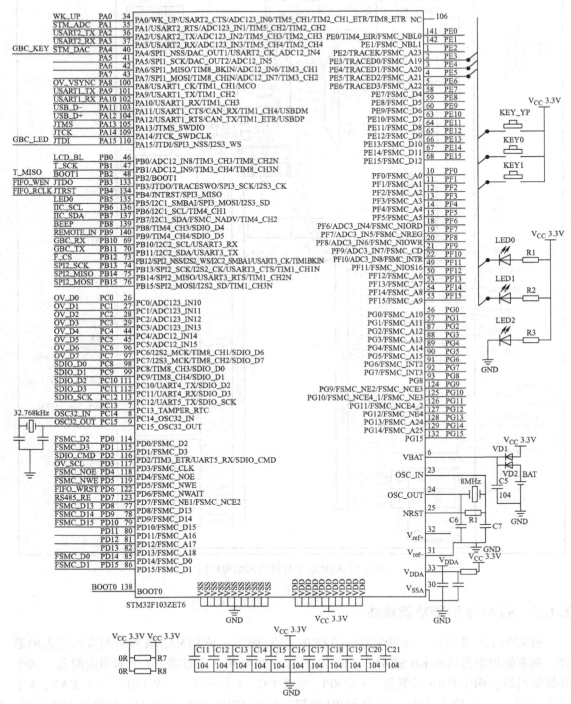

图 2.2　STM32F103 的 MCU 电路原理图

STM32F103 的芯片引脚较多，每个引脚有独立的引脚标号，资源丰富。

STM32F103ZET6 的引脚编号及描述见表 2.1。

表 2.1　STM32F103ZET6 的引脚编号及描述

引脚编号	GPIO	连接资源		完全独立	连接关系说明	使用提示
34	PA0	WK_UP		Y	1，按键 KEY_UP 2，可以做待机唤醒脚（WK-UP）	只要 KEY_UP 不按下，该 I/O 完全独立
35	PA1	STM_ADC	TPAD	Y	ADC 输入引脚，同时做 TPAD 检测脚	拔了 P7 的跳线帽，则该 I/O 完全独立
36	PA2	USART2_TX	485 RX	Y	RS485 RX 脚（P5 设置）	该 I/O 通过 P5 选择是否连接 RS485_RX，去掉 P5 的跳线帽，则该 I/O 完全独立
37	PA3	USART2_RX	485 TX	Y	RS485 TX 脚（P5 设置）	该 I/O 通过 P5 选择是否连接 RS485_TX，去掉 P5 的跳线帽，则该 I/O 完全独立
40	PA4	STM_DAC	GBC_KEY	Y	1，DAC_OUT1 输出脚 2，ATK - MODULE 接口的 KEY 引脚	该 I/O 可做 DAC 输出，同时也连接在 ATK - MODULE 接口，如果在 ATK - MODULE 接口不插外设，则可以完全独立
41	PA5			Y	未接任何外设	该 I/O 未接任何外设，完全独立
42	PA6			Y	未接任何外设	该 I/O 未接任何外设，完全独立
43	PA7			Y	未接任何外设	该 I/O 未接任何外设，完全独立
100	PA8	OV_VSYNC		Y	OLED/CAMERA 接口的 VSYNC 脚	仅连接 OLED/CAMERA 接口的 VSYNC，当不使用 OLED/CAMERA 接口时，该 I/O 完全独立
101	PA9	USART1_TX		Y	串口 1 TX 脚，默认连接 CH340 的 RX（P3 设置）	该 I/O 通过 P3 选择是否连接 CH340 的 RXD，如果不连接，则该 I/O 完全独立
102	PA10	USART1_RX		Y	串口 1 RX 脚，默认连接 CH340 的 TX（P3 设置）	该 I/O 通过 P3 选择是否连接 CH340 的 TXD，如果不连接，则该 I/O 完全独立
103	PA11	USB_D -	CRX	Y	1，USB_D -引脚（P6 设置） 2，CRX 引脚（P6 设置）	该 I/O 通过 P6 选择连接 USB_D -还是 CAN 的 RX 脚，如果去掉 P6 的跳线帽，则该 I/O 完全独立
104	PA12	USB_D +	CTX	Y	1，USB_D +引脚（P6 设置） 2，CTX 引脚（P6 设置）	该 I/O 通过 P6 选择连接 USB_D + 还是 CAN 的 TX 脚，如果去掉 P6 的跳线帽，则该 I/O 完全独立

（续）

引脚编号	GPIO	连接资源		完全独立	连接关系说明	使用提示
105	PA13	JTMS	SWDIO	N	JTAG/SWD 仿真接口，没接任何外设 注意：如果要做普通 I/O，需先禁止 JTAG 和 SWD	JTAG/SWD 仿真接口，没连外设。建议仿真器选择 SWD 调试，这样仅 SWDIO 和 SWDCLK 两个信号即可仿真。该 I/O 做普通 I/O 用（有 10kΩ 上/下拉电阻），需先禁止 JTAG 和 SWD！此时无法仿真
109	PA14	JTCK	SWDCLK	N	JTAG/SWD 仿真接口，没接任何外设 注意：如果要做普通 I/O，需先禁止 JTAG 和 SWD	库函数全禁止方法：GPIO_PinRemapConfig（GPIO_Remap_SWJ_Disable） 寄存器全禁止方法：JTAG_Set（JTAG_SWD_DISABLE）
110	PA15	JTDI	GBC_LED	N	1，JTAG 仿真（JTDI） 2，ATK - MODULE 接口的 LED 引脚（使用时，需先禁止 JTAG，才可以当普通 I/O 使用）	JTAG 仿真口，也接 ATK - MODULE 接口的 LED 脚，如果不用 JTAG 和 ATK - MODULE 接口，则可做普通 I/O 用（有 10kΩ 上拉电阻）。做普通 I/O 用，需先禁止 JTAG。此时可 SWD 仿真，但 JTAG 无法仿真库函数禁止 JTAG 方法：GPIO PinRemapConfig（GPIO_Remap_SWJ_JTAGDisable）寄存器禁止 JTAG 方法：JTAG_Set（SWD_ENABLE）
46	PB0	LCD_BL		Y	TFTLCD 接口背光控制脚	该 I/O 接 TFTLCD 模块接口的背光控制脚（BL），当不插 TFTLCD 模块时，该 I/O 完全独立
47	PB1	T_SCK		Y	TFTLCD 接口触摸屏 SCK 信号	该 I/O 接 TFTLCD 模块接口的触摸屏 SCK 信号，当不插 TFTLCD 模块时，该 I/O 完全独立
48	PB2	BOOT1	T_MISO	N	1，BOOT1，启动选择配置引脚（仅上电时用） 2，TFTLCD 接口触摸屏 MISO 信号	该 I/O 在上电时，做 BOOT1 用（由 B1 控制上拉/下拉，设置启动模式），同时作为 TFTLCD 模块接口的触摸屏 MISO 信号，当不插 TFTLCD 模块时，则可做普通 I/O 用（有 10kΩ 上拉/下拉，B0 控制）
133	PB3	JTDO	FIFO_WEN	N	1，JTAG 仿真口（JTDO） 2，OLED/CAMERA 接口 WEN 脚（使用时，需先禁止 JTAG，才可以当普通 I/O 使用）	JTAG 仿真口，也作为 OLED/CAMERA 接口的 WEN 脚，如不用 JTAG 和 OLED/CAMERA 接口，则可做普通 I/O 用（有 10kΩ 上拉电阻）。做普通 I/O 用时，需先禁止 JTAG。此时可用 SWD 仿真，但 JTAG 无法仿真。设置方法参考 PA15 的用法

（续）

引脚编号	GPIO	连接资源		完全独立	连接关系说明	使用提示
134	PB4	JTRST	FIFO_RCLK	N	1，JTAG 仿真口（JTRST） 2，OLED/CAMERA 接口 RCLK 脚（使用时，需先禁止 JTAG，才可以当普通 I/O 使用）	JTAG 仿真口，也作为 OLED/CAMERA 接口的 RCLK 脚，如果不用 JTAG 和 OLED/CAMERA 接口，则可做普通 I/O 用（有 10kΩ 上拉电阻）。做普通 I/O 用时，需先禁止 JTAG。此时可用 SWD 仿真，但 JTAG 无法仿真。设置方法参考 PA15 的用法
135	PB5	LED0		N	接 DS0 LED 灯（红色）	该 I/O 连接 DS0，即红色 LED 灯。如做普通 I/O 用，则 DS0 也受控制，建议仅做输出用
136	PB6	IIC_SCL		N	接 24C02 的 SCL	该 I/O 连接 24C02 的 SCL 信号，有 4.7kΩ 上拉电阻，不建议作为普通 I/O 使用
137	PB7	IIC_SDA		N	接 24C02 的 SDA	该 I/O 连接 24C02 的 SDA 信号，有 4.7kΩ 上拉电阻，控制 SCL = 1，则该 I/O 可做普通 I/O 使用
139	PB8	BEEP		N	接蜂鸣器（BEEP）	该 I/O 控制蜂鸣器（BEEP），不建议作为普通 I/O 使用
140	PB9	REMOTE_IN		N	接 HS0038 红外接收头	该 I/O 连接 HS0038 红外接收头，有 4.7kΩ 上拉电阻，且受 HS0038 控制，不建议做普通 I/O 使用
69	PB10	GBC_RX		Y	接 ATK - MODULE 接口的 RXD 脚	该 I/O 连接 ATK - MODULE 接口的 RXD 脚，如果不用 ATK - MODULE 接口，则该 I/O 完全独立
70	PB11	GBC_TX		Y	接 ATK - MODULE 接口的 TXD 脚	该 I/O 连接 ATK - MODULE 接口的 TXD 脚，如果不用 ATK - MODULE 接口，则该 I/O 完全独立
73	PB12	F_CS		N	W25Q128 的片选信号	该 I/O 接 W25Q128 的片选信号，不建议做普通 I/O 使用
74	PB13	SPI2_SCK		N	W25Q128 和 WIRELESS 接口的 SCK 信号	SPI2_SCK 信号，当不使用 W25Q128（片选禁止）和 WIRELESS 接口时，该 I/O 可做普通 I/O 使用
75	PB14	SPI2_MISO		N	W25Q128 和 WIRELESS 接口的 MISO 信号	SPI2_MISO 信号，当不使用 W25Q128（片选禁止）和 WIRELESS 接口时，该 I/O 可做普通 I/O 使用

（续）

引脚编号	GPIO	连接资源		完全独立	连接关系说明	使用提示
76	PB15	SPI2_MOSI		N	W25Q128 和 WIRELESS 接口的 MOSI 信号	SPI2_MOSI 信号，当不使用 W25Q128（片选禁止）和 WIRELESS 接口时，该 I/O 可做普通 I/O 使用
26	PC0	OV_D0		Y	OLED/CAMERA 接口的 D0 脚	仅连接 OLED/CAMERA 接口的 D0，当不使用 OLED/CAMERA 接口时，该 I/O 完全独立
27	PC1	OV_D1		Y	OLED/CAMERA 接口的 D1 脚	仅连接 OLED/CAMERA 接口的 D1，当不使用 OLDE/CAMERA 接口时，该 I/O 完全独立
28	PC2	OV_D2		Y	OLED/CAMERA 接口的 D2 脚	仅连接 OLED/CAMERA 接口的 D2，当不使用 OLED/CAMERA 接口时，该 I/O 完全独立
29	PC3	OV_D3		Y	OLED/CAMERA 接口的 D3 脚	仅连接 OLED/CAMERA 接口的 D3，当不使用 OLED/CAMERA 接口时，该 I/O 完全独立
44	PC4	OV_D4		Y	OLED/CAMERA 接口的 D4 脚	仅连接 OLED/CAMERA 接口的 D4，当不使用 OLED/CAMERA 接口时，该 I/O 完全独立
45	PC5	OV_D5		Y	OLED/CAMERA 接口的 D5 脚	仅连接 OLED/CAMERA 接口的 D5，当不使用 OLED/CAMERA 接口时，该 I/O 完全独立
96	PC6	OV_D6		Y	OLED/CAMERA 接口的 D6 脚	仅连接 OLED/CAMERA 接口的 D6，当不使用 OLED/CAMERA 接口时，该 I/O 完全独立
97	PC7	OV_D7		Y	OLED/CAMERA 接口的 D7 脚	仅连接 OLED/CAMERA 接口的 D7，当不使用 OLED/CAMERA 接口时，该 I/O 完全独立
98	PC8	SDIO_D0		N	SD 卡接口的 D0	仅连接 SD 卡接口的 D0，有 47kΩ 上拉电阻，当不使用 SD 卡时，可做普通 I/O 使用
99	PC9	SDIO_D1		N	SD 卡接口的 D1	仅连接 SD 卡接口的 D1，有 47kΩ 上拉电阻，当不使用 SD 卡时，可做普通 I/O 使用
111	PC10	SDIO_D2		N	SD 卡接口的 D2	仅连接 SD 卡接口的 D2，有 47kΩ 上拉电阻，当不使用 SD 卡时，可做普通 I/O 使用

（续）

引脚编号	GPIO	连接资源		完全独立	连接关系说明	使用提示
112	PC11	SDIO_D3		N	SD 卡接口的 D3	仅连接 SD 卡接口的 D3，有 47kΩ 上拉电阻，当不使用 SD 卡时，可做普通 I/O 使用
113	PC12	SDIO_SCK		Y	SD 卡接口的 SCK	仅连接 SD 卡接口的 SCK，当不使用 SD 卡时，该 I/O 完全独立
7	PC13			N	未接任何外设	该 I/O 未接任何外设，完全独立
8	PC14	OSC32_IN	RTC 晶振	N	接 32.768kHz 晶振，不可用作 I/O	外接 RTC 晶振用，不建议做普通 I/O 用
9	PC15	OSC32_OUT	RTC 晶振	N	接 32.768kHz 晶振，不可用作 I/O	外接 RTC 晶振用，不建议做普通 I/O 用
114	PD0	FSMC_D2		Y	FSMC 总线数据线 D2（TFTLCD 接口用）	FSMC_D2，TFTLCD 接口用，当不插 TFTLCD 模块时，该 I/O 完全独立
115	PD1	FSMC_D3		Y	FSMC 总线数据线 D3（TFTLCD 接口用）	FSMC_D3，TFTLCD 接口用，当不插 TFTLCD 模块时，该 I/O 完全独立
116	PD2	SDIO_CMD		N	SD 卡接口的 CMD	仅连接 SD 卡接口的 CMD，有 47kΩ 上拉电阻，当不使用 SD 卡时，可做普通 I/O 使用
117	PD3	OV_SCL		Y	OLED/CAMEA 接口的 SCL 信号	仅连接 OLED/CAMERA 接口的 SCL，当不使用 OLED/CAMERA 接口时，该 I/O 完全独立
118	PD4	FSMC_NOE		Y	FSMC 总线 NOE（RD）（TFTLCD 接口用）	FSMC_NOE，TFTLCD 接口用，当不插 TFTLCD 模块时，该 I/O 完全独立
119	PD5	FSMC_NWE		Y	FSMC 总线 NWE（WR）（TFTLCD 接口用）	FSMC_NWE，TFTLCD 接口用，当不插 TFTLCD 模块时，该 I/O 完全独立
122	PD6	FIFO_WRST		Y	OLED/CAMERA 接口的 WRST 信号	仅连接 OLED/CAMERA 接口的 WRST，当不使用 OLED/CAERA 接口时，该 I/O 完全独立
123	PD7	RS485_RE		N	接 SP3485 芯片的 RE 引脚	接 SP3485 芯片的 RE 引脚，当不使用 RS485 时，该可做普通 I/O 使用
77	PD8	FSMC_D13		Y	FSMC 总线数据线 D13（TFTLCD 接口用）	FSMC_D13，TFTLCD 接口用，当不插 TFTLCD 模块时，该 I/O 完全独立
78	PD9	FSMC_D14		Y	FSMC 总线数据线 D14（TFTLCD 接口用）	FSMC_D14，TFTLCD 接口用，当不插 TFTLCD 模块时，该 I/O 完全独立

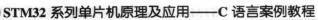

（续）

引脚编号	GPIO	连接资源		完全独立	连接关系说明	使用提示
79	PD10	FSMC_D15		Y	FSMC 总线数据线 D15（TFTLCD 接口用）	FSMC D15，TFTLCD 接口用，当不插 TFTLCD 模块时，该 I/O 完全独立
80	PD11			Y	未接任何外设	该 I/O 未接任何外设，完全独立
81	PD12			Y	未接任何外设	该 I/O 未接任何外设，完全独立
82	PD13			Y	未接任何外设	该 I/O 未接任何外设，完全独立
85	PD14	FSMC_D0		Y	FSMC 总线数据线 D0（TFTLCD 接口用）	FSMC D0，TFTLCD 接口用，当不插 TFTLCD 模块时，该 I/O 完全独立
86	PD15	FSMC_D1		Y	FSMC 总线数据线 D1（TFTLCD 接口用）	FSMC D1，TFTLCD 接口用，当不插 TFTLCD 模块时，该 I/O 完全独立
141	PE0			Y	未接任何外设	该 I/O 未接任何外设，完全独立
142	PE1			Y	未接任何外设	该 I/O 未接任何外设，完全独立
1	PE2			Y	未接任何外设	该 I/O 未接任何外设，完全独立
2	PE3	KEY1		Y	接按键 KEY1	只要 KEY1 不按下，该 I/O 完全独立
3	PE4	KEY0		Y	接按键 KEY0	只要 KEY0 不按下，该 I/O 完全独立
4	PE5	LED1		N	接 DS1 LED 灯（绿色）	该 I/O 连接 DS1，即绿色 LED 灯。如做普通 I/O 用，则 DS1 也受控制，建议仅做输出用
5	PE6			Y	未接任何外设	该 I/O 未接任何外设，完全独立
58	PE7	FSMC D4		Y	FSMC 总线数据线 D4（TFTLCD 接口用）	FSMC D4，TFTLCD 接口用，当不插 TFTLCD 模块时，该 I/O 完全独立
59	PE8	FSMC D5		Y	FSMC 总线数据线 D5（TFTLCD 接口用）	FSMC D5，TFTLCD 接口用，当不插 TFTLCD 模块时，该 I/O 完全独立
60	PE9	FSMC D6		Y	FSMC 总线数据线 D6（TFTLCD 接口用）	FSMC D6，TFTLCD 接口用，当不插 TFTLCD 模块时，该 I/O 完全独立
63	PE10	FSMC D7		Y	FSMC 总线数据线 D7（TFTLCD 接口用）	FSMC D7，TFTLCD 接口用，当不插 TFTLCD 模块时，该 I/O 完全独立
64	PE11	FSMC D8		Y	FSMC 总线数据线 D8（TFTLCD 接口用）	FSMC D8，TFTLCD 接口用，当不插 TFTLCD 模块时，该 I/O 完全独立
65	PE12	FSMC D9		Y	FSMC 总线数据线 D9（TFTLCD 接口用）	FSMC D9，TFTLCD 接口用，当不插 TFTLCD 模块时，该 I/O 完全独立
66	PE13	FSMC D10		Y	FSMC 总线数据线 D10（TFTLCD 接口用）	FSMC D10，TFTLCD 接口用，当不插 TFTLCD 模块时，该 I/O 完全独立
67	PE14	FSMC D11		Y	FSMC 总线数据线 D11（TFTLCD 接口用）	FSMC D11，TFTLCD 接口用，当不插 TFTLCD 模块时，该 I/O 完全独立

（续）

引脚编号	GPIO	连接资源	完全独立	连接关系说明	使用提示
68	PE15	FSMC D12	Y	FSMC 总线数据线 D12（TFTLCD 接口用）	FSMC D12，TFTLCD 接口用，当不插 TFTLCD 模块时，该 I/O 完全独立
10	PF0		Y	未接任何外设	该 I/O 未接任何外设，完全独立
11	PF1		Y	未接任何外设	该 I/O 未接任何外设，完全独立
12	PF2		Y	未接任何外设	该 I/O 未接任何外设，完全独立
13	PF3		Y	未接任何外设	该 I/O 未接任何外设，完全独立
14	PF4		Y	未接任何外设	该 I/O 未接任何外设，完全独立
15	PF5		Y	未接任何外设	该 I/O 未接任何外设，完全独立
18	PF6		Y	未接任何外设	该 I/O 未接任何外设，完全独立
19	PF7		Y	未接任何外设	该 I/O 未接任何外设，完全独立
20	PF8	LIGHT_SENSOR	N	接光敏传感器（LS1）	接光敏传感器，可做普通 I/O 使用，建议仅做输出使用
21	PF9	T_MOSI	Y	TFTLCD 接口触摸屏 MOSI 信号	该 I/O 接 TFTLCD 模块接口的触摸屏 MOSI 信号，当不插 TFTLCD 模块时，该 I/O 完全独立
22	PF10	T_PEN	Y	TFTLCD 接口触摸屏 PEN 信号	该 I/O 接 TFTLCD 模块接口的触摸屏 PEN 信号（中断），当不插 TFTLCD 模块时，该 I/O 完全独立
49	PF11	T_CS	Y	TFTLCD 接口触摸屏 CS 信号	该 I/O 接 TFTLCD 模块接口的触摸屏 CS 信号，当不插 TFTLCD 模块时，该 I/O 完全独立
50	PF12		Y	未接任何外设	该 I/O 未接任何外设，完全独立
53	PF13		Y	未接任何外设	该 I/O 未接任何外设，完全独立
54	PF14		Y	未接任何外设	该 I/O 未接任何外设，完全独立
55	PF15		Y	未接任何外设	该 I/O 未接任何外设，完全独立
56	PG0	FSMC_A10	Y	FSMC 总线地址线 A10（TFTLCD 接口用）	FSM A10，接 TFTLCD 模块接口的 RS 信号，当不插 TFTLCD 模块时，该 I/O 完全独立
57	PG1		Y	未接任何外设	该 I/O 未接任何外设，完全独立
87	PG2		Y	未接任何外设	该 I/O 未接任何外设，完全独立
88	PG3		Y	未接任何外设	该 I/O 未接任何外设，完全独立
89	PG4		Y	未接任何外设	该 I/O 未接任何外设，完全独立
90	PG5		Y	未接任何外设	该 I/O 未接任何外设，完全独立
91	PG6	NRF_IRQ	Y	WIRELESS 接口 IRQ 信号	接 WIRELESS 接口的 IRQ 引脚，当不使用 WIRELESS 接口时，该 I/O 完全独立

（续）

引脚编号	GPIO	连接资源	完全独立	连接关系说明	使用提示
92	PG7	NRF_CS	Y	WIRELESS 接口 CS 信号	接 WIRELESS 接口的 CS 脚，当不使用 WIRELESS 接口时，该 I/O 完全独立
93	PG8	NRF_CE	Y	WIRELESS 接口 CE 信号	接 WIRELESS 接口的 CE 脚，当不使用 WIRELESS 接口时，该 I/O 完全独立
124	PG9		Y	未接任何外设	该 I/O 未接任何外设，完全独立
125	PG10		Y	未接任何外设	该 I/O 未接任何外设，完全独立
126	PG11	1WIRE_DQ	N	单总线接口（U4）数据线，接 DHT11/DS18B20	接 U4 的 DQ 信号，有 4.7kΩ 上拉电阻，当不插 DHT11/DS18B20 时，可做普通 I/O 使用
127	PG12	FSMC_NE4	Y	FSMC 总线的片选信号 4，为 LCD 片选信号	FSMC NE4，接 TFTLCD 接口的片选信号，当不使用 TFTLCD 接口时，该 I/O 完全独立
128	PG13	0V_SDA	Y	OLED/CAMERA 接口的 SDA 脚	仅连接 OLED/CAMERA 接口的 SDA，当不使用 OLED/CAMERA 接口时，该 I/O 完全独立
129	PG14	FIFO_RRST	Y	OLED/CAMERA 接口的 RRST 脚	仅连接 OLED/CAMERA 接口的 RRST，当不使用 OLED/CAMERA 接口时，该 I/O 完全独立
132	PG15	FIFO_OE	Y	OLED/CAMERA 接口的 OE 脚	仅连接 OLED/CAMERA 接口的 OE，当不使用 OLED/CAMERA 接口时，该 I/O 完全独立

注：引脚编号：对应 STM32F103ZET6 的引脚编号。

GPIO：STM32F103ZET6 的 I/O 口。

完全独立：指该 I/O 通过一定的方法可以达到完全悬空的效果（即不接任何其他外设，且不接任何上拉/下拉电阻）。

连接关系说明：说明每个 I/O 接口与外设的连接关系。

使用提示：介绍每个 I/O 接口的特点和使用方法，方便大家掌握开发板每一个 I/O 接口的使用。

2.2　STM32 的存储器

STM32 存储器包括以下存储器：

- 系统内可编程的 Flash 程序存储器。
- SRAM 数据存储器。
- EEPROM 数据存储器。

2.2.1 存储器映射

（1）STM32 的系统内部结构

STM32 的系统内部结构如图 2.3 所示。

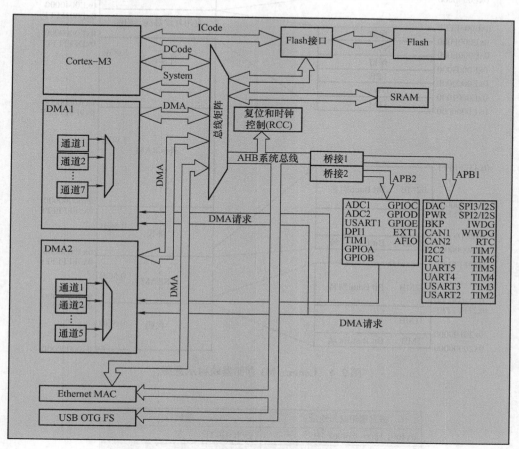

图 2.3　STM32 的系统内部结构

从图 2.3 看出，所有内部设备都基于 AHB 系统总线，AHB 系统总线又分成两个连接的桥，APB1 的工作频率限于 36MHz，APB2 的工作频率最高为 72MHz，可以清晰地从图中看出每个桥连接的内部设备。

（2）存储器映射

以 STM32 存储器的映射为例，存储器映射是指把芯片中或芯片外的 Flash、RAM、外设、BOOTBLOCK 等进行统一编址，即用地址来表示对象。这个地址绝大多数是由厂家规定好的，用户只能用而不能改，只能在外接外部 RAM 或 Flash 的情况下自行定义。Cortex‐M3 存储器映射如图 2.4 所示。

寄存器（GPIOX）组起始地址与外部接口如图 2.5 所示。

这里以 GPIOA 为例，首先说明：GPIOA 挂载在 APB2 上，APB2 是从 AHB 系统总线中分出来的。

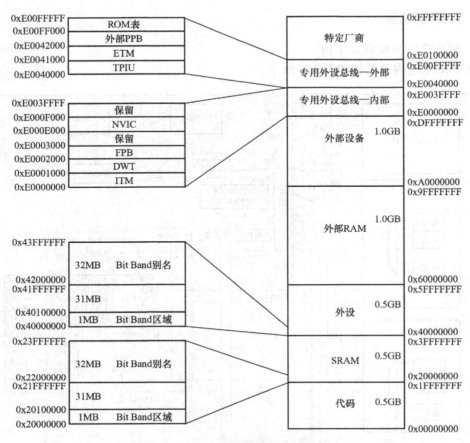

图 2.4　Cortex - M3 存储器映射示意图

寄存器组起始地址	接口号
0x4001 1800-0x4001 1BFF	GPIO接口E
0x4001 1400-0x4001 17FF	GPIO接口D
0x4001 1000-0x4001 13FF	GPIO接口C
0x4001 0C00-0x4001 0FFF	GPIO接口B
0x4001 0800-0x4001 0BFF	GPIO接口A

图 2.5　寄存器 (GPIOX) 组起始地址与外部接口

从 stm32f10x. h 头文件中，得到一些程序段：

```
typedef unsigned int uint32_t;          //说明 CRL 等寄存器是 16 位的
typedef struct
{
    __IO uint32_t CRL;
    __IO uint32_t CRH;
    __IO uint32_t IDR;
    __IO uint32_t ODR;
```

```
    __IO uint32_t BSRR;
    __IO uint32_t BRR;
    __IO uint32_t LCKR;
} GPIO_TypeDef;
```

这里应明确 GPIO_TypeDef 是一个结构体变量。

下面的程序段从下往上容易理解。

```
#define PERIPH_BASE((uint32_t)0x40000000)
#define APB2PERIPH_BASE(PERIPH_BASE + 0x10000)
#define GPIOA_BASE(APB2PERIPH_BASE + 0x0800)
#define GPIOA((GPIO_TypeDef * )GPIOA_BASE)
```

PERIPH_BASE 是外设基地址，可当作 AHB 系统总线的地址，APB2 的地址是在外设基地址的基础上加上偏移量而得到的，由程序段得出偏移量是 0x10000。GPIOA 的地址是在APB2 的地址基础上加上一个偏移地址，由程序段中显示是 0x0800。得到 GPIOA 的起始地址是：

0x40000000 + 0x10000 + 0x0800 = 0x40010800

STM32 的 CRL、CHL、IDR、ODR、BSRR、BRR、LCKR 的偏移量都是 004H。

CRL、CHL、IDR、ODR、BSRR、BRR、LCKR 寄存器定义的都是 16 位的地址。

可以这样理解：一个地址存储 8 位信息，比如，0x40010800 存储 8 位的信息，0x40010801 存储 8 位信息，……，0x40010804 存储 8 位信息。一共存储 32 位信息。GPIOx某一位的 CRL 需要 4 个位来控制（两个位控制模式，两个位控制速度）。4×8（CRL 只控制低 8 位）=32。因此，GPIOA 各个寄存器的实际地址见表 2.2。

表 2.2   GPIOA 各个寄存器的实际地址

寄存器	偏移地址	实际地址 = 基地址 + 偏移地址
GPIOA→CRL	0x00	0x40010800 + 0x00
GPIOA→CRH	0x04	0x40010800 + 0x04
GPIOA→IDR	0x08	0x40010800 + 0x08
GPIOA→ODR	0x0c	0x40010800 + 0x0c
GPIOA→BSRR	0x10	0x40010800 + 0x10
GPIOA→BRR	0x14	0x40010800 + 0x14
GPIOA→LCKR	0x18	0x40010800 + 0x18

2.2.2 Bit Band 功能描述

Bit Band 功能是相对于以往能够进行 bit 操作的单片机而言的。通过 Bit Band 功能就像对 51 单片机的 bit 操作一样。MCS51 可以对 P1 口的第 2 位独立操作：P1.2 = 0 时，就把 P1口的第 3 个脚（bit2）置 0；P1.2 = 1 时，就把 P1 口的第 3 个脚（bit2）置 1。而 STM32 也需要这样的功能，只不过是为需要操作地址（1 字节）的每一个位（共 8 位）起个别名，分别对应一个字（Word），即别名区的大小是 Bit Band 的 32 倍。这样，32MB 的别名区地址的操作就是对相应 Bit Band 区的位操作。Bit Band 是能够进行位操作的单片机，Bit Band 相关寄存器如图 2.6 所示。

STM32 有两个 Bit Band 区域，分别是：

0x20000000 ~ 0x20100000：该地址是 STM32 的 SRAM 低 1MB 的地址区域。

0x40000000 ~ 0x40100000：该地址是 STM32 的 Peripherals 低 1MB 的地址区域。

STM32 有两个对应的 Bit Band 区域的别名区，分别是：

0x22000000 ~ 0x23FFFFFF：共 32MB 的空间，对应相应 1MB 的每一个位。

0x42000000 ~ 0x43FFFFFF：共 32MB 的空间，对应相应 1MB 的每一个位。

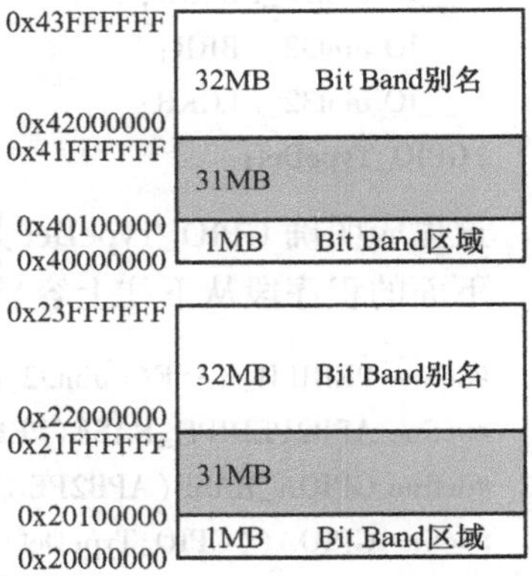

图 2.6　Bit Band 相关寄存器

如何确定 Bit Band 区字节的位所对应别名区的字（Word）？Bit Band 区和别名区是一一对应的，具体的公式为：

$$bit\_word\_addr = bit\_band\_base + (byte\_offset \times 32) + (bit\_number \times 4)$$

其中：

bit_band_base：32MB 别名区首地址。

byte_offset：1MB 位段区偏移量，即为 Bit Band 区中包含目标位的字节的编号。

bit_number：位段中目标位的位置（0 ~ 7）。

例如，要通过别名区访问地址，操作 SRAM 中 Bit Band 区地址为 0x20000018 字节的第 2 位计算别名区对应子地址，即 0x22000000 + (18 × 32) + (2 × 4) = 0x22000248，所以对 0x22000248 地址的操作，就是对 0x20000018 字节的第 2 位进行操作。

注意：别名区的位 [31:1] 在 Bit Band 位上不起作用。写入 0x01 与写入 0xFF 的效果相同。写入 0x00 与写入 0x0E 的效果相同。

2.3　STM32 的时钟系统

STM32 的时钟系统比较复杂，不同性能、不同速度的电路采用了不同的时钟源，每个时钟源都可以单独打开或者关闭，从而控制系统的功耗。

2.3.1　STM32 时钟源

STM32 时钟源的注意事项如下：

1）当 HSI 被用于 PLL 时钟的输入时，系统时钟最大频率是 64MHz。

2）可通过多个预分频器配置 AHB、高速 APB（APB2）和低速 APB（APB1）域的频率。

APB2 域的最大频率是 72MHz。APB1 域的最大频率是 36MHz。SDIO 接口的时钟频率固定为 HCLK/2。RCC 通过 AHB 时钟（HCLK）8 分频后作为 Cortex 系统定时器（SysTick）的外部时钟。通过对 SysTick 控制与状态寄存器的设置，选择上述时钟或 Cortex（HCLK）时钟作为 SysTick 时钟。ADC 时钟由高速 APB2 时钟经 2、4、6 或 8 分频后获得。

定时器时钟频率分配由硬件按以下情况自动设置：

如果相应的 APB 预分频系数是 1，则定时器的时钟频率与所在 APB 总线频率一致。否则定时器的时钟频率被设为与其相连的 APB 总线频率的两倍。

STM32 的时钟大致可以分为高速时钟、低速时钟、系统时钟 3 种类型，不同时钟类型的作用与功能都不相同。

STM32 处理器时钟系统的结构示意图如图 2.7 所示。

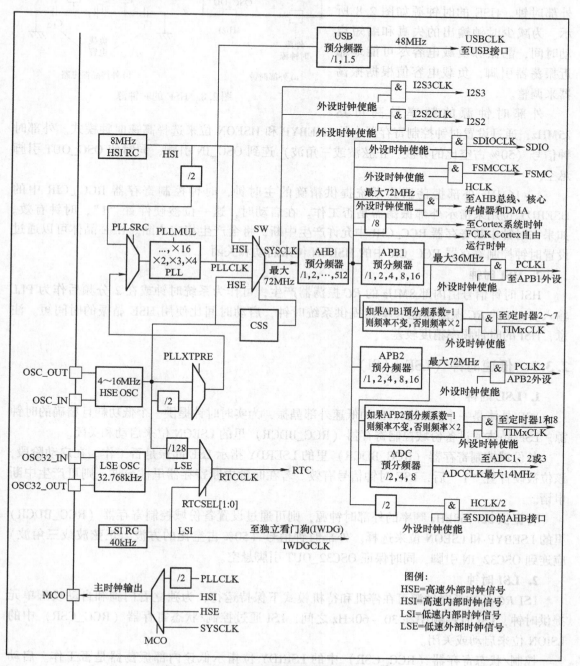

图 2.7　STM32 处理器时钟系统的结构示意图

2.3.2 高速时钟（HSE、HSI）

1. HSE 时钟

高速外部时钟信号（HSE）由两种时钟源产生：HSE 外部晶振和 HSE 外部时钟。HSE 的时钟源如图 2.8 所示。为减少时钟输出的失真和缩短启动时间，晶振和负载电容尽可能地靠近振荡器引脚，负载电容值根据振荡器来调整。

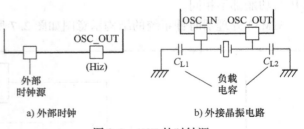

图 2.8　HSE 的时钟源

外部时钟源的频率最高可达 25MHz，通过设置时钟控制寄存器中的 HSEBYP 和 HSEON 位来选择高速时钟模式。外部时钟信号（50% 占空比的方波、正弦波或三角波）连到 OSC_IN 引脚，同时使 OSC_OUT 引脚悬空。

4 ~ 16MHz 外部振荡器为系统提供精确的主时钟，时钟控制寄存器 RCC_CIR 中的 HSERDY 位用来指示外部振荡器是否工作。在启动时，这一位被硬件置 "1"，时钟有效。如果在时钟中断寄存器 RCC_CIR 中允许产生中断，将会产生相应中断。HSE 晶体可以通过设置时钟控制寄存器 RCC_CR 中的 HSEON 位来启动和关闭。

2. HSI 时钟

HSI 时钟信号由内部 8MHz 的 *RC* 振荡器产生，可作为系统时钟或在 2 分频后作为 PLL 输入。HSI 的 *RC* 振荡器能够单独提供系统时钟，启动时间比使用 HSE 晶振的时间短。注意，HSI 的时钟频率精度较差。

2.3.3 低速时钟（LSE、LSI）

1. LSE 时钟

LSE 晶体是一个 32.768kHz 的低速外部晶振，为实时时钟提供一个低功耗且精确的时钟源。LSE 晶体通过备份域控制寄存器（RCC_BDCR）里的 LSEON 位来启动和关闭。

备份域控制寄存器（RCC_BDCR）里的 LSERDY 指示 LSE 晶振是否工作。在启动阶段，该位被硬件置 "1" 后，LSE 时钟信号有效。若在时钟中断寄存器里被允许，则可产生中断申请。

若提供 32.768kHz 频率的外部时钟源，则可通过设置备份域控制寄存器（RCC_BDCR）里的 LSEBYP 和 LSEON 位来选择。外部时钟信号（50% 占空比的方波、正弦波或三角波）应连到 OSC32_IN 引脚，同时保证 OSC32_OUT 引脚悬空。

2. LSI 时钟

LSI *RC* 低功耗时钟源可在停机和待机模式下保持运行，为独立看门狗和自动唤醒单元提供时钟，LSI 时钟频率在 30 ~ 60kHz 之间，LSI 通过控制/状态寄存器（RCC_CSR）中的 LSION 位来启动或关闭。

控制/状态寄存器（RCC_CSR）中的 LSIRDY 位指示低速内部振荡器是否工作。启动时，该位被硬件设置为 "1"，时钟有效。若时钟中断寄存器（RCC_CIR）被允许，则将产生 LSI 中断申请。

LSI 校准通过使用 TIM5 的输入时钟（TIM5_CLK）测量 LSI 时钟频率实现。测量以 HSE 的精度为保证，软件通过调整 RTC 的 20 位预分频器来获得精确的 RTC 时钟基数，经计算得到精确的独立看门狗（IWDG）的溢出时间，设置步骤如下：

1）打开 TIM5，设置通道 4 为输入捕获模式。

2）设置 AFIO_MAPR 的 TIM5_CH4_IREMAP 位为 "1"，内部把 LSI 连接到 TIM5 的通道 4。

3）通过 TIM5 的捕获/比较通道 4 事件或中断来测量 LSI 时钟频率。

4）根据要求的 RTC 时间参数和看门狗溢出时间，设置 20 位预分频器。

2.3.4　系统时钟（SYSCLK）

系统时钟（SYSCLK）是 STM32 中主要的时钟源。STM32 将时钟信号（通常为 HSE）进行分频或倍频（PLD），然后得到系统时钟；系统时钟经过分频，得到外设时钟。典型值为 40kHz 的 LSI 供给独立看门狗 IWDG 使用，还为 RTC 提供时钟源。RTC 的时钟源可为 LSE，或者为 HSE 的 128 分频。

STM32 中有一个全双工的 USB 模块，USB 模块需要一个频率为 48MHz 的时钟源。该时钟源从 PLL 输出端获取，为 1.5 分频或 1 分频，即需要使用 USB 模块时，PLL 必须使能，并且时钟频率配置为 48MHz 或 72MHz。USB 模块工作时需要 48MHz，48MHz 仅提供给 USB 串行接口 SIE。STM32 选一个时钟信号输出到 MCO 引脚（PA8）上，设置 PLL 输出的 2 分频、HSI、HSE 或系统时钟。

系统时钟可选择为 PLL 输出、HSI 或 HSE，HSI 与 HSE 可以通过分频供给 PLLSRC，并由 PLLMUL 进行倍频后，直接作为 PLLCLK。系统时钟的最大频率为 72MHz，通过 AHB 分频器分频后提供给各个模块。

1）送给 AHB 总线、内核、内存、DMA 使用的 HCLK 时钟。

2）通过 8 分频后提供给系统定时器的时钟。

3）直接提供给处理器的空闲运行时钟 FCLK。

4）供给 APB1 分频器。APB1 分频器可选择 1、2、4、8、16 分频，其输出一路供 APB1 外设使用（PCLK1，最大频率为 36MHz），另一路供给定时器 TIM2 ~ TIM4 倍频器使用。该倍频器可选择 1 倍频或 2 倍频，时钟输出供 2~4 定时器使用。

5）供给 APB2 分频器。APB2 分频器可选择 1、2、4、8、16 分频，其输出一路供 APB2 外设使用（PCLK2，最大频率为 72MHz），另一路供给定时器 TIM1 倍频器使用。该倍频器可选择 1 倍频或 2 倍频，时钟输出供定时器 1 使用。另外，APB2 分频器还有一路输出供 ADC 分频器使用，分频后供给 ADC 模块使用。ADC 分频器可选择 2、4、6、8 分频。

6）供给 SDIO 使用的 SDIOCLK 时钟。

7）供给 FSMC 使用的 FSMCCLK 时钟。

8）2 分频后供给 SDIO AHB 接口使用（HCLK/2）。

9）连接在 APB1（低速外设）上的设备有电源接口、备份接口、CAN、USB、I2C1、UART2、UART3、SPI2、窗口看门狗、TIM2、TIM3、TIM4。

10）连接在 APB2（高速外设）上的设备有 UART1、SPI1、TIM1、ADC1、ADC2。

[**例 2.1**]　STM32 时钟系统的配置与初始化，系统默认宏定义时钟 72MHz。

```
static void SetSysClock( void )
{
#ifdef SYSCLK_FREQ_HSE
SetSysClockToHSE( );
#elif defined SYSCLK_FREQ_24MHz
SetSysClockTo24( );
#elif defined SYSCLK_FREQ_36MHz
SetSysClockTo36( );
#elif defined SYSCLK_FREQ_48MHz
SetSysClockTo48( );
#elif defined SYSCLK_FREQ_56MHz
SetSysClockTo56( );
#elif defined SYSCLK_FREQ_72MHz
SetSysClockTo72( );
#endif
}
```

2.4　STM32 单片机的复位

STM32 单片机有 3 种复位：系统复位、电源复位和备份区域复位。

1. 系统复位

时钟控制寄存器 CSR 中的复位标志位、备份区域中的寄存器等寄存器在系统复位时不可将复位数值存储在其中，其余寄存器均可存储系统复位数值（见图 2.9）。当以下事件中的一件发生时，产生一个系统复位：

1）NRST 引脚为低电平复位（外部复位）。

2）窗口看门狗计数终止（WWDG 复位）。

3）独立看门狗计数终止（IWDG 复位）。

4）软件复位（SW 复位）。

5）低功耗管理复位。

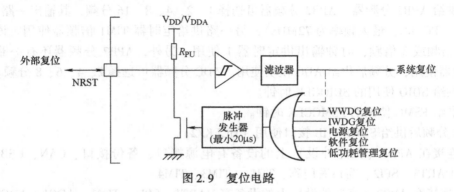

图 2.9　复位电路

可通过查看 RCC_CSR 控制状态寄存器中的复位状态标志位识别复位事件来源。

1）软件复位：通过将 Cortex – M3 中断应用和复位控制寄存器中的 SYSRESETREQ 位置 "1"，可实现软件复位。

2）低功耗管理复位：在以下两种情况下可产生低功耗管理复位。

● 在进入待机模式时产生低功耗管理复位：通过将用户选择字节中的 nRST_STDBY 位置 "1" 使能该复位，这时，即使执行了进入待机模式的过程，系统也将被复位。

● 在进入停止模式时产生低功耗管理复位：通过将选择字节中的 nRST_STOP 位置 "1" 使能该复位，这时，即使执行了进入停机模式的过程，系统也将被复位。

2. 电源复位

当以下事件中的之一发生时，产生电源复位。

1）上电/掉电复位（POR/PDR 复位）。

2）从待机模式中返回电源复位，将复位除了备份区域外的所有寄存器。图 2.9 中的复位源作用于 NRST 引脚，在复位过程中保持低电平。复位入口矢量地址是 0x00000004。芯片内部的复位信号会作用在 NRST 引脚上，保证每一个（外部或内部）复位源都能可靠复位；当 NRST 引脚被拉低产生外部复位时，会产生复位脉冲。

3. 备份区域复位

备份区域拥有两个复位，它们只影响备份区域。当下列事件中的之一发生时，产生备份区域复位。

1）软件或备份区域复位由设置备份区域控制寄存器（RCC_BDCR）中的 BDRST 位产生。

2）在 V_{DD} 和 V_{BAT} 两者掉电后，V_{DD} 或 V_{BAT} 再上电将引发备份区域复位。

2.5 看门狗定时器的功能与操作

STM32 处理器内置独立和窗口看门狗定时器，这两个看门狗定时器提供了更安全、更方便的控制技术。看门狗定时器可用来检测和解决由软件错误引起的飞车。当计数器溢出时，会触发一个中断（仅适用于窗口看门狗）或产生系统复位。

独立看门狗（IWDG）定时器由专用的 40kHz 的时钟提供，独立工作。窗口看门狗（WWDG）定时器由 APB1 时钟分频后得到的时钟驱动，通过可配置的时间窗口来检测应用程序非正常的操作。

对时间精度要求不高的场合，IWDG 在主程序之外，能够作为看门狗独立工作。WWDG 适用于精确计时应用程序。

2.5.1 独立看门狗定时器的操作

独立看门狗（IWDG）定时器根据程序的要求设置监控时间，IWGD 定时器在 40Hz 时钟下配置的分频系数见表 2.3。

表 2.3　IWGD 定时器在 40Hz 时钟下配置的分频系数

预分频系数	PR [2:0] 位	RU [11:0] =0x000	RL [11:0] =0xFFF
/4	0	0.1	409.6
/8	1	0.2	819.2

（续）

预分频系数	PR [2:0] 位	RU [11:0] =0x000	RL [11:0] =0xFFF
/16	2	0.4	1638.4
/32	3	0.8	3276.8
/64	4	1.6	6553.6
/128	5	3.2	13107.2
/256	6 或 7	6.4	26214.1

1. IWDG 定时器的主要组成

IWDG 定时器的框图如图 2.10 所示，主要由预分频寄存器（IWDG_PR）、状态寄存器（IWDG_SR）、重装载寄存器（IWDG_RLR）、键寄存器（IWDG_KR）和递减计数器等部分组成。

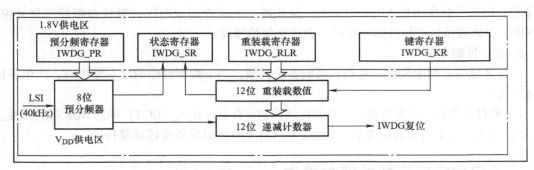

图 2.10　IWDG 定时器的框图

2. IWDG 定时器的工作特性

如果在程序中启用了"硬件看门狗"功能，则在系统上电复位后，看门狗会自动开始运行。如果在计数器计数结束前不及时向键寄存器写入相应的值（0xAAAA），则系统会产生复位。

IWDG_PR 和 IWDG_RLR 寄存器具有写保护功能，如果要修改这两个寄存器，应先向 IWDG_KR 写入 0x5555，寄存器将重新被保护。重装载操作也会启动写保护功能。状态寄存器（IWDG_SR）指示预分频值和递减计数器是否正在被更新。若看门狗功能处于 V_{DD} 供电区，那么在停机和待机模式时仍能正常工作。

［例2.2］　独立看门狗的初始化，设置预分频数及重装载寄存器的值。

```
//初始化独立看门狗
//prer:分频数为 0 ~ 7(只有低 3 位有效)
//分频因子 = 4 * 2^prer,但最大值只能是 256
//rlr:重装载寄存器的值,低 11 位有效
//时间计算(大概):Tout = ((4 * 2^prer) * rlr)/40(ms)
void IWDG_Init(u8 prer,u16 rlr)
{
IWDG_WriteAccessCmd(IWDG_WriteAccess_Enable);            //使能对寄存器 IWDG 写操作
```

```
IWDG_SetPrescaler( prer );              //设置 IWDG 预分频值
IWDG_SetReload( rlr );                  //设置 IWDG 重装载寄存器的值
IWDG_ReloadCounter( );                  //按照 IWDG 重装载寄存器的值重装载 IWDG 计数器
IWDG_Enable( );                         //使能 IWDG
}
```

2.5.2　窗口看门狗定时器的操作

窗口看门狗（WWDG）定时器用来监测应用程序飞车。如果启动了看门狗功能，则看门狗电路在达到预置的时间周期时会产生一个 MCU 复位。正常运行需及时 "喂狗"。

1. WWDG 定时器的主要组成

WWDG 定时器主要由看门狗控制寄存器、配置寄存器、预分频器和比较器组成，WWDG 定时器的组成框图如图 2.11 所示。

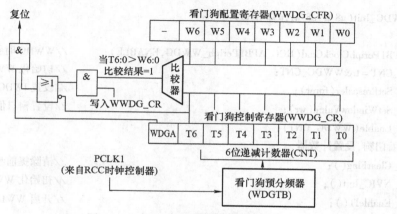

图 2.11　WWDG 定时器的组成框图

如果看门狗被启动（WWDG_CR 寄存器中的 WDGA 位被置 "1"），并且当 7 位（T[6:0]）递减计数器从 0x40 翻转到 0x3F（T6 位清零）时，则产生一个复位。不及时 "喂狗"，将产生一个复位。

应用程序在正常运行时，必须定期地写入 WWDG_CR 寄存器（喂狗）以防止 MCU 发生复位。只有当计数器值小于窗口寄存器值时，才能进行写操作，存储在 WWDG_CR 寄存器中的数值在 0xFF 和 0xC0 之间。

2. WWDG 的工作特性

1）启动看门狗。在系统复位后，看门狗总是处于关闭状态，设置 WWDG_CR 寄存器的 WDGA 位能够开启看门狗，随后它不能再被关闭，除非发生复位。

2）控制递减计数器。当看门狗被启用时，先设置 T6 位，防止立即产生一个复位。T[5:0] 位包含了看门狗产生复位之前的计时数值。配置寄存器（WWDG_CFR）中包含窗口的上限值，要避免产生复位，满足 "窗口寄存器的数值 > 递减计数器的值 > 0x3F" 时被重新装载。另一个重装载计数器的方法是利用早期唤醒中断（EWI）设置 WWDG_CFR 寄存器中的 EWI 位开启中断，当递减计数器到达 0x40 时，则产生此中断，相应的中断服务程序（ISR）可以加载计数器以防止 WWDG 复位，在 WWDG_CR 寄存器中写 0 以清除该中断。

计算超时的公式如下：

$$T_{\mathrm{WWDG}} = T_{\mathrm{PCLK1}} \times 4096 \times 2^{\mathrm{WDGTB}} \times (T[5:0]+1)$$

式中，T_{WWDG} 为 WWDG 超时时间；T_{PCLK1} 为时钟间隔。

PCLK1 = 36MHz 时的最大/最小超时值见表 2.4。

表 2.4　PCLK1 = 36MHz 时的最大/最小超时值

WWDG	最小超时值/μs	最大超时值/ms
0	113	7.28
1	227	14.56
2	455	29.12
3	910	58.25

[例 2.3]　WWDG 的初始化，包括看门狗计数器的值和看门狗比较器的值。

```
void WWDG_Init(u8 tr,u8 wr,u32 fprer)
{
RCC_APB1PeriphClockCmd(RCC_APB1Periph_WWDG,ENABLE);        //WWDG 时钟使能
WWDG_CNT = tr&WWDG_CNT;                                     //初始化 WWDG_CNT
WWDG_SetPrescaler(fprer);                                   //设置 IWDG 预分频值
WWDG_SetWindowValue(wr);                                    //设置窗口值
WWDG_Enable(WWDG_CNT);
//使能看门狗,设置计数器
WWDG_ClearFlag();                                           //清除提前唤醒中断标志位
WWDG_NVIC_Init();                                           //初始化 WWDG NVIC
WWDG_EnableIT();                                            //开启 WWDG 中断
}
```

2.6　中断

STM32 采用的是 ARM Cortex – M3 内核，ARM Cortex – M3 内核支持 256 个中断（16 个内核和 240 个外部中断）和可编程 256 级中断优先级的设置。然而，STM32 仅使用 ARM Cortex – M3 内核的部分资源，STM32 目前支持的中断为 84 个（16 个内核加上 68 个外部中断）及 16 级可编程中断优先级的设置。由于 STM32 只能管理 16 级中断的优先级，因此只使用到中断优先级寄存器的高 4 位。

2.6.1　STM32 中断的基本概念

STM32 的中断系统复杂，这里介绍有关中断的两个概念，即中断优先级和中断控制器 NVIC。

1. 优先级

STM32 中有抢占式优先级和响应优先级两种优先级。响应优先级也称作亚优先级或副优先级，每个中断源都需要指定这两种优先级。具有高抢占式优先级的中断可以在具有低抢占式优先级的中断处理过程中响应，即中断嵌套，或者说高抢占式优先级的中断可以嵌套低

抢占式优先级的中断。

当两个中断源的抢占式优先级相同时，这两个中断将没有嵌套关系。当一个中断到来后，如果正在处理另一个中断，则后到来的中断就要等到前一个中断处理完后才能被处理。

如果两个中断同时到达，则中断控制器根据优先级高低来决定先处理哪一个；如果抢占式优先级和响应优先级都相等，则根据它们在中断表中的排位顺序决定先处理哪一个。

1）抢占式优先级的库函数设置为 NVIC_InitStructure. NVIC_IRQChannelPreemptionPriority = x。其中，x 的范围为 0 ~ 15，具体要看优先级组别的选择。

2）响应优先级的库函数设置为 NVIC_InitStructure. NVIC_IRQChannelSubPriority = x。其中，x 的范围为 0 ~ 15，具体要看优先级组别的选择。

2. 中断控制器（NVIC）

STM32 的中断很多，可通过中断控制器（NVIC）进行管理。当使用中断时，首先要进行 NVIC 的初始化。定义一个 NVIC_InitTypeDef 结构体类型，NVIC_InitTypeDef 定义于文件"stm32f10x_nvic. h"中。定义代码如下：

```
typedef struct
{
    u8 NVIC_IRQChannel;
    u8 NVIC_IRQChannelPreemptionPriority;
    u8 NVIC_IRQChannelSubPriority;
    FunctionalState NVIC_IRQChannelCmd;
} NVIC_InitTypeDef
```

NVIC_InitTypeDef 结构体有 4 个部分。

第 3 行代码中，NVIC_IRQChannel 为需要配置的中断向量。

第 4 行代码中，NVIC_IRQChannelPreemptionPriority 为配置中断向量的抢占优先级。

第 5 行代码中，NVIC_IRQChannelSubPriority 为配置中断向量的响应优先级。

第 6 行代码中，NVIC_IRQChannelCmd 使能或者关闭响应中断向量的中断响应。

[**例 2.4**] 使能串口 1 的中断，设置抢占优先级为 1、子优先级为 2。

```
NVIC_InitTypeDef NVIC_InitStructure;
NVIC_InitStructure. NVIC_IRQChannel = USART1_IRQn;            //串口 1 中断
NVIC_InitStructure. NVIC_IRQChannelPreemptionPriority = 1;    //抢占优先级为 1
NVIC_InitStructure. NVIC_IRQChannelSubPriority = 2;           //子优先级为 2
NVIC_InitStructure. NVIC_IRQChannelCmd = ENABLE;             //IRQ 通道使能
NVIC_Init( &NVIC_InitStructure);                              //根据上面指定的参数初始化 NVIC 寄存器
```

2.6.2 外部中断

STM32 的每个 I/O 都可以作为外部中断的中断输入接口，STM32 的中断控制器支持 19 个外部中断/事件请求。每个中断都设有状态位，每个中断/事件都有独立的触发和屏蔽设置。STM32 的 19 个外部中断如下：

线 0 ~ 15：对应外部 I/O 接口的输入中断。

线 16：连接到 PVD 输出。

线 17：连接到 RTC 闹钟事件。

线 18：连接到 USB 唤醒事件。

在 STM32F103 微控制器中，外部中断/事件控制器 EXIT 由 19 根外部输入线、19 个产生中断/事件请求的边沿检测器和 APB 外设接口等部分组成，外部中断/事件控制器 EXIT 的内部结构如图 2.12 所示。

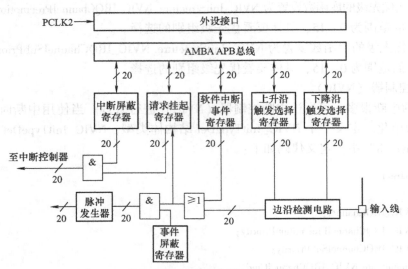

图 2.12 外部中断/事件控制器 EXIT 的内部结构

对于互联型产品，外部中断/事件控制器由 20 个产生中断/事件请求的边沿检测器组成；对于其他产品，则有 19 个能产生中断/事件请求的边沿检测器。每根输入线都可以独立配置输入类型（脉冲或挂起）和对应的触发事件（上升、下降、双边沿都触发）。每根输入线都可以独立地屏蔽。

STM32 中，每一个 GPIO 都可以触发一个外部中断。GPIO 的中断是以组为单位的，同组间的外部中断同一时间只能使用一个。例如，PA0、PB0、PC0、PD0、PE0、PF0 和 PG0 为一组，如果使用 PA0 作为外部中断源，那么别的就不能够再使用，在此情况下只能使用类似于 PB1、PC2 这种末端序号不同的外部中断源。

[例 2.5] 编写外部中断 3 服务程序，利用外部中断按键 KEY1 控制 LED1 状态，每按一次按键，LED 灯的状态翻转一次。

```
void EXTI3_IRQHandler( void)
{
delay_ms(10);                          //消抖
if( KEY1 = =0)                         //按键 KEY1
{
LED1 = ! LED1;
}
EXTI_ClearITPendingBit( EXTI_Line3);   //清除 LINE3 上的中断标志位
}
```

本 章 小 结

STM32 是 32 位高性能嵌入式单片机，其内核为 ARM Cortex – M，特点是高性能、低成本、低功耗、可裁剪。STM32 的标准外设包括 10 个定时器、两个 12 位 A/D、两个 12 位 D/A、两个 I²C 接口、5 个 USART 接口、3 个 SPI 接口、12 条 DMA 通道和一个 CRC 计算单元。STM32 的存储器包括 3 种存储器：系统内可编程的 Flash 程序存储器、SRAM 数据存储器、EEPROM 数据存储器。STM32 的时钟可以分为高速时钟、低速时钟、系统时钟 3 种类型，不同时钟类型的作用与功能都不相同。STM32 单片机有 3 种复位：系统复位、电源复位和备份区域复位。

STM32 处理器内置独立看门狗定时器和窗口看门狗定时器，这两个看门狗定时器提供了更安全、时间更精确和使用更灵活的控制技术。STM32 目前支持的中断为 84 个（16 个内核加上 68 个外部中断）及 16 级可编程中断优先级的设置。

STM32 中有抢占式优先级和响应优先级两种优先级。响应优先级也称作亚优先级或副优先级，每个中断源都需要指定这两种优先级。

本 章 习 题

1. STM32 的主要特性有哪些？
2. STM32 有哪几个 I/O 接口？正确使用这些接口要进行怎样的设置？
3. STM32 的 A 接口除了可作为 I/O 外还可作为什么使用？
4. 状态寄存器的每一位是如何定义的？
5. STM32 的数据存储器和程序存储器包括哪些？如何进行访问？
6. STM32 的时钟系统及其分布是怎样的？
7. 与 STM32 电源管理相关的寄存器是哪个？STM32 睡眠模式有哪几种？
8. STM32 有几个复位源？请说出它们的名字。涉及的寄存器是什么？
9. STM32 的接口引脚涉及哪几种寄存器？请说出它们的名字。这些寄存器有什么作用？
10. 什么是中断响应时间？最少需要几个时钟周期？
11. MCU 控制和状态寄存器（MCUCSR）每一位的作用是什么？
12. STM32 的中断向量有哪些？
13. 通用中断控制寄存器（GICR）的作用是什么？如何设置？

第3章　通用 I/O（输入/输出）的接口（GPIO）

内容提要　本章主要介绍了 GPIO 工作原理，包括 GPIO 接口结构、输入/输出模式、输出速度及主要特征、复用功能、锁定机制等，还介绍了 GPIO 相关库函数及 GPIO 开发实例。

3.1　GPIO 概述

GPIO 是微控制器数字 I/O（输入/输出）基本模块，可以实现与外部环境的数字交换。借助 GPIO，STM32 可以对外围设备（如键盘、LED 等）进行简单、直观的监控。当 STM32 的 I/O 接口或片内存储器不足时，GPIO 还可用于串行和并行通信、存储器扩展等。了解 GPIO 是学习或开发嵌入式的第一步。STM32 的 GPIO 资源非常丰富，最多有 7 组 I/O 接口，即 A、B、C、D、E、F、G，每组接口都有 16 个外部引脚。每组接口都具有通用 I/O、单独位设置/位清除、I/O 中断/唤醒、软件重新映射、I/O 复用与 GPIO 锁定机制功能。在运用这些功能时，就会涉及寄存器的操作。

3.2　STM32 的 GPIO 工作原理

使用 GPIO 主要是对相应的寄存器进行操作，每个 GPIO 接口具有 7 组寄存器：两个 32 位配置寄存器（GPIOx_CRL、GPIOx_CRH）、两个 32 位数据寄存器（GPIOx_IDR、GPIOx_ODR）、一个 32 位置位/复位寄存器（GPIOx_BSRR）、一个 16 位复位寄存器（GPIOx_BRR）、一个 32 位锁定寄存器（GPIOx_LCKR）。

GPIO 接口的每个位都可由软件分别配置成多种模式。每个 I/O 接口位都能自由编程，I/O 接口寄存器必须按 32 位字被访问（不允许半字或字节访问）。GPIOx_BSRR 和 GPIOx_BRR 寄存器可对任何 GPIO 寄存器进行读/写访问。常用的 I/O 接口寄存器有 4 个：CRL、CRH、IDR、ODR。CRL 和 CRH 控制着每个 I/O 接口的模式及输出速率。

每个 GPIO 引脚都可由软件配置成输出（推挽输出或开漏输出）、输入（带或不带上/下拉电阻）。多数 GPIO 引脚是复用的。除了模拟输入接口，其他 GPIO 端口都有较大的带负载能力。

GPIO 接口的每位都可由软件分别配置成多种模式：输入浮空、输入上拉、输入下拉、模拟输入、开漏输出、推挽输出、推挽复用功能、开漏复用功能等。

3.2.1　GPIO 接口结构

STM32 微控制器 GPIO 接口基本结构如图 3.1 所示。由图 3.1 可知，STM32 系列 GPIO 的内部主要分为输入和输出驱动器两部分。

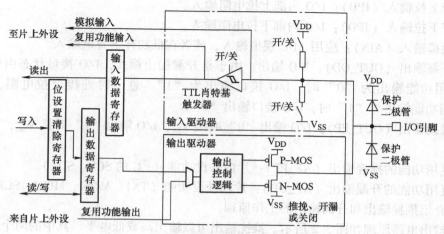

图 3.1　STM32 微控制器 GPIO 接口基本结构

1. 输出驱动器

1）GPIO 的输出驱动器主要由多路选择器、输出控制逻辑和一对互补的 MOS 管组成。多路选择器根据用户设置决定该引脚是 GPIO 普通输出还是复用功能输出。

● 普通输出：由输出数据寄存器 GPIO 控制。

● 复用功能输出：该引脚的输出满足外设需求，其芯片引脚输出对应多个外设，即一个引脚可对应多个复用功能输出。但同一时刻，该引脚只用这些复用功能中的一个，其他复用功能都处于禁止状态。

2）输出控制逻辑和一对互补的 MOS 管。输出控制逻辑根据要求通过控制和 N–MOS 管的状态（通/断）决定 GPIO 输出模式（开漏、推挽还是关闭）。

2. 输入驱动器

GPIO 的输入驱动器主要由 TTL 肖特基触发器、带开关的上/下拉电阻组成。与输出驱动器不同，GPIO 的输入驱动器没有多路选择开关，输入信号送到 GPIO 输入数据寄存器的同时还送给片上外设，所以 GPIO 的输入没有复用功能选项。根据 TTL 肖特基触发器、上/下拉电阻端的两个开关状态，GPIO 的输入分为以下 4 种。

● 模拟输入：TTL 肖特基触发器关闭。

● 上拉输入：GPIO 内置上拉电阻，此时 GPIO 内部上拉电阻端接通，GPIO 内部下拉电阻端断开。在该模式下，引脚默认为高电平。

● 下拉输入：GPIO 内置下拉电阻，此时 GPIO 内部下拉电阻端接通，GPIO 内部上拉电阻端断开。在该模式下，引脚默认为低电平。

● 浮空输入：GPIO 内部无上/下拉电阻，此时 GPIO 内部上/下拉电阻端呈断开状态。在该模式下，引脚默认为高阻态，其电平高低由外部电路决定。

3.2.2　GPIO 接口 I/O 模式

STM32 的 I/O 有以下 8 种配置方式，其中 1）~4）为输入类型，5）、6）为输出类型，7）、8）为复用功能输出。

1）浮空输入（IN_FLOATING）：浮空输入，由 KEY 识别。

2）带上拉输入（IPU）：I/O 内部上拉电阻输入。

3）带下拉输入（JPD）：I/O 内部下拉电阻输入。

4）模拟输入（AIN）：应用 ADC 模拟输入，或者在低功耗下省电输入。

5）开漏输出（OUT_OD）：I/O 输出。由于是开漏输出模式，I/O 接口状态由外部电路决定。复用功能输出为"0"时，I/O 接口输出为"1"；悬空时外接上拉电阻，输出为"1"；复用功能输出为"1"时，I/O 接口输出"0"。

6）推挽输出（OUT_PP）：I/O 输出"0"时接 V_{SS}，I/O 输出"1"时接 V_{DD}，读输入值未确定。

7）复用功能的推挽输出（AF_PP）：片内外设功能（I^2C 的 SCL、SDA）。

8）复用功能的开漏输出（AF_OD）：片内外设功能（TX1、MOSI、MISO、SCK、SS）。

下面介绍推挽输出和开漏输出的工作原理。

推挽输出电路原理如图 3.2 所示。推挽输出可以输出高或低电平，其中的两个晶体管分别受两个互补信号的控制，当一个晶体管导通的时候另一个截止。

开漏输出电路原理如图 3.3 所示。当左端的输入为"0"时，前面的晶体管 VT2 截止，所以 V_{CC} 电源通过 1kΩ 电阻加到晶体管 VT1 上，晶体管 VT1 导通；当左端的输入为"1"时，前面的晶体管导通，而后面的晶体管截止（相当于开关断开）。

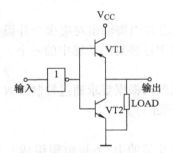
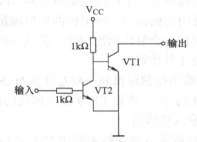

图 3.2　推挽输出电路原理图　　　　图 3.3　开漏输出电路原理图

漏极开路（OD）输出与集电极开路输出是类似的，将图 3.3 中的 VT1、VT2 换成场效应晶体管。这样，集电极就变成了漏极，OC 就变成了 OD 原理分析是一样的。可将多个开漏输出的 PIN 连接到一条线上。通过上拉电阻，形成"与逻辑"关系。这是 I^2C、SMBus 等判断总线处于占用状态的原理。

3.2.3　GPIO 的工作频率及主要特征

1. GPIO 的工作频率

STM32 的 I/O 接口工作在某个输出模式下时，设置其工作频率，即 I/O 接口驱动电路的响应频率，其输出信号的频率取决于软件程序。STM32 在 I/O 接口有多种不同频率的输出驱动电路，高频的驱动电路噪声高，当不需要输出高频率时，尽量选用低频驱动电路，有利于提高系统的 EMI 性能。因此，STM32 的 I/O 接口进行工作频率选择时，应根据其具体外设，配置合适的工作频率。推荐 I/O 接口的工作频率是其输出信号频率的 5～10 倍。STM32 的 I/O 接口的工作频率有 3 种选择：2MHz、10MHz 和 50MHz。

- 连接 LED、Buzzer 等基本外设的普通输出，一般设置为 2MHz。

● 用作 USART 复用功能输出：假设 USART 工作时最大比特率为 115.2kbit/s 选用 2MHz 的响应频率是足够的，既降低功耗，噪声又小。

● 用作 I^2C 复用功能的输出，假设 I^2C 工作时最大比特率为 400kbit/s，那么 2MHz 的频率可能不够，选用 10MHz 或 50MHz 的 I/O 频率。

2. GPIO 的主要特征

STM32 的 GPIO 具有以下主要特征：

● 提供最多 112 个多功能双向 I/O 接口，80% 的接口利用率。

● 几乎每个 I/O 接口（除 ADC 外）都兼容 5V 电压，每个 I/O 接口具有 20mA 的驱动能力。

● 每个 I/O 接口都有最高 18MHz 的翻转频率和 50MHz 的输出频率。

● 每个 I/O 接口都有 8 种工作模式，在复位和刚复位后，复位功能未开启，I/O 接口被设置成浮空输入模式。

● 所有 I/O 接口都具备复用功能，包括 JTAG/SWD、Timer、USART、I^2C、SPI 等。

● 某些复用功能口可通过复用功能重映射用作另一复用功能，便于 PCB 的设计。

● 所有 I/O 接口都可以作为外部中断输入，同时有 16 个中断输入。

● 多数 I/O 接口（除接口 F 和接口 G 外）都可用作事件输出。

● PA0 可作为从待机模式唤醒的引脚，PC13 可作为入侵检测的引脚。

3.2.4　GPIO 复用功能

使用默认复用功能前应对接口位配置寄存器编程。对于复用的输入功能，接口应配置成输入模式（浮空、上拉或下拉），且输入接口由外部驱动；对于复用输出功能，接口应配置成复用功能输出模式（推挽或开漏）；对于双向复用功能，接口应配置成输出模式（推挽或开漏）。这时，输入驱动器被配置成浮空输入模式。

如果接口配置成复用功能输出模式，则引脚和输出寄存器断开，和片上外设的输出连接。如果软件把一个 GPIO 引脚配置成复用功能输出模式，假如不激活外设，则其输出不确定。

为了使不同器件封装的外设 I/O 功能达到最优，可以把复用功能映射到其他引脚上，通过软件配置相应的寄存器来完成。

3.2.5　GPIO 锁定机制

I/O 接口的锁定机制允许冻结 I/O 配置。锁定机制主要用在一些关键引脚配置上，防止程序跑飞而引起灾难性后果。例如，在驱动功率模块的配置上，应该使用锁定机制，以冻结 I/O 接口配置，即使程序跑飞，也不影响这些引脚的配置。

3.3　STM32 的 GPIO 相关库函数

在进行 STM32 系列单片机系统开发时，可采用官方提供的库函数。由于相关的模块寄存器特别多，每个寄存器都是 32 位的，因此大多数都无规律可循，不利于编程人员操作。STM32 系

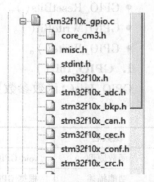

图 3.4　STM32 系列单片机 V3.50 版本所包含的库函数

列单片机 V3.50 版本所包含的库函数如图 3.4 所示，GPIO 库函数见表 3.1。

表 3.1　GPIO 库函数

函　数　名	描　　述
GPIO_DeInit( )	将外设 GPIOx 寄存器值设为默认值
GPIO_AFIODeInit( )	将复用功能（重映射和 exit 设置）重设为默认值
GPIO_Init( )	根据 GPIO_InitStruct 中指定的参数初始化外设 GPIOx 寄存器
GPIO_StructInit( )	把 GPIO_InitStruct 中的每一个参数按默认值输入
GPIO_ReadInputDataBit( )	读取指定接口引脚的输入
GPIO_ReadInputData( )	读取指定 GPIO 接口的输入
GPIO_ReadOutputDataBit( )	读取指定接口引脚的输出
GPIO_ReadOutputData( )	读取指定 GPIO 接口的输出
GPIO_SetBits( )	设置指定的数据接口位
GPIO_ResetBits( )	清除指定的数据接口位
GPIO_WriteBit( )	设置或清除指定的数据接口位
GPIO_Write( )	向指定 GPIO 数据接口写入数据
GPIO_PinLockConfig( )	锁定 GPIO 引脚设置寄存器
GPIO_EventOutputConfig( )	选择 GPIO 引脚用作事件输出
GPIO_EventOutputCmd( )	使能或失能事件输出
GPIO_PinRemapConfig( )	改变指定引脚的映射
GPIO_EXTILineConfig( )	选择 GPIO 引脚用作外部中断线路

在表 3.1 中，经常会用到 9 个库函数进行软件开发：

- GPIO_Init( )。
- GPIO_ReadInputDataBit( )。
- GPIO_ReadInputData( )。
- GPIO_ReadOutputDataBit( )。
- GPIO_ReadOutputData( )。
- GPIO_SetBits( )。
- GPIO_ResetBits( )。
- GPIO_WriteBit( )。
- GPIO_Write( )。

1．GPIO_Init( )

GPIO_Init( )函数参数见表 3.2。

表 3.2　GPIO_Init( )函数参数

函数名	GPIO_Init( )
函数原型	void GPIO_Init（GPIO_TypeDef * GPIOx,GPIO_InitTypeDef * GPIO_InitStruct)
功能描述	根据 GPIO_InitStruct 中指定的参数初始化外设 GPIOx 寄存器
输入参数 1	GPIOx：x 可以是 A、B、C、D 或 E，用来选择 GPIO 外设

（续）

函数名	GPIO_Init( )
输入参数 2	GPIO_InitStruct：指向结构 GPIO_InitTypeDef 的指针，包含了外设 GH0 的配置信息
输出参数	无
返回值	无

GPIO_InitTypeDef 定义于文件 stm32f10x_gpio. h 中，代码如下：

```
typedef struct
{
uintl6_t GPIO_Pin;
GPIOSpeed_TypeDefGPIO_Speed;
GPIOMode_TypeDefGPIO_Mode;
} GPIO_InitTypeDef;
```

1）GPIO_Pin 参数选择待设置的 GPIO 引脚，使用操作符"｜"可以一次选中多个引脚。可使用以下取值的任意组合：

- GPIO_Pin_None：无引脚被选中。
- GPIO_Pin_0：选中引脚 0。
- GPIO_Pin_1：选中引脚 1。
- GPIO_Pin_2：选中引脚 2。

…

- GPIO_Pin_15：选中引脚 15。
- GPIO_Pin_All：选中所有引脚。

2）GPIO_Speed 用于设置选中引脚的频率。该参数的可取值如下：

- GPIO_Pin_2MHz：最高输出频率为 2MHz。
- GPIO_Pin_10MHz：最高输出频率为 10MHz。
- GPIO_Pin_50MHz：最高输出频率为 50MHz。

3）GPIO_Mode 用于设置选中引脚的工作状态。该参数的可取值如下：

- GPIO_Mode_AIN：模拟输入。
- GPIO_Mode_IN_FLOATING：浮空输入。
- GPIO_Mode_IPD：下拉输入。
- GPIO_Mode_IPU：上拉输入。
- GPIO_Mode_Out_OD：开漏输出。
- GPIO_Mode_Out_PP：推挽输出。
- GPIO_Mode_AF_OD：复用开漏输出。
- GPIO_Mode_AF_PP：复用推挽输出。

GPIO_Mode 的索引和编码见表 3.3。

表 3.3   GPIO_Mode 的索引和编码

GPIO 方向	索 引	模 式	设 置	模式代码
GPIO Input	0x00	GPIO_Mode_AIN	0x00	0x00
		GPIO_Mode_IN_FLOATING	0x04	0x04
		GPIO_Mode_IPD	0x08	0x28
		GPIO_Mode_IPU	0x08	0x48
GPIO output	0x01	GPIO_Mode_Out_OD	0x04	0x14
		GPIO_Mode_Out_PP	0x00	0x10
		GPIO_Mode_AF_OD	0x0C	0x1C
		GPIO_Mode_AF_PP	0x08	0x18

2. GPIO_ReadInputDataBit( )

GPIO__ReadInputDataBit( )函数参数见表 3.4。

表 3.4   GPIO_ReadInputDataBit( )函数参数

函数名	GPIO_ReadInputDataBit( )
函数原型	uint8_t GPIO_ReadInputDataBit（GPIO_TypeDef * GPIOx,uint16_t GPIO_Pin）
功能描述	读取指定端口引脚的输入
输入参数 1	GPIOx：x 可以是 A、B、C、D 或 E，用来选择 GPIO 外设
输入参数 2	GPIO_Pin：待读取的接口位
输出参数	无
返回值	输入接口引脚值

[例 3.1]   读取 GPIOB 接口 12 引脚的输入。

U8 Read Value；

ReadValue = GPIO_ReadInputDataBit(GPIOB,GPIO_Pin_12)；

3. GPIO_ReadInputData( )

GPIO_ReadInputData( )函数参数见表 3.5。

表 3.5   GPIO_ReadInputDate( )函数参数

函数名	GPIO_ReadInputData( )
函数原型	uint16_t GPIO_ReadInputData（GPIO_TypeDef * GPIOx）
功能描述	读取指定的 GPIO 接口输入
输入参数	GPIOx：x 可以是 A、B、C、D 或 E，用来选择 GPIO 外设
输出参数	无
返回值	GPIO 输入数据接口值

[例 3.2]   读取指定 GPIOB 接口的输入。

U16 ReadValue；

ReadValue = GPIO_ReadInputData（GPIOB）；

4. GPIO_Read Output Data Bit( )

GPIO_ReadOutputDataBit( )函数参数见表 3.6。

表 3.6　GPIO_ReadOutputDataBit( )函数参数

函数名	GPIO_ReadOutputDataBit（ ）
功能原型	uint8_t GPIO_ReadOutputDataBit（GPIO_TypeDef * GPIOx,uint16_tGPIO_Pin)
功能描述	读取指定端口引脚的输出
输入参数 1	GPIOx：x 可以是 A、B、C、D 或 E，用来选择 GPIO 外设
输入参数 2	GPIO_Pin：待读取的接口位
输出参数	无
返回值	输出接口引脚值

[例 3.3]　读取 GPIOB 接口 12 引脚的输出。

U8 ReadValue；

ReadValue = GPIO_ReadOutputDataBit(GPIOB,GPIO_Pin_12)；

5. GPIO_ReadOutputData( )

GPIO_ReadOutputData( )函数参数见表 3.7。

表 3.7　GPIO_ReadOutputData( )函数参数

函数名	GPIO_ReadOutputData( )
函数原型	uintl6_t GPIO_ReadOutputData（GPIO_TypeDef * GPIOx)
功能描述	读取指定 GPIO 接口的输出
输入参数	GPIOx：x 可以是 A、B、C、D 或 E，用来选择 GPIO 外设
输出参数	无
返回值	GPIO 输出数据接口值

[例 3.4]　读取 GPIOC 接口的输出。

U16 Read Value；

ReadValue = GPIO_ReadOutputData(GPIOC)；

6. GPIO_SetBits( )

GPIO_SetBits( )函数参数见表 3.8。

表 3.8　GPIO_SetBits( )参数函数

函数名	GPIO_SetBits( )
功能原型	void GPIO_SetBits（GPIO_TypeDef * GPIOx,uint16_t GPIO_Pin)
功能描述	设置指定的数据接口位
输入参数 1	GPIOx：x 可以是 A、B、C、D 或 E，用来选择 GPIO 外设
输入参数 2	GPIO_Pin：待设置的接口位，该参数可以取 GPIO_Pin_x（x 的取值范围为 0 ~ 15）的任意组合
输出参数	无
返回值	无

[例 3.5] 设置 GPIOB 的 12、13 引脚为高电平。

GPIO_SetBits(GPIOB,GPIO_Pin_12|GPIO_Pin_13);

7. GPIO_ResetBits( )

GPIO_ResetBits( )函数参数见表 3.9。

表 3.9　GPIO_ResetBits( )函数参数

函数名	GPIO_ResetBits( )
函数原型	Void GPIO_ResetBits（GPIO_TypeDef * GPIOx,uint16_tGPIO_Pin)
功能描述	清除指定的数据接口位
输入参数 1	GPIOx：x 可以是 A、B、C、D 或 E，用来选择 GPIO 外设
输入参数 2	GPIO_Pin：待读取的接口位，该参数可以取 GPIO_Pin_x（x 的取值范围为 0～15）的任意组合
输出参数	无
返回值	无

[例 3.6] 设置 GPIOA 的 9、10 引脚为低电平。

GPIO_ResetBits(GPIOA,GPIO_Pin_10|GPIO_Pin_9);

8. GPIO_WriteBit( )

GPIO_WriteBit( )函数参数见表 3.10。

表 3.10　GPIO_WriteBit( )函数参数

函数名	GPIO_WriteBit( )
函数原型	Void GPIO_WriteBit(GPIO_TypeDef * GPIOx,uint16_tGPIO_Pin,BitActionBitVal)
功能描述	设置或清除指定的数据接口位
输入参数 1	GPIOx：x 可以是 A、B、C、D 或 E，用来选择 GPIO 外设
输入参数 2	GPIO_Pin：待清除的接口位，该参数可以取 GPIO_Pin_x（x 的取值范围为 0～15）的任意组合
输入参数 3	BitVal：该参数指定了待写入的值，该参数必须取枚举 BitAction 的其中一个值。其中，Bit_RESET：清除数据接口位；Bit_SET：设置数据接口位
输出参数	无
返回值	无

[例 3.7] 设置或清除 GPIOA 的引脚 10 的接口位。

GPIO_WriteBit(GPIOA,GPIO_Pin_10,Bit_GPIO_RESET);

9. GPIO_Write( )

GPIO_Write( )函数参数见表 3.11。

表 3.11　GPIO_Write( )函数参数

函数名	GPIO_Write( )
函数原型	Void GPIO_Write(GPIO_TypeDef * GPIOx,uint16_tPortVal)

（续）

函数名	GPIO_Write( )
功能描述	向指定 GPIO 数据接口写入数据
输入参数 1	GPIOx：x 可以是 A、B、C、D 或 E，用来选择 GPIO 外设
输入参数 2	PortVal：待写入接口数据寄存器值
输出参数	无
返回值	无

[**例 3.8**]　向指定 GPIOA 数据接口写入数据 1101。

GPIO_Write(GPIOA,0x1101) ;

3.4　STM32 的 GPIO 开发实例

通过一个流水灯程序，熟悉 STM32 的 I/O 接口作为输出的方法。

3.4.1　硬件电路设计

硬件有 LED（VL0 和 VL1），其电路在 STM32 上已连接好。VL0 接 PB5，VL1 接 PE5。STM32 与 LED 连接示意图如图 3.5 所示。

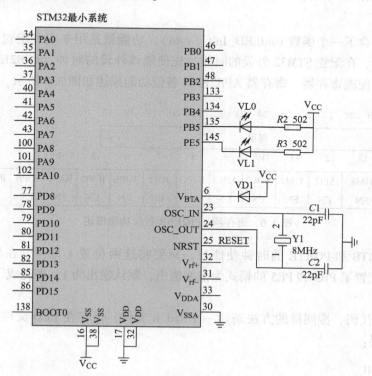

图 3.5　STM32 与 LED 连接示意图

3.4.2 软件设计

先找到新建的 TEST 工程，在该文件夹下新建一个 HARDWARE 文件夹，用来存放以后与硬件相关的代码。然后在 HARDWARE 文件夹下新建一个 LED 文件夹，用来存放与 LED 相关的代码。在 USER 文件夹下的 TEST. Uv2 工程中，单击新建按钮新建一个文件，在 HARDWARE – LED 文件夹下面保存为 led. c。在该文件中输入如下代码：

```
#include" led. h"
//初始化 PB5 和 PE5 为输出接口，并使能这两个接口的时钟
//LED I/O 初始化
VoidLED_Init( void)
{
RCC – > APB2ENR| = 1 < <2;              //使能 PORTB 时钟
RCC – > APE2ENR = 1 < <5;               //使能 PORTE 时钟
GPIOB – > CRH& = 0xFFFFFFF0;
GPIOB – > CRH& = 0x00000020;            //PB5 推挽输出
GPIOB – > ODR| = 1 < <5;                //PB5 输出高电平
GPIOE – > CRL& = 0xFFFFF0FF;
GPIOE – > CRL| = 0x00000300;            //PE5 推挽输出
GPIOE – > ODR| = 1 < <5;                //PE5 输出高电平
}
```

该代码就包含了一个函数 voidLED_Init（void），功能就是用来实现配置 PB5 和 PE5 为推挽输出。注意，在配置 STM32 外设的时候，先使能该外设的时钟。APB2ENR 是 APB2 总线上的外设时钟使能寄存器，寄存器 APB2ENR 各位功能描述如图 3.6 所示。

31	30	29	28	27	26	25	24	23	22	21	20	19	18	17	16
保留															

15	14	13	12	11	10	9	8	7	6	5	4	3	2	1	0
ADC1 EN	USART1 EN	TIM8 EN	SPI1 EN	TIM1 EN	ADC2 EN	ADC1 EN	IOPG EN	IOPF EN	IOPE EN	IOPD EN	IOPC EN	IOPB EN	IOPA EN	保留	AFIO EN

图 3.6　寄存器 APB2ENR 各位功能描述

要使能 PORTB 和 PORTE 的时钟使能位，只要将这两位置 1 即可。在配置完时钟后，Void LED_Init 配置了 PB5 和 PE5 的模式为推挽输出，默认输出为 1，即完成了这两个 I/O 接口的初始化。

保存 led. c 代码，按同样的方法新建一个 led. h 文件，保存在 LED 文件夹里。在 led. h 中输入如下代码：

```
#ifndef_LED_H
#define_LED_H
#include" sys. h"
```

```
//LED 接口定义
#define LED0 PBout(5)                          //PB5
#define LED1 PEout(5)                          //PE5
void LED_Init(void);                          //初始化
#endif
```

这段代码的关键是两个宏定义（方法1）：

```
#define LED0 PBout(5)                          //VL0
#define LED1 PEout(5)                          //VL1
```

这里使用的是位带操作来实现操作某个 I/O 接口的一个位。可以使用另外一种操作方式实现（方法2）：

```
#define VL0(1 < <5)                           //VL0 PB5
#define VL1(1 < <5)                           //VL1 PE5
#define VL0_SET(x)GPIOB − >ODR = (GPIOB − >ODR& ~ LED0)|(x? VL0:0)
#define VL1_SET(x)GPIOE − >ODR = (GPIOE − >ODR& ~ LED1)|(x? VL1:0)
```

后者通过 VL0_SET（0）和 VL0_SET（1）来控制 PB5 的输出为 0 和 1。而前者的类似操作为：

VL0 = 0 和 VL0 = 1

方法1中，I/O 接口使用位带操作来实现，方法2使用得较少。

将 led.h 保存，接着在 Manage Components 管理中新建一个 HARDWARE 组，把 led.c 加入这个组里，给工程新加 HARDWARE 组，如图 3.7 所示。

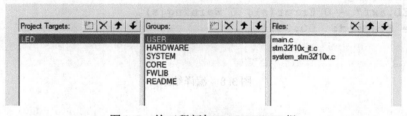

图 3.7　给工程新加 HARDWARE 组

单击 OK 按钮回到工程，则发现 ProjectWorkspace 中多了一个 HARDWARE 组，且该组下面有一个 led.c 文件，用同样的方法将 led.h 头文件的路径加入工程里。回到主界面，在 main()函数里编写如下代码：

```
#include "sys.h"                    //加入 sys.h 的头文件
#include "usart.h"
#include "delay.h"
#include "led.h"
int main(void)
{
Stm32_Clock Init(9);               //系统时钟设置
```

```
delay_init(72);                 //延时初始化
LED_Init();                     //初始化与 LED 连接的
//硬件接口
while(1)
{
VL0 = 0;VL1 = 1;
delay_ms(300);                  //延时 300ms
VL0 = 1;VL1 = 0;
delay_ms(300);
}
}
```

代码包含了 #include " led. h" 语句，使得 VL0、VL1、LED_Init 等能在 main( ) 函数里被调用。接下来，main( ) 函数先配置系统时钟为 72MHz，把延时函数初始化。接着调用 LED_Init 来初始化 PB5 和 PE5 为输出。最后在死循环里面实现 VL0 和 VL1 交替闪烁，间隔为 300ms。然后单击 ![按钮] 按钮编译工程，得到的编译结果如图 3.8 所示。没有错误和警告后再进行软件仿真，验证是否有错误，将代码下载到 STM32 观察运行的结果。

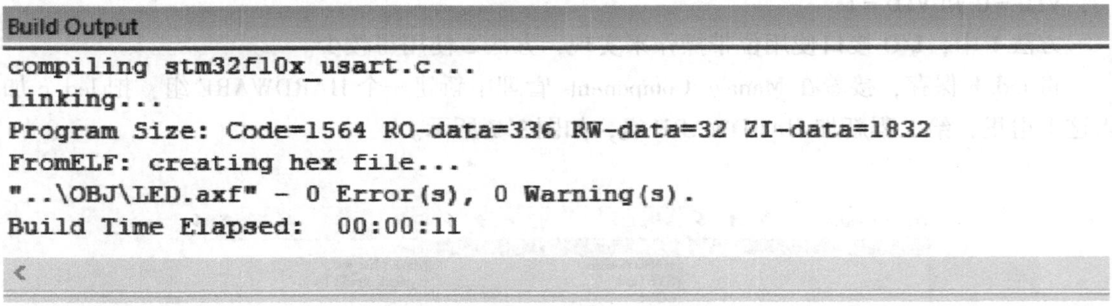

Build Output

```
compiling stm32f10x_usart.c...
linking...
Program Size: Code=1564 RO-data=336 RW-data=32 ZI-data=1832
FromELF: creating hex file...
"..\OBJ\LED.axf" - 0 Error(s), 0 Warning(s).
Build Time Elapsed:  00:00:11
```

图 3.8　编译结果

3.4.3　仿真与下载

本小节进行软件仿真，根据仿真的结果，下载代码到 ALIENTEK MiniSTM32 开发板中，观察运行是否正确。首先进行软件仿真（先确保 Options for Target 对话框中 Debug 选项卡中已经设置为 Use Simulator）。然后单击 ![按钮] 按钮开始仿真，接着单击 ![按钮] 按钮显示逻辑分析窗口，单击 Setup 按钮新建两个信号 PORTB.5 和 PORTE.5。逻辑分析设置如图 3.9 所示。在 Display Type 下拉列表框中选择 Bit，然后单击 Close 按钮关闭该对话框，可以看到逻辑分析窗口多出来两个信号，设置后的逻辑分析窗口如图 3.10 所示。

单击 ![按钮] 按钮开始运行，运行一段时间之后单击 ![按钮] 按钮暂停仿真，回到逻辑分析窗口，仿真波形如图 3.11 所示。

软件仿真正确后，将代码下载到开发板中，查看运行的结果是否与仿真的一致。

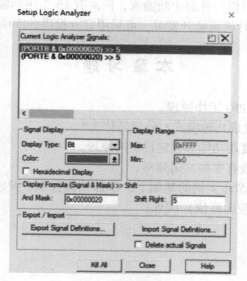

图 3.9　逻辑分析设置

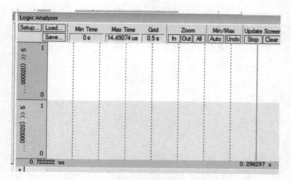

图 3.10　设置后的逻辑分析窗口

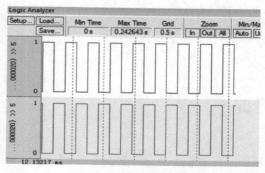

图 3.11　仿真波形

本 章 小 结

GPIO 是微控制器 I/O 的基本模块，可以实现微控制器与外设的数字交换。借助 GPIO 微控制器可以实现对外设（如键盘、LED 等）简单、直观的监控。

GPIO 接口的每个位都可以由软件分别配置成多种模式，但 I/O 接口寄存器必须按 32 位字被访问（不允许半字或字节访问）。每个 GPIO 引脚都可以由软件配置成输出（推挽输出或开漏输出）、输入（带或不带上/下拉电阻）。多数 GPIO 引脚都与数字或模拟的复用外设共用。

STM32 的 I/O 接口引脚工作在某个输出模式下，可以设置其工作频率。这个工作频率指的是 I/O 接口驱动电路的响应频度，而不是输出信号的频度。

STM32 的 GPIO 主要特征：都兼容 5V 电压，每个 I/O 都具有 20mA 驱动能力；最高 18MHz 的翻转频率和 50MHz 的输出频率；具备复用功能，包括 JTAG/SWD、Timer、

USART、I²C、SPI 等；可以作为外部中断输入，同时有 16 个中断输入等。

在进行 STM32 系列单片机系统开发时，可采用官方提供的库函数完成。

本 章 习 题

1. 请简述 STM32 的 GPIO 工作原理。
2. GPIO 可由软件配置成几种模式？分别是什么？
3. 简要概括 GPIO 的复用功能和锁定机制的原理。
4. 常用的 GPIO 库函数有哪些？请列举。
5. 在本章流水灯自动循环实例的基础上，添加按键控制，要求实现按下按键，LED 灯便从高位向低位（或从低位向高位）闪烁。

第4章 STM32单片机的中断系统及定时器

内容提要 本章首先介绍了 STM32 单片机的中断系统，包括中断相关的概念、嵌套向量中断控制器（NVIC）、外部中断通用 I/O 映像及外部中断的基本使用步骤，然后介绍了定时器/计数器，包括定时器的分类、定时器的寄存器类型等。

4.1 STM32 单片机的中断系统

表 4.1 给出了 STM32F 系列产品的中断与异常向量表。优先级 -3 ~ 6 为系统异常中断，7 ~ 66 为外部中断。

表 4.1 STM32F 系列产品的中断与异常向量表

中断号	优先级	名 称	地址	优先级类型	说 明
—	—	—	0x000000	—	保留
—	-3	Reset	0x000004	固定	复位
—	-2	NMI	0x000008	固定	不可屏蔽中断，RCC 时钟安全系统（CSS）连接到 NMI 向量
—	-1	HardFault	0x00000C	固定	系统硬件访问异常
—	0	MemManage	0x000010	可设置	存储器管理异常
—	1	BusFault	0x000014	可设置	预取指失败，存储器访问失败
—	2	UsageFault	0x000018	可设置	未定义指令异常
			0x00001C	—	保留
—	3	SVCall	0x00002C	可设置	通过 SWI 指令的系统服务调用
—	4	DebugMonitor	0x000030	可设置	调试监控器
—	—	—	0x000034	—	保留
—	5	PendSV	0x000038	可设置	可挂起的系统服务
—	6	SysTick	0x00003C	可设置	系统节拍定时器
0	7	WWDG	0x000040	可设置	窗口定时器中断
1	8	PVD	0x000044	可设置	连到 EXTI 的电源电压检测（PVD）中断
2	9	TAMPER	0x000048	可设置	侵入检测中断
3	10	RTC	0x00004C	可设置	实时时钟（RTC）全局中断
4	11	FLASH	0x000050	可设置	闪存全局中断
5	12	RCC	0x000054	可设置	复位和时钟控制（RCC）中断
6	13	EXTI0	0x000058	可设置	EXTI 线 0 中断
7	14	EXTI1	0x00005C	可设置	EXTI 线 1 中断
8	15	EXTI2	0x000060	可设置	EXTI 线 2 中断

（续）

中断号	优先级	名 称	地址	优先级类型	说 明
9	16	EXTI3	0x000064	可设置	EXTI 线 3 中断
10	17	EXTI4	0x000068	可设置	EXTI 线 4 中断
11	18	DMA1 通道 1	0x00006C	可设置	DMA1 通道 1 全局中断
12	19	DMA1 通道 2	0x000070	可设置	DMA1 通道 2 全局中断
13	20	DMA1 通道 3	0x000074	可设置	DMA1 通道 3 全局中断
14	21	DMA1 通道 4	0x000078	可设置	DMA1 通道 4 全局中断
15	22	DMA1 通道 5	0x00007C	可设置	DMA1 通道 5 全局中断
16	23	DMA1 通道 6	0x000080	可设置	DMA1 通道 6 全局中断
17	24	DMA1 通道 7	0x000084	可设置	DMA1 通道 7 全局中断
18	25	ADC1_2	0x000088	可设置	ADC1 和 ADC2 的全局中断
19	26	USB_HP_CAN_TX	0x00008C	可设置	USB 高优先级或 CAN 发送中断
20	27	USB_LP_CAN_RX0	0x000090	可设置	USB 低优先级或 CAN 接收 0 中断
21	28	CAN_RX1	0x000094	可设置	CAN 接收 1 中断
22	29	CAN_SCE	0x000098	可设置	CAN
23	30	EXTI9_5	0x00009C	可设置	EXTI 线 [9:5] 中断
24	31	TIM1_BRK	0x0000A0	可设置	TIM1 刹车中断
25	32	TIM1_UP	0x0000A4	可设置	TIM1 更新中断
26	33	TIM1_TRG_COM	0x0000A8	可设置	TIM1 触发和通信中断
27	34	TIM1_CC	0x0000AC	可设置	TIM1 捕获比较中断
28	35	TIM2	0x0000B0	可设置	TIM2 全局中断
29	36	TIM3	0x0000B4	可设置	TIM3 全局中断
30	37	TIM4	0x0000B8	可设置	TIM4 全局中断
31	38	I2C1_EV	0x0000BC	可设置	I^2C1 事件中断
32	39	I2C1_ER	0x0000C0	可设置	I^2C1 错误中断
33	40	I2C2_EV	0x0000C4	可设置	I^2C2 事件中断
34	41	I2C2_ER	0x0000C8	可设置	I^2C2 错误中断
35	42	SPI1	0x0000CC	可设置	SPI1 全局中断
36	43	SPI2	0x0000D0	可设置	SPI2 全局中断
37	44	USART1	0x0000D4	可设置	USART1 全局中断
38	45	USART2	0x0000D8	可设置	USART2 全局中断
39	46	USART3	0x0000DC	可设置	USART3 全局中断
40	47	EXTI15_10	0x0000E0	可设置	EXTI 线 [10:15] 中断
41	48	RTCAlarm	0x0000E4	可设置	连到 EXTI 的 RTC 闹钟中断
42	49	USB 唤醒	0x0000E8	可设置	连到 EXTI 的从 USB 待机唤醒中断
43	50	TIM8_BRK	0x0000EC	可设置	TIM8 刹车中断
44	51	TIM8_UP	0x0000F0	可设置	TIM8 更新中断

（续）

中断号	优先级	名 称	地址	优先级类型	说 明
45	52	TIM8_TRG_COM	0x0000F4	可设置	TIM8 触发和通信中断
46	53	TIM8_CC	0x0000F8	可设置	TIM8 捕获比较中断
47	54	ADC3	0x0000FC	可设置	ADC3 全局中断
48	55	FSMC	0x000100	可设置	FSMC 全局中断
49	56	SDIO	0x000104	可设置	SDIO 全局中断
50	57	TIM5	0x000108	可设置	TIM5 全局中断
51	58	SPI3	0x00010C	可设置	SPI3 全局中断
52	59	UART4	0x000110	可设置	UART4 全局中断
53	60	UART5	0x000114	可设置	UART5 全局中断
54	61	TIM6	0x000118	可设置	TIM6 全局中断
55	62	TIM7	0x00011C	可设置	TIM7 全局中断
56	63	DMA2 通道 1	0x000120	可设置	DMA2 通道 1 全局中断
57	64	DMA2 通道 2	0x000124	可设置	DMA2 通道 2 全局中断
58	65	DMA2 通道 3	0x000128	可设置	DMA2 通道 3 全局中断
59	66	DMA2 通道 4_5	0x00012C	可设置	DMA2 通道 4 和 DMA2 通道 5 全局中断

[**例 4.1**] STM32 的中断优先级远远小于中断的数量，实际应用时中断如何排序呢？

从表 4.1 可以看出，优先级号越小，优先级就越高，复位异常的优先级最高（它的优先级号为 −3），并且 Reset、NMI、HardFault 这 3 个异常的优先级是固定的，其他优先级可根据具体运用进行配置。STM32 只能管理 16 级中断的优先级，但是有 60 个中断，如果两个中断的优先级相同，则按表 4.1 中的自然优先级排序，自然优先级号小的优先级高。

当表 4.1 中的某个异常或中断被触发后，程序计数器指针（PC）将跳转到该异常或中断的地址处执行，该地址处存放着一条跳转指令，跳转到该异常或中断的服务函数中去执行相应的功能。因此，异常和中断向量表只能用汇编语言编写，在 Keil MDK 中，有标准的异常和中断向量表文件可以使用，例如，对于 STM32F103ZET6 而言，异常和中断向量表文件为 startup stm32fl0x_hd.s。在文件 startup stm32fl0x_hd.s 中，异常服务函数的函数名为表 4.1 中的异常名后添加 Handler，如系统节拍定时器异常的服务函数为 SysTickHandler；中断服务函数的函数名为表 4.1 中的中断名后添加_IRQHandler，如外中断 2 的中断服务函数为 EXTI2_IRQHandler。

4.1.1 STM32 中断相关的概念

中断是计算机系统中一个非常重要的概念，在当前计算机中经常采用中断技术。究竟什么是中断？计算机系统中为什么需要中断？

在计算机执行程序的过程中，当出现某个特殊情况（或称为"事件"）时，CPU 会中止当前程序的执行，转而去执行该事件的处理程序（中断处理或中断服务程序），待处理程序执行完毕，再返回断点继续执行原来的程序，这个过程称为中断。

1. 中断源

能引发中断的事件称为中断源，通常中断源都与外设有关。计算机系统常见的中断源有按键、定时器溢出、串口收到数据等，与此相关的外设有键盘、定时器和串口等。

每个中断源都有它对应的中断标志位，一旦该中断发生，它的中断标志位就会被置位。如果中断标志位被清除，那么它对应的中断便不会再被响应。所以，一般在中断服务程序最后要将对应的中断标志位清零，否则将始终响应该中断，不断执行该中断服务程序。

2. 中断优先级

第 2 章介绍过，STM32（Cortex – M3）中有两种优先级，即抢占式优先级和响应优先级。

为了说明中断优先级的概念，把事件按重要性或紧急程度从高到低依次排列，这种分级就称为优先级。如果多个事件同时发生，则根据它们的优先级从高到低依次响应。计算机系统中的中断源多，有轻重缓急之分，这种分级被称为中断优先级。各个中断源的优先级都是事先规定好的，中断的优先级是根据中断的实时性、重要性和方便性预先设定的。当同时有多个中断请求产生时，CPU 先响应优先级较高的中断请求。由此可见，优先级是中断响应的重要标准。

3. 中断屏蔽

中断屏蔽是中断系统中的一个重要功能。在嵌入式系统中，程序员可以通过设置相应的中断屏蔽位来禁止 CPU 响应某个中断，从而实现中断屏蔽。在微控制器中，对于一个中断源能否被响应，一般由"总中断允许控制位"和该中断自身的"中断允许控制位"共同决定。这两个中断控制位中的一个被关闭，该中断就无法被响应。

中断屏蔽的目的是保证在执行一些关键程序时不响应中断。例如在定时器中断中，中断响应时间为 1s，而执行中断服务程序需要的时间大于 1s，这在一定程度上会造成严重的后果。当然，对于一些重要的中断请求是不能屏蔽的，例如，重新启动、电源故障、内存出错、总线出错等影响整个系统工作的中断请求。因此，根据中断是否可以被屏蔽划分，中断可分为可屏蔽中断和不可屏蔽中断两类。

需要注意的是，尽管某个中断源可以被屏蔽，但一旦该中断发生，那么不管该中断屏蔽与否，它的中断标志位都会被置位，只要软件不清除该中断标志位，它就一直有效。

4. 中断处理过程

中断的具体处理过程可分为中断响应、执行中断服务程序和中断返回 3 部分，中断处理过程如图 4.1 所示。

在嵌入式系统中，中断响应和中断返回都由硬件自动完成，而在中断服务程序中，则由用户编写的程序执行具体的操作。

（1）中断响应

当某个中断请求产生后，CPU 进行识别，并根据中断屏蔽位判断该中断是否被屏蔽。若该中断请求已被屏蔽，则仅将中断标志位置位，CPU 不做任何响应，继续执行主程序；

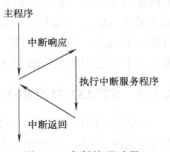

图 4.1　中断处理过程

若该中断请求未被屏蔽，则不仅中断寄存器中该中断标志位被置位，CPU 还执行以下步骤来响应中断。

1）保护现场。保护现场是为了在执行完服务程序后可以返回断点处继续执行中断处理前必须做的操作。就像在接听电话前要先将正在听的歌曲暂停。在嵌入式系统中，保护现场是通过将 CPU 关键寄存器进栈实现的。

2）找到该中断对应的中断服务程序地址。当某个中断产生且经判断其未被屏蔽后，CPU 会根据识别到的中断号到中断向量表中找到该中断号所在的表项，取出该中断对应的中断服务程序的入口地址，然后跳转到该地址执行。在嵌入式系统中，中断向量表相当于目录，CPU 在响应中断时使用这种类似于查字典的方法，通过中断向量表找到每一个中断对应的处理方式。

（2）执行中断服务程序

每个中断都有对应的中断服务程序，用来处理中断。CPU 响应中断后，转而执行对应的中断服务程序。中断服务程序又称中断服务函数，由用户根据具体的应用使用汇编语言或 C 语言编写，用来实现对该中断真正的处理操作。

在编写中断服务函数时需要注意：中断服务程序是一种特殊的函数，既没有参数，也没返回值，更不由用户调用，而是当某个事件产生一个中断时由硬件自动调用；中断服务函数要求尽量简短，这样才能充分利用 CPU 的高速性能，满足实时操作要求。

（3）中断返回

CPU 执行中断服务程序完毕后，通过恢复现场（CPU 关键寄存器出栈）实现中断返回，从断点处继续执行原程序。

5. 中断嵌套

中断优先级除了用于并发中断，还可用于嵌套中断。中断嵌套处理过程如图 4.2 所示。

在嵌入式系统中，中断嵌套是指当系统正在执行一个中断服务程序时，又有新的中断事件发生而产生了新的中断请求。此时，CPU 如何处理取决于这两个中断的优先级，CPU 将终止优先级相对较低的中断服务程序，转而去执行优先级较高的中断服务程序，处理完毕后，才返回来继续执行优先级较低的中断服务程序。

4.1.2 STM32 嵌套向量中断控制器（NVIC）

Cortex - M3 内核的中断处理机制主要由 NVIC 实现。NVIC 集成在 Cortex - M3 内核的内部，与中央处核心（CPU）CM3Core 紧密耦合，负责处理不可屏蔽（NMI）中断和外部中断，而 SYSTICK 不是由它控制的，Cortex - M3 中断与 NVIC 关系图如图 4.3 所示。NVIC 支持中断嵌套（高优先级中断会打断正在执行的低优先级中断），使用挂起或放弃指令执行、迟到中断处理和尾链等多种技术减少中断延迟（中断延迟是指从中断请求开始到对应的中断服务程序开始执行之间的时间），为 Cortex - M3 提供出色的中断处理能力。

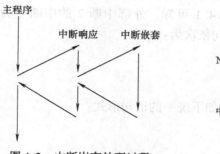

图 4.2　中断嵌套处理过程

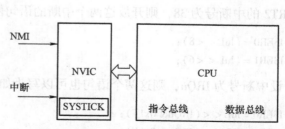

图 4.3　Cortex - M3 中断与 NVIC 关系图

1. NVIC 工作原理

嵌套向量中断控制器（NVIC）相关的中断管理工作主要有开放中断、关闭中断、设置中断请求标志、读中断请求标志、清除中断请求标志和配置中断优先级等。嵌套向量中断控制器（NVIC）的寄存器有 ISER0、ISER1、ICER0、ICER1、ISPR0、ISPR1、ICPR0、ICPR1、IABR0、IABR1、IPR0 ~ IPR14 和 STIR。嵌套向量中断寄存器（NVIC）见表 4.2。

表 4.2 嵌套向量中断寄存器（NVIC）

序号	地 址	寄存器	名 称	描 述
1	0xE000E100	ISER0	中断开放寄存器	ISER0[0] ~ ISER0[31]、ISER1[0] ~ ISER1[27] 依次对应的中断号为 0 ~ 59，各位写 0 无效，写 1 开放中断
	0xE000E104	ISER1		
2	0xE000E180	ICER0	中断关闭寄存器	ICER0[0] ~ ICER0[31]、ICER1[0] ~ ICER1[27] 依次对应的中断号为 0 ~ 59，各位写 0 无效，写 1 关闭中断
	0xE000E184	ICER1		
3	0xE000E200	ISPR0	中断设置请求状态寄存器	ISPR0[0] ~ ISPR0[31]、ISPR1[0] ~ ISPR1[27] 依次对应的中断号为 0 ~ 59，各位写 0 无效，写 1 请求中断
	0xE000E204	ISPR1		
4	0xE000280	ICPR0	中断清除请求状态寄存器	ICPR0[0] ~ ICPR0[31]、ICPR1[0] ~ ICPR1[27] 依次对应的中断号为 0 ~ 59，写 0 无效，则写 1 清除中断标志
	0xE000E284	ICPR1		
5	0xE000E300	IABR0	中断活跃位寄存器（只读）	IABR0[0] ~ IABR0[31]、IABR1[0] ~ IABR1[27] 依次对应的中断号为 0 ~ 59，读出 1，则相应中断活跃
	0xE000E304	IABR1		
6	0xE000E400 ~ 0xE000E438	IPR0 ~ IPR14	中断优先级寄存器	共有 16 个优先级，优先级号为 0 ~ 15，优先级号 0 表示优先级最高，优先级号 15 表示优先级最低
7	0xE000EF00	STIR	软件触发中断寄存器	第 [8:0] 位域有效，写入 0 ~ 59 的某一中断号，则触发相应的中断

[例 4.2] 请以 ISER0 和 ISER1 为例，介绍开放中断的方法。

根据表 4.2，ISER0[0] ~ ISER0[31] 对应的中断号为 0 ~ 31，ISER1[0] ~ ISER1[27] 对应中断号为 32 ~ 59 的 NVIC 中断。由表 4.1 可知，外部中断 2 的中断号为 8，而 USART2 的中断号为 38，则开放这两个中断的语句依次为：

ISER0 = (1uL < <8);
ISER1 = (1uL < <6);

设中断号为 IRQn，则这两个语句也可以写为如下统一的语句形式：

ISER0 = 1uL < < (IRQn& 0x1F);
ISER1 = 1uL < < (IRQn& 0x1F);

上述开放中断的方法被用在 CMISI 库文件中。

在 CMSIS 库头文件 core_cm3.h 中定义了 NVIC 中断的相关操作，其相关函数包括开放中断、关闭中断、设置中断请求标志、读中断请求标志、清除中断请求标志、设置中断优先级和获取优先级的函数，具体程序段如下：

```
typedef struct
{
  —IO uint32_t ISER[8];              //偏移地址:0x000(可读/可写)中断设置使能寄存器
    uint32_t RESERVED0[24];
  —IO uint32_t ICER[8];              //偏移地址:0x080(可读/可写)中断清除使能寄存器
    uint32_t RESERVED1[24];
  —IO uint32_t ISPR[8];              //偏移地址:0x100(可读/可写)中断设置请求寄存器
    uint32_t RSERVED2[24];
  —IO uint32_t ICPR[8];              //偏移地址:0x180(可读/可写)中断清除请求寄存器
    uint32_t RESERVED3[24];
  —IO uint32_t IABR[8];              //偏移地址:0x200(可读/可写)中断活跃标志寄存器
    uint32_t RESERVED4[56];
  —IO uint32_t IP[240];              //偏移地址:0x300(可读/可写)中断优先级寄存器
    uint32_t RESERVED5[644];
  —O uint32_t STIR;                  //偏移地址:0xF00(只写)软件触发中断寄存器
} NVIC_Type;
```

2. NVIC 优先级

优先级决定了一个中断是否能被屏蔽以及未屏蔽的情况下何时响应。下面介绍优先级分组和中断响应顺序。

（1）STM32 有两种优先级：抢占式优先级和响应优先级

● 抢占式优先级又称组优先级或占先优先级，标识了一个中断的抢占式优先响应能力的高低。抢占式优先级决定了是否会有中断嵌套发生。例如，一个具有高抢占式优先级的中断会打断当前正在执行的中断服务程序，转而执行它对应的中断服务程序。

● 响应优先级又称从优先级，仅在抢占式优先级相同时才有影响，它标识了一个中断非抢占式优先响应能力的高低。即在抢占式优先级相同的情况下，如果有处理中断，那么高响应优先级的中断只好等待低优先级中断处理结束后才能得到响应。在抢占式优先级相同的情况下，如果没有中断处理，那么高响应优先级优先中断。

在配置优先级时，还要注意一个重要的问题，即中断种类的数量，NVIC 只可以配置 16 种中断向量的优先级，即抢占式优先级和响应优先级的数量由一个 4 位的数字决定，把这 4 位数字的位数分配成抢占优先级和响应优先级。NVIC 优先级分组见表 4.3。

表 4.3 NVIC 优先级分组

NVIC_PriorityGroup	中断向量，抢占式优先级	中断向量，响应优先级	描　　述
NVIC_PriorityGroup_0	0	0 ~ 15	抢占式优先级 0 位，响应优先级 4 位
NVIC_PriorityGroup_1	1 ~ 0	0 ~ 7	抢占式优先级 1 位，响应优先级 3 位
NVIC_PriorityGroup_2	3 ~ 0	0 ~ 3	抢占式优先级 2 位，响应优先级 2 位

（续）

NVIC_PriorityGroup	中断向量，抢占式优先级	中断向量，响应优先级	描　述
NVIC_PriorityGroup_3	7 ~ 0	0 ~ 1	抢占式优先级 3 位，响应优先级 1 位
NVIC_PriorityGroup_4	15	0	抢占式优先级 4 位，响应优先级 0 位

[例 4.3]　NVIC 优先级分组对中断通道有何影响？

若选中 NVIC_PriorityGroup_0，则参数 NVIC_IRQChannelPreemptionPriority 对中断通道的设置不产生影响。

若选中 NVIC_PriorityGroup_4，则参数 NVIC_IRQChannelSubPriority 对中断通道的设置不产生影响。

假如选择了第 3 组，那么抢占式优先级就从 000 ~ 111 这 8 个数中选择，在程序中给不同的中断以不同的抢占式优先级，号码范围是 0 ~ 7；而响应优先级只有 1 位，所以即使要设置 3 个、4 个甚至最多的 16 个中断，在响应优先级这一项也只能赋予 0 或 1。所以，抢占式优先级 8 个 × 响应优先级 2 个 = 16 种优先级。

（2）STM32 对中断的响应顺序遵守的原则

1）先比较抢占式优先级，抢占式优先级高的中断优先响应。

2）当抢占式优先级相同时，比较响应优先级，响应优先级高的中断优先响应。

3）当上述两者都相同时，比较它们在中断向量表中的位置，位置低的中断优先响。

[例 4.4]　STM32 建立或设置一个中断的具体过程是什么样的？

建立中断向量表；分配栈空间并初始化；设置中断优先级；使能中断；编写对应的中断服务函数。

4.1.3　外部中断通用 I/O 映像及外部中断的基本使用步骤

1. 外部中断通用 I/O 映像

外部中断通用 I/O 映像如图 4.4 所示。

[例 4.5]　STM32 供 I/O 接口使用的中断线只有 16 个，但是 STM32 的 I/O 接口远远大于 16 个，STM32 是怎么把 16 个中断线和 I/O 接口一一对应起来的呢？

GPIO 的引脚 GPIOx. 0 ~ 15（x = A，B，C，D，E，F，G）分别对应中断线 0 ~ 15。这样，每个中断线都对应了 7 个 I/O 接口，以线 0 为例，它对应了 GPIOA. 0、GPIOB. 0、GPIOC. 0、GPIOD. 0、GPIOE. 0、GPIOF. 0、GPIOG. 0。而中断线每次只能连接到 1 个 I/O 接口上，这样就需要通过配置（图 4.5 映射关系）来决定对应的中断线连接到哪个 GPIO。

每一组使用一个中断标志 EXTIx。EXTI0 ~ EXTI4 这 5 个外部中断有着各自单独的中断响应函数，EXTI5 ~ EXTI9 共用一个中断响应函数，EXTI10 ~ EXTI15 共用一个中断响应函数。

通过 AFIO_EXTICRx 配置 GPIO 线上的外部中断/事件，

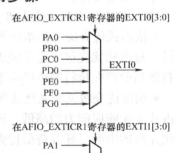

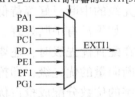

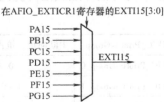

图 4.4　外部中断通用 I/O 映像

必须先使能 AFIO 时钟。另外 4 个 EXTI 线的连接方式如下：

1）EXTI 线 16 连接到 PVD 输出。

2）EXTI 线 17 连接到 RTC 闹钟事件。

3）EXTI 线 18 连接到 USB 唤醒事件。

4）EXTI 线 19 连接到以太网唤醒事件（只适用于互联型产品）。

2. 外部中断的基本使用步骤

外部中断的基本使用步骤如下：初始化 I/O 接口为输入；开启 I/O 接口复用时钟，设置 I/O 接口与中断线的映射关系；开启与该 I/O 接口相对的线上中断/事件，设置触发条件；设置中断分组（NVIC），并使能中断；编写中断服务函数。

（1）I/O 接口初始化

设置外部中断输入的 I/O 接口状态，可以设置为上位/下位输入，或设置为浮空输入。当浮空时，外部一定要有上拉或下拉电阻，否则可能导致中断不停地触发。在干扰较大的地方，建议使用外部上拉/下拉电阻，以防止和减少外部干扰带来的影响。

```
GPIO_InitTypeDefGPIO_InitStructure；
GPIO_InitStructure. GPIO_Pin = GPIO_Pin_0；            //选择引脚0
GPIO_InitStructure. GPIO_Mode = GPIO_Mode_IN_FLOATING；  //选择输入模式为浮空输入
GPIO_InitStructure. GPIO_Speed = GPIO_Speed_50MHz；    //输出频率最大50MHz
GPIO_Init( GPIOA,&GPIO_InitStructure )；               //设置PA0
```

其中，连接外部中断的引脚需要设置为输入状态，GPIO 中的函数在 stm32fl0x_gpic. c 中。

（2）时钟设置

要设置 STM32 的 I/O 接口与中断线的对应关系，需要配置外部中断配置器 EXTICR，要先开启复用时钟，然后配置 I/O 接口与中断线的对应关系，才能把外部中断与中断线连接起来。由于需要设置相应的时钟所需要的 RCC 函数在 stm32fl0x_rcc. c 中，所以要在工程中添加此文件。具体代码如下：

```
RCC_APB2PeriphClockCmd( RCC_APB2Periph_GPIOA|RCC_APB2Periph_AFIO,ENABLE)；
```

（3）开启与该 I/O 接口相对的线上中断/事件，设置触发条件

配置中断产生的条件，STM32 可配置成上升沿/下降沿触发，或者任意电平变化触发，但不能配置成高电平触发和低电平触发。根据要求配置，同时开启中断线上的中断。注意：如果使用外部中断，并设置该中断的 EMR 位，那么会引起软件仿真不能跳转到中断，而在硬件上是可以的。如果不设置 EMR，那么软件仿真可以进入中断服务器函数，并且在硬件上运行。建议不要配置 EMR 位。GPIO 不是专用的中断引脚，在使用 GPIO 来触发外部中断时，需要将 GPIO 相应的引脚和中断线连接起来，该设置需要调用到的函数都在 stm32fl0x_exti. c 中。具体代码如下：

```
EXTI_InitTypeDefEXTI_InitStructure；
//清空中断标志
EXTI_ClearITPendingBit( EXTI_Line0)；
GPIO_EXTILineConfig( GPIO_PortSourceGPIOA,GPIO_PinSource0)；     //选择中断引脚PA. 0
```

```
EXTI_InitStructure. EXTI_Line = EXTI_Line0;                    //选择中断线路0
EXTI_InitStructure. EXTI_Mode = EXTI_Mode_Interrupt;          //设置为中断请求,非事件请求
EXTI_InitStructure. EXTI_Trigger = EXTI_Trigger_Rising_Falling;
//设置中断触发方式为上/下降沿触发
EXTI_InitStructure. EXTI_LineCmd = ENABLE;                    //外部中断使能
EXTI_Init(&EXTI_InitStructure);
```

（4）设置中断分组

设置相应的中断实际上就是设置 NVIC，在 STM32 的固件库中有一个结构体 NVIC_Init-TypeDef，里面有相应的标志位设置，再用 NVIC_Init()函数进行初始化。

代码如下：

```
NVIC_InitTypeDefNVIC_InitStructure;
NVIC_PriorityGroupConfig(NVIC_PriorityGroup_2);              //选择中断分组2
NVIC_InitStructure. NVIC_IRQChannel = EXTI0_IRQChannel;      //选择中断通道2
NVIC_InitStructure. NVIC_IRQChannelPreemptionPriority = 0;   //抢占式优先级设置为0
NVIC_InitStructure. NVIC_IRQChannelSubPriority = 0;          //响应优先级设置为0
NVIC_InitStructure. NVIC_IRQChannelCmd = ENABLE;            //使能中断
NVIC_Init(&NVIC_InitStructure);
```

（5）中断响应函数编写

STM32 不像 C51 单片机那样可以用 interrupt 关键字来定义中断响应函数。STM32 的中断响应函数接口放在中断向量表中，是由启动代码给出的。默认的中断响应函数在 stm32fl0x_it.c 中，因此需要把这个文件加入工程中。

在这个文件中，很多函数都只有一个函数名，没有函数体。EXTI0_IRQHandler()函数为外部中断函数，即中断响应的函数。

```
void EXTI0_IRQHandler(void)
{
    GPIO. SetBits(GPIOB,GMO_Pin_6);              //点亮 LED 灯之类的代码
    EXTI_ClearITPendingBit(EXTI_Line0);          //清空中断标志位,防止持续进入中断
}
```

（6）写主函数

中断程序经常用到的几个文件：

1）stm32fl0x_exti. c：包含了支持 exti 配置和操作的相关库函数。

2）misc. c：包含了 NVIC 的配置函数。

3）stm32fl0xJt. c：用于编写中断服务函数。

中断程序的主函数基本结构为：

```
void RCC_cfg();
void IO_cfg();
void EXTI_cfg();
void NVIC_cfg();
int main()
```

```
{
    RCC_cfg();
    IO_cfg();
    NVIC_cfg();
    EXTI_cfg();
    while(1);
}
```

main()函数前是函数声明,main()函数体中调用初始化配置函数,然后进入死循环,等待中断响应。

[例4.6] 采用中断的方式实现简单按键点亮 LED 的功能。

下面是中断处理代码。

主程序:

```
# include" stm32f10x. h"
# include" led. h"
# include" exti. h"
Int main( void )
{
LED_GPIO_Config( );
    VL1_ON;
    EXTI_PA0_Config( );
    while(1)
    {}
}
```

第6行代码,LED 初始化。

第7行代码,点亮一盏 LED。

第8行代码,采用外部中断来配置按键。

EXTI_PA0_Config()代码:

```
# include" exti. h"
static void NVIC_Configuration( void )
{
NVIC_InitTypeDefNVIC_InitStructure;
NVIC_PriorityGroupConfig( NVIC_PriorityGroup_1 );
NVIC_InitStructure. NVIC_IRQChannel = EXTI0_IRQn;
NVIC_InitStructure. NVIC_IRQChannelPreemptionPriority = 0;
NVIC_InitStructure. NVIC_IRQChannelSubPriority = 0;
NVIC_InitStructure. NVIC_IRQChannelCmd = ENABLE;
}
void EXTI_PA0_Config( void )
{
    GPIO_InitTypeDefGPIO_InitStructure;
    EXTI_InitTypeDefEXTI_InitStructure;
```

```
RCC_APB2PeriphClockCmd(RCC_APB2Periph_GPIOA | RCC_APB2Periph_AFIO, ENABLE);
NVIC_Configuration();
GPIO_InitStructure. GPIO_Pin = GPIO_Pin_0;
GPIO_InitStructure. GPIO_Mode = GPIO_Mode_IPU;
GPIO_Init(GPIOA, &GPIO_InitStructure);
GPIO_EXTILineConfig(GPIO_PortSourceGPIOA, GPIO_PinSource0);
EXTI_InitStructure. EXTI_Line = EXTI_Line0;
EXTI_InitStructure. EXTI_Mode = EXTI_Mode_Interrupt;
EXTI_InitStructure. EXTI_Trigger = EXTI_Trigger_Falling;
EXTI_InitStructure. EXTI_LineCmd = ENABLE;
EXTI_Init(&EXTI_InitStructure);
}
//中断服务程序,当产生中断时,通过小灯状态的变化来判断按键是否按下
void EXTI0_IRQHandler(void)
{
    if(EXTI_GetITStatus(EXTI_Line0) != RESET)
    {
        LED1_TOGGLE;
        EXTI_ClearITPendingBit(EXTI_Line0);
    }
}
```

4.2 定时器/计数器

　　STM32 处理器系列拥有 3~8 个 16 位定时器，这些定时器由可编程预分频器驱动的 16 位自动装载计数器构成。定时器是完全独立的，没有互相共享资源，可以一起同步操作。定时器的同步操作可以实现定时器级联和多个定时器并行触发，适用于多种场合。定时器的应用包括测量输入信号的脉冲长度（输入捕获）或者产生输出波形（输出比较和 PWM 信号）。使用定时器预分频器和 RCC 时钟控制器预分频器，脉冲宽度和波形周期可以在几微秒到几毫秒之间任意调整。

4.2.1 定时器的分类

1. 高级定时器

　　高级定时器（TIM1 和 TIM8）由一个 16 位的自动装载计数器组成，由一个可编程的预分频器驱动。

　　高级定时器（TIM1 和 TIM8）和通用定时器（TIMx）是完全独立的，不共享资源，可以同步操作。

　　高级定时器（TIM1 和 TIM8）的功能包括以下几个方面：

　　1）16 位向上/向下自动装载计数器。

　　2）16 位可编程（可以实时修改）预分频器，计数器时钟频率的分频系数为 1~65535。

3）多达 4 个独立通道，包括输入捕获、输出比较、PWM 生成（边缘或中间对齐模式）、单脉冲模式输出。

4）死区时间可编程的互补输出。

5）使用外部信号控制定时器和定时器互连的同步电路。

6）允许在指定数目的计数器周期之后更新定时器寄存器的重复计数器。

7）刹车输入信号可以将定时器输出信号置于复位状态或者一个已知状态。

8）如下事件发生时产生中断/DMA：

- 更新：计数器向上/向下溢出，计数器初始化（通过软件或者内部/外部触发）。
- 触发事件（计数器启动、停止、初始化或者由内部/外部触发计数）。
- 输入捕获。
- 输出比较。
- 刹车信号输入。

9）支持针对定位的增量（正交）编码器和霍尔传感器电路。

10）触发输入作为外部时钟或者按周期的电流管理。

高级定时器 TIM1 和 TIM8 的框图如图 4.5 所示。

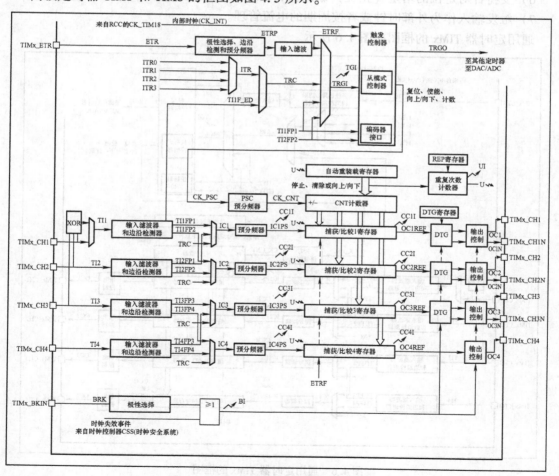

图 4.5　高级定时器 TIM1 和 TIM8 的框图

2. 通用定时器

通用定时器（TIMx）由一个通过可编程预分频器驱动的 16 位自动装载计数器构成。

通用定时器（TIMx，包括 TIM2、TIM3、TIM4 和 TIM5）的功能如下：

1）16 位向上/向下自动装载计数器。

2）16 位可编程（可以实时修改）预分频器，计数器时钟频率的分频系数为 1～65536 之间的任意数值。

3）4 个独立通道：包括输入捕获、输出比较、PWM 生成（边缘或中间对齐模式）、单脉冲模式输出。

4）使用外部信号控制定时器和定时器互连的同步电路。

5）如下事件发生时产生中断/DMA：

● 更新：计数器向上/向下溢出，计数器初始化（通过软件或者内部/外部触发）。

● 触发事件（计数器启动、停止、初始化或者由内部/外部触发计数）。

● 输入捕获。

● 输出比较。

6）支持针对定位的增量（正交）编码器和霍尔传感器电路。

7）触发输入作为外部时钟或者按周期的电流管理。

通用定时器 TIMx 的框图如图 4.6 所示。

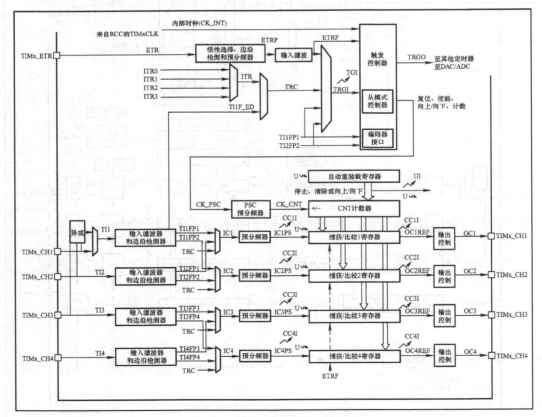

图 4.6　通用定时器 TIMx 的框图

3. 基本定时器

基本定时器 （TIM6 和 TIM7） 各包含一个 16 位自动装载计数器，由各自的可编程预分频器驱动。基本定时器可以作为通用定时器提供时间基准，为数/模转换器 （DAC） 提供时钟。基本定时器是互相独立的，不共享资源。

基本定时器的主要功能包括：16 位自动重装载累加计数器；16 位可编程 （可实时修改） 预分频器，分频系数范围为 1 ~ 65536；触发 DAC 的同步电路；在更新事件 （计数器溢出） 时产生中断/DMA 请求。基本定时器 （TIM6 和 TIM7） 的框图如图 4.7 所示。

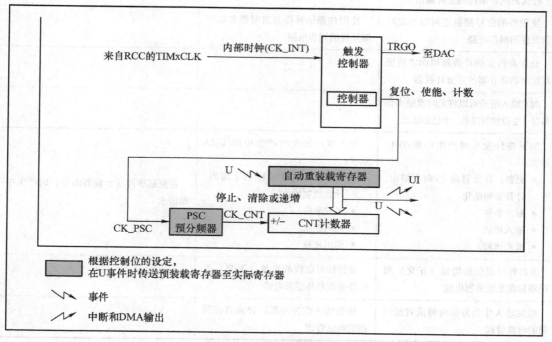

图 4.7 基本定时器的框图

STM32 的定时器分为三类：高级定时器 （TIM1 和 TIM8）、通用定时器 （TIM2、TIM3、TIM4、TIM5）、基本定时器 （TIM6、TIM7）。STM32 的高级、通用及基本定时器的功能比较见表 4.4。

表 4.4 STM32 的高级、通用及基本定时器的功能比较

高级定时器 （TIM1 和 TIM8）	通用定时器 （TIMx）	基本定时器 （TIM6 和 TIM7）
16 位向上/向下自动装载计数器	16 位向上/向下自动装载计数器	16 位自动重装载累加计数器
16 位可编程 （可以实时修改） 预分频器，计数器时钟频率分频系数为 1 ~ 65535 之间的数值	16 位可编程 （可以实时修改） 预分频器，计数器时钟频率分频系数为 1 ~ 65535 之间的数值	16 位可编程 （可实时修改） 预分频器，计数器时钟频率分频系数为 1 ~ 65536 之间的数值

（续）

高级定时器（TIM1 和 TIM8）	通用定时器（TIMx）	基本定时器（TIM6 和 TIM7）
多达 4 个独立通道： ● 输入捕获 ● 输出比较 ● PWM 生成（边缘或中间对齐模式） ● 单脉冲模式输出	多达 4 个独立通道： ● 输入捕获 ● 输出比较 ● PWM 生成（边缘或中间对齐模式） ● 单脉冲模式输出	
死区时间可编程的互补输出		
使用外部信号控制定时器和定时器互连的同步电路	使用外部信号控制定时器和定时器互连的同步电路	
允许在指定的计数器周期之后更新定时器寄存器的重复计数器		
刹车输入信号可以将定时器输出信号置于复位状态或者一个已知状态		
如下事件发生时产生中断/DMA 请求： ● 更新：计数器向上/向下溢出，计数器初始化 ● 触发事件 ● 输入捕获 ● 输出比较	如下事件发生时产生中断/DMA 请求： ● 更新：计数器向上/向下溢出，计数器初始化 ● 触发事件 ● 输入捕获 ● 输出比较	在更新事件（计数器溢出）时产生中断请求
支持针对定位的增量（正交）编码器和霍尔传感器电路	支持针对定位的增量（正交）编码器和霍尔传感器电路	
触发输入作为外部时钟或者按周期的电流管理	触发输入作为外部时钟或者按周期的电流管理	

4.2.2 定时器的寄存器类型

STM32 定时器的操作分为寄存方式操作和库函数方式操作。下面介绍 STM32 常用定时器的寄存器。

1. 控制寄存器 1（TIMx_CR1）

TIMx_CR1 的最低位使用率高，是计数器使能位，该位置"1"，定时器开始计数。TIMx_CR1 寄存器的各位描述如图 4.8 所示。

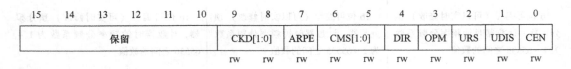

15	14	13	12	11	10	9	8	7	6	5	4	3	2	1	0
保留						CKD[1:0]		ARPE	CMS[1:0]		DIR	OPM	URS	UDIS	CEN
						rw	rw	rw	rw	rw	rw	rw	rw	rw	rw

图 4.8 TIMx_CR1 寄存器的各位

TIMx_CR1 寄存器各位描述见表 4.5。

表 4.5 TIMx_CR1 寄存器各位描述

各 位	描 述
位 15:10	保留，始终读为 0
位 9:8 CKD[1:0]	时钟分频因子：定义定时器时钟（CK_INT）频率与数字滤波器（ETR、TIx）使用的采样频率之间的分频比例 00：$tDTS = tCK\_INT$ 01：$tDTS = 2 \times tCK\_INT$ 10：$tDTS = 4 \times tCK\_INT$ 11：保留
位 7 ARPE	自动重装载预装载允许位 0：TIMx_ARR 寄存器没有缓冲 1：TIMx_ARR 寄存器被装入缓冲器
位 6:5 CMS[1:0]	选择中央对齐模式 00：边沿对齐模式。计数器依据方向位（DIR）向上或向下计数 01：中央对齐模式 1。计数器交替地向上和向下计数。配置为输出通道（TIMx_CCMRx 寄存器中 CCxS = 00）的输出比较中断标志位，只在计数器向下计数时被设置 10：中央对齐模式 2。计数器交替地向上和向下计数。配置为输出通道（TIMx_CCMRx 寄存器中 CCxS = 00）的输出比较中断标志位，只在计数器向上计数时被设置 11：中央对齐模式 3。计数器交替地向上和向下计数。配置为输出通道（TIMx_CCMRx 寄存器中 CCxS = 00）的输出比较中断标志位，在计数器向上和向下计数时均被设置 注：在计数器开启时（CEN = 1），不允许从边沿对齐模式转换到中央对齐模式
位 4 DIR	方向 0：计数器向上计数 1：计数器向下计数 注：当计数器配置为中央对齐模式或编码器模式时，该位为只读
位 3 OPM	单脉冲模式 0：在发生更新事件时，计数器不停止 1：在发生下一次更新事件（清除 CEN 位）时，计数器停止
位 2 URS	更新请求源：软件通过该位选择 UEV 事件的源 0：如果使能了更新中断或 DMA 请求，则下述任一事件都会产生更新中断或 DMA 请求： • 计数器溢出/下溢 • 设置 UG 位 • 从模式控制器产生的更新 1：如果使能了更新中断或 DMA 请求，则只有计数器溢出/下溢时才产生更新中断或 DMA 请求
位 1 UDIS	禁止更新：软件通过该位允许/禁止 UEV 事件的产生 0：允许 UEV。更新（UEV）事件由下述任一事件产生： • 计数器溢出/下溢 • 设置 UG 位 • 从模式控制器产生的更新，具有缓存的寄存器被装入它们的预装载值 1：禁止 UEV。不产生更新事件，影子寄存器（即隐藏的寄存器，ARR、PSC、CCRx）保持它们的值。 如果设置了 UG 位或从模式控制器发出了一个硬件复位，则计数器和预分频器被重新初始化

（续）

各　位	描　述
位 0 CEN	使能计数器 0：禁止计数器 1：使能计数器 注：在软件设置了 CEN 位后，外部时钟、门控模式和编码器模式才能工作 触发模式可以自动地通过硬件设置 CEN 位

2. 中断使能寄存器（TIMx_DIER）

中断使能寄存器（TIMx_DIER）是一个 16 位的寄存器，TIMx_DIER 寄存器的各位如图 4.9 所示。

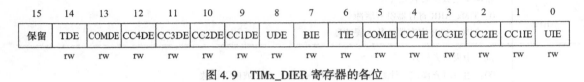

15	14	13	12	11	10	9	8	7	6	5	4	3	2	1	0
保留	TDE	COMDE	CC4DE	CC3DE	CC2DE	CC1DE	UDE	BIE	TIE	COMIE	CC4IE	CC3IE	CC2IE	CC1IE	UIE
	rw	rw	rw	rw	rw	rw	rw	rw	rw	rw	rw	rw	rw	rw	rw

图 4.9　TIMx_DIER 寄存器的各位

TIMx_DIER 寄存器各位描述见表 4.6。

表 4.6　TIMx_DIER 寄存器各位描述

各　位	描　述
位 15	保留，始终读为 0
位 14 TDE	允许触发 DMA 请求 0：禁止触发 DMA 请求 1：允许触发 DMA 请求
位 13 COMDE	始终读为 0
位 12 CC4DE	允许捕获/比较 4 的 DMA 请求 0：禁止捕获/比较 4 的 DMA 请求 1：允许捕获/比较 4 的 DMA 请求
位 11 CC3DE	允许捕获/比较 3 的 DMA 请求 0：禁止捕获/比较 3 的 DMA 请求 1：允许捕获/比较 3 的 DMA 请求
位 10 CC2DE	允许捕获/比较 2 的 DMA 请求 0：禁止捕获/比较 2 的 DMA 请求 1：允许捕获/比较 2 的 DMA 请求
位 9 CC1DE	允许捕获/比较 1 的 DMA 请求 0：禁止捕获/比较 1 的 DMA 请求 1：允许捕获/比较 1 的 DMA 请求
位 8 UDE	允许更新的 DMA 请求 0：禁止更新的 DMA 请求 1：允许更新的 DMA 请求

（续）

各　　位	描　　述
位 7 BIE	始终读为 0
位 6 TIE	触发中断使能 0：禁止触发中断 1：使能触发中断
位 5 COMIE	始终读为 0
位 4 CC4IE	允许捕获/比较 4 中断 0：禁止捕获/比较 4 中断 1：允许捕获/比较 4 中断
位 3 CC3IE	允许捕获/比较 3 中断 0：禁止捕获/比较 3 中断 1：允许捕获/比较 3 中断
位 2 CC2IE	允许捕获/比较 2 中断 0：禁止捕获/比较 2 中断 1：允许捕获/比较 2 中断
位 1 CC1IE	允许捕获/比较 1 中断 0：禁止捕获/比较 1 中断 1：允许捕获/比较 1 中断
位 0 UIE	允许更新中断 0：禁止更新中断 1：允许更新中断

这个寄存器比较常用的是第 0 位，该位是更新中断允许位，当该位设置为 1 时，允许更新事件所产生的中断。

3. 预分频寄存器（TIMx_PSC）

预分频寄存器（TIMx_PSC）通过设置分频，作为计数器的时钟。TIMx_PSC 寄存器的各位如图 4.10 所示。

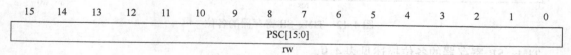

15	14	13	12	11	10	9	8	7	6	5	4	3	2	1	0
							PSC[15:0]								

图 4.10　TIMx_PSC 寄存器的各位

TIMx_PSC 寄存器各位描述见表 4.7。

表 4.7　TIMx_PSC 寄存器各位描述

各　　位	描　　述
位 15:0 PSC [15:0]	预分频寄存器数值计数器的时钟频率 CK_CNT 等于 $f_{CK\_PSC}/(PSC[15:0]+1)$。在每一次更新事件时，PSC 的数值都被传送到实际的预分频寄存器中

这里，定时器的时钟来源有 4 个。内部时钟（CKJNT）；外部时钟模式 1：外部输入脚（TIx）；外部时钟模式 2：外部触发输入（ETR）；内部触发输入（ITRx）：使用 A 定时器作为 B 定时器的预分频器。

通过 TIMx_SMCR 寄存器的设置选择相关时钟，CK_INT 时钟是从 APB1 倍频得来的，APB1 的时钟分频数设置为 0，定时器 TIMx 的时钟是 APB1 时钟的两倍；当 APB1 的时钟不分频时，定时器 TIMx 与 APB1 的时钟相等。高级定时器的时钟来自 APB2。

4. 自动重装载寄存器（TIMx_ARR）

该寄存器在物理上对应着两类寄存器，一类可直接操作，另一类是隐藏的。隐藏的寄存器就称为影子寄存器。

APRE = 0 时，预装载寄存器的内容可以传送到影子寄存器，此时两者是联通的。

APRE = 1 时，只有更新事件（UEV），才把预装在寄存器的内容传送到影子寄存器。

TIMx_ARR 寄存器的各位如图 4.11 所示。

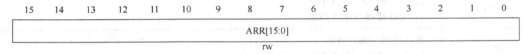

图 4.11 TIMx_ARR 寄存器的各位

TIMx_ARR 寄存器的各位描述见表 4.8。

表 4.8 TIMx_ARR 寄存器的各位描述

各　　位	描　　述
位 15:0 ARR[15:0]	自动重装载数值（Prescaler Value），ARR 的数值将传送到实际的自动重装载寄存器中。如果自动重装载数值为 0，则计数器停止

5. 状态寄存器（TIMx_SR）

该寄存器用来标记当前与定时器相关的各种事件/中断是否发生，TIMx_SR 寄存器的各位如图 4.12 所示。

图 4.12 TIMx_SR 寄存器的各位

TIMx_SR 寄存器的各位描述见表 4.9。

表 4.9 TIMx_SR 寄存器的各位描述

各　位	描　　述
位 15:1	保留，始终为 0
位 0 UIF	更新中断标志：硬件在更新中断时设置该位，它由软件清除 0：没有产生更新 1：产生了更新中断。下述情况下由硬件设置该位： ● 计数器产生上溢或下溢并且 TIMx_CR1 中的 UDIS = 0 ● 如果 TIMx_CR1 中的 URS = 0 并且 UDIS = 0，当使用 TIMx_EGR 寄存器的 UG 位重新初始化计数器 CNT 时

本 章 小 结

本章主要阐述了两大部分内容，分别是 STM32 单片机的中断系统和定时器/计数器。STM32 单片机中断系统包括 ARM Cortex - M3 内中断相关的概念、STM32 嵌套向量中断控制器（NVIC）和外部中断通用 I/O 映像及外部中断的基本使用步骤。定时器/计数器包括定时器的分类、定时器的寄存器类型等。

STM32 单片机的中断系统：ARM Cortex - M3 内核支持 256 个中断（16 个内核和 240 个外设）和可编程 256 级中新优先级的设置。

中断源：能引发中断的事件称为中断源。中断源常与外设有关，例如，中断源包括按键、定时器溢出、串口收到数据等。每个中断源都有它对应的中断标志位，一旦该中断发生，它的中断标志位就会被置位。如果中断标志位被清除，那么它对应的中断便不会再被响应。

中断优先级：STM32（Cortex - M3）中有两种优先级：抢占式优先级和响应优先级。

中断屏蔽是中断系统中的一个重要功能。可以通过设置相应的中断屏蔽位，禁止 CPU 响应某个中断，实现中断屏蔽。一个中断源能否被响应，是由"总中断允许控制位"和该中断的"中断允许控制位"共同决定的。这两个中断控制位中的任何一个被关闭，该中断就无法被响应。

中断处理过程包括中断响应、执行中断服务程序和中断返回 3 部分。

NVIC 即嵌套向量中断控制器，相关的中断管理工作主要有开放中断、关闭中断、设置中断请求标志、读中断请求标志、清除中断请求标志和配置中断优先级等。

STM32 外部中断/事件控制器：STM32 的每个 I/O 都可以作为外部中断的中断输入接口，STM32F103 的中断控制器支持 19 个外部中断/事件请求。每个中断都设有状态位，每个中断/事件都有独立的触发和屏蔽设置。

STM32 的定时器功能十分强大，有 TIM1 和 TIM8 高级定时器，也有 TIM2～TIM5 通用定时器，还有 TIM6 和 TIM7 基本定时器。STM32 的定时器分为很多类，各类功能都不一样。本章详细介绍了 STM32 的各种定时器及其功能，并对 STM32 的寄存器进行了介绍。

本 章 习 题

1. 抢占式优先级和响应优先级的区别是什么？中断向量优先级如何分组？
2. 使用外部中断要注意哪些事项？
3. 外部中断/时间控制器（EXTI）有什么特征？
4. 外部中断使用初始化的步骤是什么？
5. STM32 中断向量表的作用是什么？存放在什么位置？

第 5 章　STM32 的 A/D 和 D/A 转换模块

内容提要　本章介绍了 STM32 单片机 A/D 和 D/A 转换模块的相关知识，还介绍数字滤波方面的知识。

5.1　A/D 转换模块

计算机所处理的数据都是数字量，大多数的控制对象是连续变化的模拟量，很多传感器的输出也是模拟量，这就必须在模拟量和数字量之间进行转换。将模拟信号转换成数字信号称为模/数（A/D）转换。

5.1.1　A/D 转换器的主要类型

A/D 转换是将输入的模拟信号转换成相对应的数字信号输出。常见的 A/D 转换器根据其转换原理分为逐次逼近型、积分型、压频变换型、分级型、VFC 型、并行比较型/串并行比较型、$\sum - \Delta$ 调制型、电容阵列逐次比较型，这里主要介绍前 3 种类型。

（1）逐次逼近型

逐次逼近型 A/D 转换器由比较器、D/A 转换器、缓冲寄存器和若干控制逻辑电路构成。从最高有效位开始顺序地对每一位输入电压与内置 D/A 输出进行比较，经过几次比较而输出数字值。

（2）积分型

积分型 A/D 转换器的工作原理是将输入电压转换成时间（脉冲宽度信号）或频率（脉冲频率），由定时器/计数器获得数字值。

（3）压频变换型

这种类型转换器的原理是将输入的模拟信号转换成频率，用计数器将频率转换成数字量。

5.1.2　A/D 转换器的主要技术指标

1. 转换范围 V_{FSR}

转换范围 V_{FSR} 即 A/D 能够转换的模拟电压范围。

2. 分辨率

对应于最小数字量的模拟电压值称为分辨率，它表示对模拟信号进行数字化能够达到的程度。

3. 绝对精度

给定数字量的理论模拟输入与实际输入之差称为绝对精度，也称为绝对误差或非线性。

4. 转换时间和转换频率

完成一次 A/D 转换所需要的时间称为转换时间，转换时间的倒数称为转换频率。例如

转换时间为 $100\mu s$，则转换频率为 $10kHz$。

5. 线性度

线性度指实际转换器的转移函数与理想直线的最大偏移。

不同类型 A/D 转换器的结构、转换原理和性能指标方面的差异非常大。表 5.1 为常用类型 A/D 转换器的说明。

表 5.1　常用类型 A/D 转换器的说明

类型	逐次逼近型	积分型	分级型	VFC 型	Σ-Δ 调制型	并行比较型
主要特点	速度、精度、价格等综合性价比高	高精度、低成本、高抗干扰能力	高速	低成本、高分辨率	高分辨率、高精度	超高速
A/D 转换位数	8~16	12~16	8~16	8~16	16~24	6~10
转换时间	几至几十微秒	几十至几百毫秒	几十至几百纳秒	几十至几百毫秒	几至几十毫秒	几十纳秒
采样频率	几十至几百 kSPS	几十 kSPS	几 MSPS	几至几十 SPS	几十 kSPS	几十至几百 MSPS
价格	中	低	高	低	中	高
主要用途	数据采集工业控制	数字仪表	视频处理，高速数据采集	数字仪表简易A/D 转换器	音频处理数字仪表	超高速视频处理
典型器件	TLC0831	TLC7135	MAX1200	AD650	AD7705	TLC5510

注：SPS 为每秒采样次数。

5.1.3　A/D 转换器的选型注意事项

1. A/D 转换器的选用原则

A/D 转换器的选用原则上要考虑如下几点：

1）A/D 转换器用于什么系统，输出的数据位数，系统的精度、线性。

2）输入的模拟信号类型，包括模拟输入信号的范围、信号的驱动能力等。

3）系统工作的动静态条件、带宽要求、要求 A/D 转换器的转换时间等。

4）基准电压源的精度及来源。

2. 与 A/D 转换器配套使用的其他芯片的选用原则

为配合 A/D 转换器使用，在 A/D 转换器的外围还添加多路模拟开关、采样/保持器等。

1）多路模拟开关。多路模拟开关有四选一、八选一等，如 CD4051 等。

2）采样/保持器。采样/保持器是指在输入逻辑电平控制下处于"采样"或"保持"两种工作状态的电路。在"保持"状态时，电路的输出保持着前一次"采样"结束时刻的瞬间输入模拟信号，直至下一次采样状态的结束。

3. 基准电压源

基准电压源提供稳定的基准电压，在负载电流、温度和时间变化时，电压保持稳定不变。

5.2　STM32 的 A/D 转换器

STM32 的 12 位 A/D 转换器是一种逐次逼近型 A/D 转换器。它有 18 个通道，可测量 16

个外部和两个内部信号源。各通道的 A/D 转换以单次、连续等模式执行。A/D 转换的结果以左或右对齐方式存储在 16 位数据寄存器中。A/D 转换器的控制时钟不超过 14MHz，是由 PCLK2 分频产生的。

5.2.1　A/D 转换器的功能描述

1. A/D 转换器的主要特征

1）12 位转换位数。

2）转换结束、注入转换结束和发生看门狗事件时产生中断。

3）单次和连续转换模式。

4）从通道 0 到通道 16 的自动扫描模式。

5）自校准。

6）带内嵌数据一致性的数据对齐。

7）采样间隔可以按通道分别编程。

8）规则转换和注入转换均有外部触发选项。

9）A/D 转换时间：时钟为 56MHz 时为 $1\mu s$（时钟为 72MHz 时为 $1.17\mu s$）。

10）A/D 转换器的供电要求：$2.4 \sim 3.6V$。

11）A/D 转换器的输入范围 K_n：$V_{REF-} \leqslant K_n \leqslant V_{REF+}$。

12）规则通道转换期间有 DMA 请求产生。

13）参考电压由 V_{REF+} 提供，V_{REF+} 与 V_{CC} 用信号线相连，参考电压即 V_{CC} 上电压。

2. A/D 转换器部分引脚的说明

A/D 转换器部分引脚的说明见表 5.2。

表 5.2　A/D 转换器部分引脚的说明

名称	信号类型	说明
V_{REF+}	输入，模拟参考正极	A/D 转换器使用的高端/正极参考电压，$2.4V \leqslant V_{REF+} \leqslant V_{DDA}$
V_{DDA}[①]	输入，模拟电源	等效于 V_{DD} 的模拟电源，且 $2.4V \leqslant V_{DDA} \leqslant V_{DD}$（3.6V）
V_{REF-}	输入，模拟参考负极	A/D 转换器使用的低端/负极参考电压，$V_{REF-} = V_{SSA}$
V_{SSA}[①]	输入，模拟电源地	等效于 V_{SS} 的模拟电源地
ADCx_IN[15:0]	模拟输入信号	16 个模拟输入通道

① V_{DDA} 和 V_{SSA} 分别连接到 V_{DD} 和 V_{SS}。

图 5.1 所示为一个 A/D 模块的框图。

3. A/D 开关控制

设置 ADC_CR2 寄存器的 ADON 位，将 A/D 转换器激活。当第一次设置 ADON 位时，它将 A/D 转换器从断电状态下唤醒。A/D 转换器上电延迟一段时间后（t_{STAB}），再设置 ADON 位时开始进行转换。清除 ADON 位停止转换，此时 A/D 转换器处于休眠模式，该模式下，A/D 转换器耗电几微安。

4. A/D 时钟

由时钟控制器提供的 ADCCLK 时钟和 PCLK2（APB2 时钟）同步，RCC 控制器为 A/D 转换器提供一个可调频率的时钟。

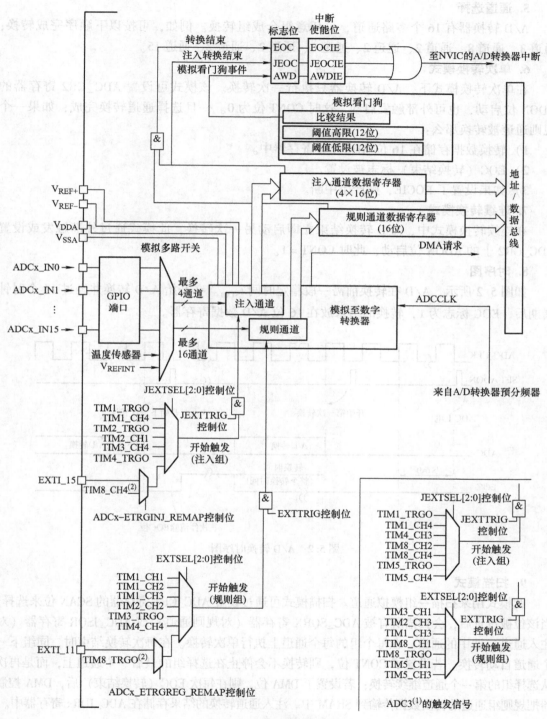

图 5.1 A/D 模块的框图

注：（1）ADC3 的规则转换和注入转换触发与 ADC1 和 ADC2 的不同。

　　（2）TIM8_CH4 和 TIM8_TRGO 及它们的重映射位只在大容量产品中。

5. 通道选择

A/D 转换器有 16 个多路通道，可任意组合成组转换。例如，可按以下顺序完成转换：通道 3、通道 8、通道 2、通道 2、通道 0、通道 2、通道 2、通道 15。

6. 单次转换模式

在单次转换模式下，A/D 转换器只执行一次转换。该模式可设置 ADC_CR2 寄存器的 ADON 位启动，也可外部触发启动，这时 CONT 位为 0。一旦选择通道转换完成，如果一个规则通道被转换那么：

1）转换数据存储在 16 位 ADC_DR 寄存器中。

2）EOC（转换结束）标志被设置。

3）如果设置了 EOCIE，则产生中断。

7. 连续转换模式

在连续转换模式中，A/D 转换结束立即启动另一次转换，此模式通过外部触发或设置 ADC_CR2 上的 ADON 位启动，此时 CONT = 1。

8. 时序图

如图 5.2 所示，A/D 在转换前需一段稳定时间 t_{STAB}。在开始 A/D 转换并经过 14 个时钟周期后，EOC 标志为 1，转换的结果放在 16 位 A/D 数据寄存器。

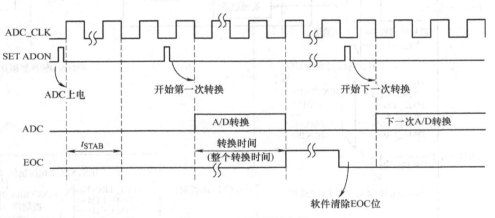

图 5.2　A/D 转换时序图

9. 扫描模式

此模式用来扫描一组模拟通道。扫描模式可通过设置 ADC_CR1 寄存器的 SCAN 位来选择。当该位被设置后，会扫描所有被 ADC_SQRX 寄存器（对规则通道）或 ADC_JSQR 寄存器（对注入通道）选中的通道。在每个组的每个通道上执行单次转换。在每次转换结束时，同组下一个通道自动转换。若设置了 CONT 位，则转换不会停止在选择组的最后一个通道上，而是再次从选择组的第一个通道继续转换；若设置了 DMA 位，则在每次 EOC（转换结束）后，DMA 控制器把规则组通道的转换数据传输到 SRAM 中。注入通道转换的结果存储在 ADC_JDRx 寄存器中。

5.2.2　A/D 寄存器描述

STM32 的 A/D 转换器可以进行多种不同模式的转换，以下是执行规则通道的单次转换时需要用到的 A/D 寄存器。

1. A/D 控制寄存器（ADC_CR1 和 ADC_CR2）

（1）寄存器 ADC_CR1

寄存器 ADC_CR1 的各位如图 5.3 所示。

31	30	29	28	27	26	25	24	23	22	21	20	19	18	17	16
保留								AWDEN	JAWD EN	保留		DUALMOD[3:0]			
								rw	rw			rw	rw	rw	rw

15	14	13	12	11	10	9	8	7	6	5	4	3	2	1	0
DISCNUM[2:0]			JDISC EN	DISC EN	JAUTO	AWD SGL	SCAN	JEOCIE	AWDIE	EOCIE	AWDCH[4:0]				
rw	rw	rw	rw	rw	rw	rw	rw	rw	rw	rw	rw	rw	rw	rw	rw

图 5.3　寄存器 ADC_CR1 的各位

ADC_CR1 的 SCAN 位用于设置扫描模式，由软件设置和清除。该位设置为 1 则使用扫描模式，该位设置为 0 则关闭。在扫描模式下，由 ADC_SQRx 或 ADC_JSQRx 寄存器选中的通道被转换。若设置了 EOCIE 或 JEOCIE 位，则在最后一个通道转换完毕后会产生 EOC 或 JEOC 中断。DUALMOD［3:0］用于设置 A/D 转换器的操作模式。

（2）寄存器 ADC_CR2

寄存器 ADC_CR2 的各位功能描述如图 5.4 所示。

31	30	29	28	27	26	25	24	23	22	21	20	19	18	17	16
保留								TS VREFE	SW START	JSW START	EXT TRIG	EXTSEL[2:0]			保留
								rw	rw	rw	rw	rw	rw	rw	

15	14	13	12	11	10	9	8	7	6	5	4	3	2	1	0
JEXT TRIG	JEXTSEL[2:0]			ALIGN	保留		DMA	保留				RST CAL	CAL	CONT	ADON
rw	rw	rw	rw	rw			rw					rw	rw	rw	rw

图 5.4　寄存器 ADC_CR2 的各位

寄存器 ADC_CR2 的 ADON 位用于控制 A/D 转换器；是否连续转换由 CONT 位控制，使用单次转换，则 CONT = 0；CAL 和 RST CAL 用于 A/D 校准；ALIGN 用于设置数据对齐，ALIGN = 0，则右对齐。EXTSEL［2:0］用于选择启动规则转换组转换的外部事件。

软件触发（SW START），设置 EXTSEL［2:0］位为 111 即启动。开始规则通道的转换位是 ADC_CR2 的 SW_START 位，该位写 1 即启动每次转换（单次转换模式下）。AWDEN 位用于使能温度传感器和 V_{refint}。

2. A/D 采集事件寄存器（ADC_SMPR1 和 ADC_SMPR2）

ADC_SMPR1 和 ADC_SMPR2 这两个寄存器用于设置通道。0～17 通道的采样时间，每个通道占用 3 个位。

对于每个要转换的通道，采样时间建议长一些，确保数据可靠，这样会降低 A/D 的转换速率。A/D 转换时间的计算：$T_{\text{covn}} =$ 采样时间 + 12.5 个周期。式中，T_{covn} 为总转换时间。

采样时间根据每个通道 SMP 位的设置来决定。例如，如果 ADCCLK = 14MHz，设置 1.5

个周期的采样时间，则得到 $T_{covn} = (1.5 + 12.5)$ 周期 $= 14$ 周期 $= 1\mu s$。

3. A/D 状态寄存器（ADC_SR）

ADC_SR 寄存器保存了 A/D 转换时的各种状态。

用 EOC 位判断 A/D 转换是否完成，如果完成就从 ADC_DR 中读取转换结果，否则再等待。

下面使用 ADC1 的通道 0 来进行 A/D 转换，具体步骤如下：

1）开启 PA 口时钟，设置 PA0 为模拟输入。

2）使能 ADC1 时钟，设置分频因子。要使用 ADC1，需要首先使能 ADC1 时钟，再进行一次 ADC1 的复位。通过 RCC_CFGR 设置 ADC1 的分频因子，确保 ADC1 的时钟（ADC-CLK）不超过 14MHz。

3）设置 ADC1 的工作模式。设置完分频因子后，开始 ADC1 的模式配置，可设置单次转换模式、触发方式或数据对齐方式等。

4）设置 ADC1 规则序列的相关信息。由于仅一个通道且是单次转换的，故设置规则序列中的通道数为 1，然后设置通道的采样周期。

5）开启 A/D 转换器并校准。在设置完以上信息后，就开启 A/D 转换器，执行复位和 A/D 校准。注意：执行复位和 A/D 校准是必需的，不校准将导致结果不准确。

6）读取 A/D 值。在校准完成之后，A/D 准备完毕，然后设置规则序列 0 里面的通道，启动 A/D 转换。转换结束后，即可读取 ADC1_DR 里的值。

以上是 STM32 的 ADC1 完成 A/D 转换的操作过程。

5.3 A/D 转换器的输入电路

单端通道的模拟输入电路如图 5.5 所示。作为 A/D 的输入通道，输入到 ADCn 的模拟信号受分布电容及输入干扰的影响，所以模拟信号应通过一个串联电阻（输入通道的组合电阻）驱动采样/保持（S/H）电容。

图 5.6 所示为偏移和增益整定电路。它对模拟输入信号进行偏移和增益处理，使输入到模拟引脚（A/D0 ~ A/D7）的电压为 0 ~ 5V，偏移细调通过 R_2 实现。增益范围由调整 R_5 完成。

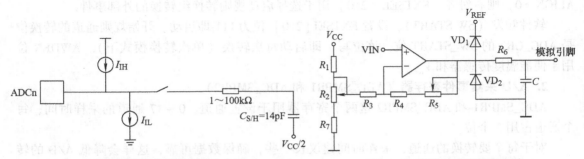

图 5.5 单端通道的模拟输入电路　　　　　　图 5.6 偏移和增益整定电路

5.4　A/D 案例分析

5.4.1　A/D 常用库函数

void ADC_Init(ADC_TypeDef * ADCx, ADC_InitTypeDef * ADC_InitStruct);

void ADC_DeInit(ADC_TypeDef * ADCx)

void ADC_Cmd(ADC_TypeDef * ADCx, FunctionalStateNewState);

void ADC_ITConfig(ADC_TypeDef * ADCx, uint16_t ADC_IT, FunctionalStateNewState);

void ADC_SoftwareStartConvCmd(ADC_TypeDef * ADCx, FunctionalStateNewState);

void ADC_RegularChannelConfig(ADC_TypeDef * ADCx, uint8_t ADC_Channel, uint8_t Rank, uint8_t ADC_SampleTime);

uint16_t ADC_GetConversionValue(ADC_TypeDef * ADCx);

void ADC_ResetCalibration(ADC_TypeDef * ADCx);

FlagStatusADC_GetResetCalibrationStatus(ADC_TypeDef * ADCx);

void ADC_StartCalibration(ADC_TypeDef * ADCx);

FlagStatusADC_GetCalibrationStatus(ADC_TypeDef * ADCx);

5.4.2　A/D 初始化函数 ADC_Init

void ADC_Init(ADC_TypeDef * ADCx, ADC_InitTypeDef * ADC_InitStruct);

typedef struct

{

//A/D 模式:配置 ADC_CR1 寄存器

//配置扫描模式

uint32_t ADC_Mode;

FunctionalStateADC_ScanConvMode;

//配置转换方式

FunctionalStateADC_ContinuousConvMode;

//配置触发方式

uint32_t ADC_ExternalTrigConv;

//配置对齐方式

uint32_t ADC_DataAlign;

//配置规则通道序列长度

uint8_t ADC_NbrOfChannel;

} ADC_InitTypeDef;

ADC_InitStructure. ADC_Mode = ADC_Mode_Independent;　　　　//独立模式

ADC_InitStructure. ADC_ScanConvMode = DISABLE;　　　　　//不开启扫描

ADC_InitStructure. ADC_ContinuousConvMode = DISABLE;　　　//单次转换模式

ADC_InitStructure. ADC_ExternalTrigConv = ADC_ExternalTrigConv_None;　//触发软件

ADC_InitStructure. ADC_DataAlign = ADC_DataAlign_Right;　　　//A/D 数据右对齐

ADC_InitStructure. ADC_NbrOfChannel = 1;　　　　　//顺序进行规则转换的 A/D 通道的数目

[例 5.1] 编写程序读取某个 A/D 通道的值, 读取通道 1 上的 A/D 值, 可以通过 Get_Adc (1) 得到。

```
//获得 A/D 值
//ch 为 0 ~ 3 通道
u16 Get_Adc(u8 ch)
{
//设置指定 A/D 的规则组通道,设置它们的转化顺序和采样时间
ADC_RegularChannelConfig(ADC1,ch,1,ADC_SampleTime_239Cycles5);
//通道1,规则采样顺序值为1,采样时间为239.5 个周期
ADC_SoftwareStartConvCmd(ADC1,ENABLE);                //使能软件转换功能
while(!ADC_GetFlagStatus(ADC1,ADC_FLAG_EOC));         //等待转换结束
return ADC_GetConversionValue(ADC1);                  //返回最近一次 ADC1 规则组的转换结果
}
```

5.4.3　主要配置函数程序

1) 开启 PA 口时钟和 ADC1 时钟, 设置 PA1 为模拟输入。

```
GPIO_Init();
APB2PeriphClockCmd();
```

2) A/D 使能函数 ADC_Cmd ()。

```
void ADC_Cmd(ADC_TypeDef * ADCx,FunctionalStateNewState);
ADC_Cmd(ADC1,ENABLE);                         //使能指定的 ADC1
```

3) A/D 使能软件转换函数 ADC_SoftwareStartConvCmd ()。

```
void ADC_SoftwareStartConvCmd(ADC_TypeDef * ADCx,FunctionalStateNewState)
    ADC_SoftwareStartConvCmd(ADC1,ENABLE);    //使能 ADC1 的软件转换启动
```

4) A/D 规则通道配置函数 ADC_RegularChannelConfig ()。

```
void ADC_RegularChannelConfig(ADC_TypeDef * ADCx,
uint8_t ADC_Channel,uint8_t Rank,uint8_t ADC_SampleTime);
ADC_RegularChannelConfig(ADC1,ADC_Channel_1,1,ADC_SampleTime_239Cycles5);
```

5) A/D 获取转换结果函数 ADC_GetConversionValue ()。

```
uint16_t ADC_GetConversionValue(ADC_TypeDef * ADCx);
ADC_GetConversionValue(ADC1);                 //获取 ADC1 转换结果
```

5.5　D/A 转换模块

小容量产品是指 Flash 容量在 16 ~ 32KB 的产品; 中容量产品是指 Flash 容量在 64 ~ 128KB 的产品; 大容量产品是指 Flash 容量在 256 ~ 512KB 的产品。

5.5.1　D/A 转换器概述

D/A 转换模块是 12 位数字输入、电压输出的 D/A 转换器。D/A 转换器可以配置为 8 位或 12 位模式，也能与 DMA 控制器配合使用。D/A 转换器工作在 12 位模式时，数据可以设置成左或右对齐。D/A 转换模块有两个输出通道，每个通道都有单独的转换器。在双 D/A 模式下，两个通道可独立地进行转换，并且可同时进行转换及同步地更新两个通道的输出。D/A 转换时，通过引脚输入参考电压 V_{REF+} 以获得更精确的转换结果。D/A 转换的主要特征：①两个 D/A 转换器；②每个转换器对应一个输出通道；③8 位或者 12 位单调输出；④12 位模式下数据左或右对齐；⑤具有同步更新功能；⑥可生成噪声波形；⑦可生成三角波形；⑧双 D/A 通道同时或者分别转换；⑨每个通道都有 DMA 功能；⑩外部触发转换；⑪可输入参考电压 V_{REF+}。D/A 转换器主要引脚的功能说明见表 5.3。

表 5.3　D/A 主要引脚的功能说明

名　　称	型号类型	注　　释
V_{REF+}	输入，正模拟参考电压	D/A 使用的高端/正极参考电压，$2.4V \leqslant V_{REF+} \leqslant V_{DDA}$（3.3V）
V_{DDA}	输入，模拟电源	模拟电源
V_{SSA}	输入，模拟电源地	模拟电源的地线
DAC_OUTx	模拟输出信号	D/A 通道 x 的模拟输出

注意：一旦使能 DACx 通道，相应的 GPIO 引脚（PA4 或者 PA5）就会自动与 D/A 的模拟输出相连（DAC_OUTx）。为了避免寄生干扰和额外功耗，引脚 PA4 或 PA5 应设置成模拟输入（AIN）。

单个 D/A 通道的框图如图 5.7 所示。

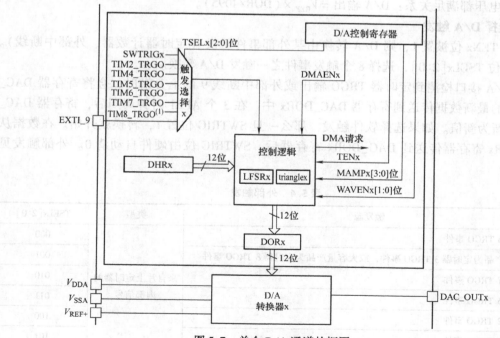

图 5.7　单个 D/A 通道的框图

5.5.2　D/A 功能描述

1. 使能 D/A 通道

将 DAC_CR 寄存器的 ENx 位置 1 即激活 D/A 通道 x。经过一段启动时间 t_{WAKEUP}，D/A 通道 x 即被使能。

注意：ENx 位只使能 D/A 通道 x 的模拟部分，即使该位被置 0，D/A 通道 x 的数字部分也仍然工作。

2. 使能 D/A 输出缓存

D/A 集成了两个输出缓存，用来减少输出阻抗，无须外部运放即可直接驱动外部负载。D/A 通道输出缓存可通过设置 DAC_CR 寄存器的 BOFFx 位来使能。

3. D/A 转换

不能直接对寄存器 DAC_DORx 写入数据，输出到 D/A 通道 x 的数据必须写入 DAC_DHRx 寄存器（数据实际写入 DAC_DHR8Rx、DAC_DHR12Lx、DAC_DHR12Rx、DAC_DHR8RD、DAC_DHR12LD 或 DAC_DHR12RD 寄存器）。

如果没有选中硬件触发（寄存器 DAC_CR1 的 TENx 位置 0），那么存入寄存器 DAC_DHRx 的数据会在一个 APB1 时钟周期后自动传至寄存器 DAC_DORx。如果选中硬件触发（寄存器 DAC_CR1 的 TENx 位置 1），那么数据传输在触发以后 3 个 APB1 时钟周期后完成。

数据从 DAC_DHRx 寄存器装入 DAC_DORx 寄存器，经过时间 t_{SETTLING} 输出有效，时间的长短按照电源电压和模拟输出负载的不同会有所变化。

4. D/A 输出电压

数字输入经过 D/A 转换为模拟电压线性输出，其范围为 $0 \sim V_{\text{REF}+}$。任一 D/A 通道引脚上的输出电压都满足关系：D/A 输出 $= V_{\text{REF}} \times (\text{DOR}/4095)$。

5. 选择 D/A 触发

如果 TENx 位被置 1，则 D/A 转换由某外部事件触发（定时器计数器、外部中断线）。配置控制位 TSELx[2:0]，选择 8 个触发事件之一触发 D/A 转换。

当 D/A 接口检测到定时器 TRGO 输出或外部中断线 9 的上升沿时，会将寄存器 DAC_DHRx 中的最新数据传送到寄存器 DAC_DORx 中。在 3 个 APB1 时钟周期后，寄存器 DAC_DORx 更新为新值。如果选择软件触发，那么一旦 SWTRIG 位置 1，转换就开始。在数据从 DAC_DHRx 寄存器传送到 DAC_DORx 寄存器后，SWTRIG 位由硬件自动清 0。外部触发见表 5.4。

表 5.4　外部触发

触发源	类型	TSELx[2:0]
定时器 6 TRGO 事件		000
互联型产品为定时器 3 TRGO 事件，或大容量产品为定时器 8 TRGO 事件		001
定时器 7 TRGO 事件	来自片上定时器的 内部信号	010
定时器 5 TRGO 事件		011
定时器 2 TRGO 事件		100
定时器 4 TRGO 事件		101

（续）

触发源	类型	TSELx[2:0]
EXTI 线路 9	外部引脚	110
SWTRIG（软件触发）	软件控制位	111

6. DMA 请求

D/A 通道都具有 DMA 功能。两个 DMA 通道分别用于两个 D/A 通道的 DMA 请求。

如果 DMAENx 位置 1，一旦有外部触发（而不是软件触发）发生，则产生一个 DMA 请求，然后 DAC_DHRx 寄存器的数据被传送到 DAC_DORx 寄存器。

在双 D/A 模式下，如果两个通道的 DMAENx 位都为 1，则会产生两个 DMA 请求。如果实际只需要一个 DMA 传输，则应只将其中一个 DMAENx 位置 1。这样，程序可以在只使用一个 DMA 请求、一个 DMA 通道的情况下处理工作在双 D/A 模式的两个 D/A 通道。

D/A 的 DMA 请求不会累计，第 2 个外部触发在响应第 1 个外部触发之前不能处理第 2 个 DMA 请求，也不会报告错误。

5.5.3　双 D/A 通道转换

在需要两个 D/A 同时工作的情况下，为了有效地利用总线带宽，D/A 集成了 3 个供双 D/A 模式使用的寄存器：DHR8RD、DHR12RD 和 DHR12LD。只需要访问一个寄存器即可完成同时驱动两个 D/A 通道的操作。

对于双 D/A 通道转换和这些专用寄存器，共有 11 种转换模式可用。这些转换模式在只使用一个 D/A 通道的情况下，仍然可通过独立的 DHRx 寄存器操作。

1. 不使用波形发生器的独立触发

该转换模式按照下列顺序设置 D/A 工作：分别设置两个 D/A 通道的触发使能位 TEN1 和 TEN2 为 1；通过设置 TSEL1[2:0] 和 TSEL2[2:0] 位为不同值，分别配置两个 D/A 通道的不同触发源；将双 D/A 通道转换数据装入所需的 DHR 寄存器（DHR12RD、DHR12LD 或 DHR8RD）。

当发生 D/A 通道 1 触发事件时，延迟 3 个 APB1 时钟周期后，寄存器 DHR1 的值传入寄存器 DAC_DOR1。

当发生 D/A 通道 2 触发事件时，延迟 3 个 APB1 时钟周期后，寄存器 DHR2 的值传入寄存器 DAC_DOR2。

2. 使用相同 LFSR 的独立触发

设置 D/A 工作在此转换模式：分别设置两个 D/A 通道的触发使能位 TEN1 和 TEN2 为 1；通过设置 TSEL1[2:0] 和 TSEL2[2:0] 位为不同值，分别配置两个 D/A 通道的不同触发源；设置两个 D/A 通道的 WAVEx[1:0] 位为 "01"，并设置 MAMPx[3:0] 为相同的 LFSR 屏蔽值。

将双 D/A 通道转换数据装入所需的 DHR 寄存器（DHR12RD、DHR12LD 或 DHR8RD）。

当发生 D/A 通道 1 触发事件时，具有相同屏蔽的 LFSR1 计数器值与 DHR1 寄存器数值相加，延迟 3 个 APB1 时钟周期后，结果传入寄存器 DAC_DOR1，再更新 LFSR1 计数器。

当发生 D/A 通道 2 触发事件时，具有相同屏蔽的 LFSR2 计数器值与 DHR2 寄存器数值相加，延迟 3 个 APB1 时钟周期后，结果传入寄存器 DAC_DOR2，然后更新 LFSR2 计数器。

3. 使用不同 LFSR 的独立触发

设置 D/A 工作在此转换模式：设置两个 D/A 通道的触发使能位 TEN1 和 TEN2 为 1；设置 TSEL1[2:0] 和 TSEL2[2:0] 位为不同值，配置两个 D/A 通道的不同触发源；设置两个 D/A 通道的 WAVEx[1:0] 位为 "01"，并设置 MAMPx[3:0] 为不同的 LFSR 屏蔽值；将双 D/A 通道转换数据装入 DHR 寄存器（DHR12RD、DHR12LD 或者 DHR8RD）。

当发生 D/A 通道 1 触发事件时，按照 MAMP1[3:0] 所设屏蔽的 LFSR1 计数器值与 DHR1 寄存器数值相加，延迟 3 个 APB1 时钟周期后，结果传入寄存器 DAC_DOR1，再更新 LFSR1 计数器。

当发生 D/A 通道 2 触发事件时，按照 MAMP2[3:0] 所设屏蔽的 LFSR2 计数器值与 DHR2 寄存器数值相加，延迟 3 个 APB1 时钟周期后，结果传入寄存器 DAC_DOR2，再更新 LFSR2 计数器。

4. 产生相同三角波的独立触发

设置 D/A 工作在此转换模式：设置两个 D/A 通道的触发使能位 TEN1 和 TEN2 为 1；通过设置 TSEL1[2:0] 和 TSEL2[2:0] 位为不同值，配置两个 D/A 通道的不同触发源；设置两个 D/A 通道的 WAVEx[1:0] 位为 "1x"，并设置 MAMPx[3:0] 为相同的三角波幅值；将双 D/A 通道转换数据装入 DHR 寄存器（DHR12RD、DHR12LD 或 DHR8RD）。

当发生 D/A 通道 1 触发事件时，相同的三角波幅值加上 DHR1 寄存器的值，延迟 3 个 APB1 时钟周期后，结果传入寄存器 DAC_DOR1，再更新 D/A 通道 1 三角波计数器。

当发生 D/A 通道 2 触发事件时，相同的三角波幅值加上 DHR2 寄存器的值，延迟 3 个 APB1 时钟周期后，结果传入寄存器 DAC_DOR2，然后更新 D/A 通道 2 三角波计数器。

5. 产生不同三角波的独立触发

在此转换模式设置 D/A 工作：设置两个 D/A 通道的触发使能位 TEN1 和 TEN2 为 1；设置 TSEL1[2:0] 和 TSEL2[2:0] 位为不同值，配置两个 D/A 通道的不同触发源；设置两个 D/A 通道的 WAVEx[1:0] 位为 "1x"，并设置 MAMPx[3:0] 为不同的三角波幅值。将双 D/A 通道转换数据装入所需的 DHR 寄存器（DHR12RD、DHR12LD 或 DHR8RD）。

当发生 D/A 通道 1 触发事件时，MAMP1[3:0] 所设的三角波幅值加上 DHR1 寄存器数值，延迟 3 个 APB1 时钟周期后，结果传入寄存器 DAC_DOR1，再更新 D/A 通道 1 三角波计数器。

当发生 D/A 通道 2 触发事件时，MAMP2[3:0] 所设的三角波幅值加上 DHR2 寄存器数值，延迟 3 个 APB1 时钟周期后，结果传入寄存器 DAC_DOR2，再更新 D/A 通道 2 三角波计数器。

6. 不使用波形发生器的同时触发

在此转换模式设置 D/A 工作：设置两个 D/A 通道的触发使能位 TEN1 和 TEN2 为 1；设置 TSEL1[2:0] 和 TSEL2[2:0] 位为相同值，配置两个 D/A 通道使用相同触发源；将双 D/A 通道转换数据装入 DHR 寄存器（DHR12RD、DHR12LD 或 DHR8RD）。

5.6 D/A 寄存器

必须以字（32 位）的方式操作外设寄存器。

1. D/A 控制寄存器（DAC_CR）

下面介绍 DAC_CR 几个重要的位。寄存器 DAC_CR 位如图 5.8 所示。

31	30	29	28	27	26	25	24	23	22	21	20	19	18	17	16
保留			DMAEN2	MAMP2[3:0]				WAVE2[2:0]			TSEL2[2:0]			TEN2	BOFF2	EN2
			rw	rw	rw	rw	rw	rw	rw	rw	rw	rw	rw	rw	rw	rw

15	14	13	12	11	10	9	8	7	6	5	4	3	2	1	0
保留			DMAEN1	MAMP1[3:0]				WAVE1[2:0]			TSEL1[2:0]			TEN1	BOFF1	EN1
			rw	rw	rw	rw	rw	rw	rw	rw	rw	rw	rw	rw	rw	rw

图 5.8　寄存器 DAC_CR 位

DAC_CR 寄存器部分位描述见表 5.5。

表 5.5　DAC_CR 寄存器部分位描述

部分位	描　　　述
位 28	DMAEN2：D/A 通道 2DMA 使能，该位由软件设置和清除 0：关闭 D/A 通道 2DMA 模式 1：使能 D/A 通道 2DMA 模式
位 23:22	WAVE2[1:0]：D/A 通道 2 噪声/三角波生成使能 这两位由软件设置和清除 00：关闭波形发生器 10：使能噪声波形发生器 1x：使能三角波发生器
位 18	TEN2：D/A 通道 2 触发使能 该位由软件设置和清除，用来使能/关闭 D/A 通道 2 的触发 0：关闭 D/A 通道 2 触发，写入 DAC_DHRx 寄存器的数据在一个 APB1 时钟周期后传入 DAC_DOR2 寄存器 1：使能 D/A 通道 2 触发，写入 DAC_DHRx 寄存器的数据在 3 个 APB1 时钟周期后传入 DAC_DOR2 寄存器 注意：如果选择软件触发，写入寄存器 DAC_DHRx 的数据只需要一个 APB1 时钟周期就可以传入寄存器 DAC_DOR2
位 16	EN2：D/A 通道 2 使能 该位由软件设置和清除，用来使能/关闭 D/A 通道 2 0：关闭 D/A 通道 2 1：使能 D/A 通道 2
位 12	DMAEN1：D/A 通道 1 DMA 使能 该位由软件设置和清除 0：关闭 D/A 通道 1 DMA 模式 1：使能 D/A 通道 1 DMA 模式
位 7:6	WAVE1[1:0]：D/A 通道 1 噪声/三角波生成使能 这两位由软件设置和清除 00：关闭波形生成 10：使能噪声波形发生器 1x：使能三角波发生器

（续）

部分位	描 述
位 1	BOFF1：关闭 D/A 通道 1 输出缓存 该位由软件设置和清除，用来使能/关闭 D/A 通道 1 的输出缓存 0：使能 D/A 通道 1 输出缓存 1：关闭 D/A 通道 1 输出缓存
位 0	EN1：D/A 通道 1 使能 该位由软件设置和清除，用来使能/关闭 D/A 通道 1 0：关闭 D/A 通道 1 1：使能 D/A 通道 1

2. D/A 软件触发寄存器（DAC_SWTRIGR）

该寄存器的各位描述见表 5.6。

表 5.6 DAC_SWTRIGR 寄存器的各位描述

各位	描 述
位 31:2	保留
位 1	SWTRIG2：D/A 通道 2 软件触发 该位由软件设置和清除，用来使能/关闭软件触发 0：关闭 D/A 通道 2 软件触发 1：使能 D/A 通道 2 软件触发 注意：一旦寄存器 DAC_DHR2 的数据传入寄存器 DAC_DOR2，一个 APB1 时钟周期后，该位由硬件置 0
位 0	SWTRIG1：D/A 通道 1 软件触发 该位由软件设置和清除，用来使能/关闭软件触发 0：关闭 D/A 通道 1 软件触发 1：使能 D/A 通道 1 软件触发 注意：一旦寄存器 DAC_DHR1 的数据传入寄存器 DAC_DOR1，一个 APB1 时钟周期后，该位由硬件置 0

3. D/A 通道 1 的 12 位右对齐数据保持寄存器（DAC_DHR12R1）

该寄存器的各位描述见表 5.7。

表 5.7 DAC_DHR12R1 寄存器的各位描述

各 位	描 述
位 31:12	保留
位 11:0	DACC1DHR[11:0]：D/A 通道 1 的 12 位右对齐数据。该位由软件写入，表示 D/A 通道 1 的 12 位数据

4. D/A 通道 1 的 12 位左对齐数据保持寄存器（DAC_DHR12L1）

该寄存器的各位描述见表 5.8。

表 5.8　DAC_DHR12L1 寄存器的各位描述

各　位	描　述
位 31:16	保留
位 15:4	DACC1DHR[11:0]：D/A 通道 1 的 12 位左对齐数据。该位由软件写入，表示 D/A 通道 1 的 12 位数据
位 3:0	保留

5. D/A 通道 1 的 8 位右对齐数据保持寄存器（DAC_DHR8R1）

该寄存器的各位描述见表 5.9。

表 5.9　DAC_DHR8R1 寄存器的各位描述

各　位	描　述
位 31:18	保留
位 7:0	DACC1DHR[7:0]：D/A 通道 1 的 8 位右对齐数据。该位由软件写入，表示 D/A 通道 1 的 8 位数据

6. D/A 通道 2 的 12 位右对齐数据保持寄存器（DAC_DHR12R2）

该寄存器的各位描述见表 5.10。

表 5.10　DAC_DHR12R2 寄存器的各位描述

各　位	描　述
位 31:12	保留
位 11:0	DACC2DHR[11:0]：D/A 通道 2 的 12 位右对齐数据。该位由软件写入，表示 D/A 通道 2 的 12 位数据

7. D/A 通道 2 的 12 位左对齐数据保持寄存器（DAC_DHR12L2）

该寄存器的各位描述见表 5.11。

表 5.11　DAC_DHR12L2 寄存器的各位描述

各　位	描　述
位 31:16	保留
位 15:4	DACC2DHR[11:0]：D/A 通道 2 的 12 位左对齐数据。该位由软件写入，表示 D/A 通道 2 的 12 位数据
位 3:0	保留

5.7　脉冲宽度调制输出 PWM（D/A）功能特点

脉冲宽度调制输出 PWM 将确定要转换的数字量写入 OCR0（输出比较寄存器），其值不断与 8 位循环计数器的内容比较。二者相等时，比较输出正脉冲，RS 触发器复位，使 PWM/PB5 端变为低电位。OCR0 中的数据为 80H 时，PWM/PB5 端的输出波形如图 5.9 所示。

从上述内容可知，输出波形的周期固定为

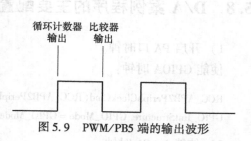

图 5.9　PWM/PB5 端的输出波形

1024T（状态周期），晶振为 8MHz 时 1024T $= 1024 \times 3/10 = 307\mu s$。占空比 $=$ OCR0 中的数据/256，如上例占空比 $= 512/1024 = 50\%$。

复位时 OCR0 清 0，占空比 $= 00H/1024 = 0\%$，即 PWM/PB5 口始终为低电平。图 5.10 给出了几种典型的 PWM 输出波形图，若将这些波形积分，则可得到 10 位分辨率的模拟信号。

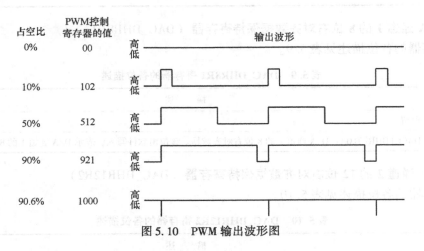

图 5.10　PWM 输出波形图

PWM 引脚输出的脉冲信号经滤波后可变为模拟信号。为了获得较高精度的 10 位 D/A 输出，在滤波前，先通过缓冲器将 PWM 脉冲信号摆幅转化为 $0 \sim 5V$，再经滤波、放大输出。D/A 缓冲器电路如图 5.11 所示。

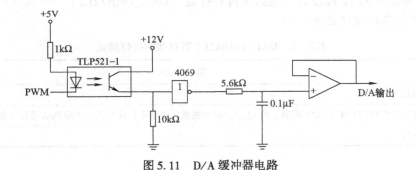

图 5.11　D/A 缓冲器电路

5.8　D/A 案例程序的主要配置

1）开启 PA 口时钟。

使能 GPIOA 时钟：

```
RCC_APB2PeriphClockCmd(RCC_APB2Periph_GPIOA,ENABLE);          //使能 PORTA 时钟
GPIO_InitStructure. GPIO_Mode = GPIO_Mode_AIN;               //模拟输入
```

2）使能 DAC1 时钟。

RCC_APB1PeriphClockCmd(RCC APB1Periph_DAC, ENABLE);　　　　　　　　　//使能 D/A 通道时钟

3）初始化 D/A，设置 D/A 的工作模式。

DMA 初始化函数：

void DAC_Init(uint32t DAC_Channel, DAC_InitTypeDef * DAC_InitStruct)

定义结构体类型 DAC_InitTypeDef：

```
typedef struct
{
uint32_t DAC_Trigger;
uint32_t DAC WaveGeneration;
uint32_t DAC LFSRUnmask_TriangleAmplitude;
uint32_t DAC_OutputBuffer;
} DAC_InitTypeDef;
```

4）使能 DAC 转换通道。

DAC_Cmd(DAC_Channel_1, ENABLE);　　　　　　　　　　　//使能 DAC1

5）设置 DAC 的输出值。

DAC_SetChannel1Data(DAC_Align_12b_R, 0);

第一个参数设置对齐方式，可设置为 DAC_Align_12b_L 以及 8 位右对齐 DAC_Align_8b_R 方式。第二个参数就是 DAC 的输入值了，初始化设置为 0。

DAC_GetDataOutputValue(DAC_Channel_1);　　　　　　　　　　//读出 DAC 的数值

[例 5.2]　设置 STM32 的 DAC 通道 1 输出电压，通过 USMART 调用该函数，可以随意设置 DAC 通道 1 的输出电压。

```
//设置通道 1 输出电压
//vol:0 ~ 3300,代表 0 ~ 3.3V
void Dac1_Set_Vol( u16 vol)
{
float temp = vol;
temp/ = 1000;
temp = temp * 4096/3.3;
DAC_SetChannel1Data( DAC_Align_12b_R, temp);　　　　　　//12 位右对齐设置 DAC 值
}
```

5.9　数字滤波方法

　　单片机系统面对的现场往往比较恶劣，因此所采集信号中总会混杂各类干扰。除了采用硬件进行滤波（如阻容滤波）外，对输入计算机的信号进行数字滤波也是十分必要的。所谓数字滤波，就是通过一定的计算程序对采集的数据进行处理，以提高有用信号在采集值中

的比例，减少各种干扰和噪声。

与阻容滤波相比，数字滤波具有如下一些优点：

1）根据干扰的类型，设计出相应类型的数字滤波器。

2）滤波范围宽，特别是对于低频信号（如 0.001Hz 及以下）更为有效，而模拟滤波器由于电容容量的限制，频率不能太低。

3）可靠性高。

4）数字滤波程序可以多路共享。

下面介绍几种常用的数字滤波方法。

1. 算术平均值滤波

设测量值为 $c(n)$，则每采集 N 个数据进行一次算术平均。其计算方法如式（5.1）所示。

$$\overline{C}(n) = \frac{1}{N} \sum_{i=1}^{N} c(i) \tag{5.1}$$

根据数理统计的理论，式（5.1）中的算术平均值实际上是这样一个值，它与各采样值间误差的二次方和最小。得到 $\overline{C}(n)$ 后即可计算出偏差值：

$$e(n) = r(n) - \overline{C}(n) \tag{5.2}$$

可以看出，每计算一次控制器输出值，就必须采样 N 次。因此，N 的取值不能太大。算术平均值滤波法主要对压力、流量等含有周期性脉冲信号有效。而对突发性的脉冲干扰，这种滤波方法的效果则不理想。

2. 中值滤波

对于中值滤波法，首先要做的工作是采集 n 个参数并按大小排序，即有 $x_1 < x_2 < \cdots < x_{n-1} < x_n$，或者从大到小排序。

当 n 为偶数时，$\overline{C}(n) = \frac{1}{2}(x_{\frac{n}{2}} + x_{\frac{n}{2}+1})$；当 n 为奇数时，$\overline{C}(n) = x_{\frac{n+1}{2}}$。

中值滤波既可以去掉由于偶然因素引起的干扰，同时对于波动干扰也比较有效。但是这种方法由于计算量比较大，对于一些需要快速采样的参数就不十分合适。

中值滤波的关键是形成按大小顺序排列的一组数。假设采样 N 次，如果使用高级语言，首先将 N 个采样值按从大到小（或从小到大）排列，然后将其放在一个数组 $X(N)$ 里，此时 $X((N+1)/2)$ 则为采样值。

3. 表决滤波

对于表决滤波，首先要做的工作是采集 n 个参数并按大小排序，即有 $x_1 < x_2 < \cdots < x_{n-1} < x_n$，去掉一个最大值 x_n 和一个最小值 x_1 后求其均值，其表达式为 $\overline{C}(n) = \frac{1}{n-2} \sum_{i=2}^{n-1} x(i)$。

4. 限幅滤波

如果采集到的参数波动较大，可采用限幅滤波方式。先定义 x_n 为原来的值，x_{n+1} 为新采样到的值，有以下 3 种情况：

若 $x_n - x_{n-1} > 0$　　　则 $x_n = x_n - 1$

若 $x_n - x_{n-1} = 0$　　　则 $x_n = x_n$

若 $x_n - x_{n-1} < 0$　　　则 $x_n = x_n + 1$

这种滤波方式简单，运算也很节省时间，可以有效地使采样到的参数处理得很平滑，但只能用于惯性较大的系统。

5. 去最老值滤波

对于去最老值滤波，先将采样到的参数按时间排序，x_1，x_2，$\cdots$，x_n，其中 x_1 最老，x_n 最新，当再采集一个参数 x_{n+1} 后发生如下变化：

$$x_1 = x_2, x_2 = x_3, \cdots, x_{n-1} = x_n, x_n = x_{n+1}$$

然后进行一次算术平均。

6. 程序判断滤波

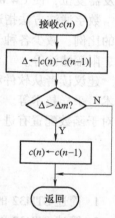

如果事先知道所采样的信号在两个采样点之间不可能有很大的变化，则可以根据现场的经验确定一个最大偏差 Δm。每次采样后都将其与前一个采样值进行比较，一旦两个值的差超出了 Δm，则表明采集的信号中包含较大的干扰，应该去掉；如果未超出 Δm，则可将该数据作为本次采样值。这种方法对于一些突发性的干扰（如大功率用电设备的起停或其他冲击性负载带来的电流尖峰干扰）比较有效。

程序判断滤波法流程图如图 5.12 所示。

由于不同的滤波方法具有不同的滤波效果，因此，在实际应用过程中完全可以将它们综合起来使用。例如，算术平均值滤波对周期性脉冲比较有效，而对随机的脉冲干扰则无能为力。程序判断滤波则可以去除比较"离奇"的值。对于两种干扰都存在的情形，可以先用程序判断滤波去掉"离奇"的值，然后用算术平均值滤波去掉脉冲干扰。

图 5.12　程序判断滤波法流程图

本 章 小 结

STM32 拥有 1~3 个 A/D，A/D 转换器为 12 位逐次逼近的 A/D 转换器，最大的转换频率为 1MHz，有 18 个通道，可测量 16 个外部和 2 个内部信号源。单端电压输入以 0V（GND）为基准。

A/D 转换：将模拟信号转换成数字信号。

A/D 转换类型：根据其转换原理分为逐次逼近型、积分型、压频变换型等。

A/D 的主要技术指标：转换范围 V_{FSR}、分辨率、绝对精度、转换时间和转换率、线性度等。

STM32 的 A/D 转换器主要特征：12 位分辨率，转换结束、注入转换结束和发生模拟看门狗事件时产生中断，单次和连续转换模式，带内嵌数据一致性的数据对齐，采样间隔可按通道分别编程，供电要求为 2.4~3.6V，输入范围为 $V_{REF-} \leq K_n \leq V_{REF+}$ 等。

A/D 转换时间见表 5.12。

表 5.12　A/D 转换时间

条　件	采样 & 保持（启动装换后的时钟周期数）	转换时间（周期）
第一次转换	14.5	25
正常转换	1.5	13

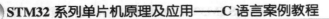

（续）

条　　件	采样 & 保持（启动装换后的时钟周期数）	转换时间（周期）
自动触发的转换	2	13.5
正常转换，差分	1.5/2.5	13/14

　　脉冲宽度调制输出 PWM：将某个要转换的数字量（如 80H）写入 OCR0（输出比较寄存器）中，其值不断与 8 位循环计数器的内容比较。二者相等时，比较输出正脉冲，R-S 触发器复位，使 PWM/PB3 端变为低电位。

　　数字滤波方法指通过一定的计算程序对采集的数据进行处理，以提高有用信号在采集值中的比例，减少各种干扰和噪声。数字滤波方法主要有算术平均值滤波、中值滤波、表决滤波、限幅滤波等。

　　建议读者从软件和硬件的角度去学习和使用 STM32 的 A/D 单元，熟悉一些软硬件滤波技术、采样技术等。本章列举了有关 A/D 和 D/A 的两个实际应用配置的主要程序，可使读者对于函数配置有进一步认识。

本 章 习 题

1. 简述 STM32 的 A/D 系统的功能特性。
2. 简述 STM32 的双 A/D 工作模式。
3. STM32 的 D/A 转换是如何使用的？如何利用 D/A 输出一个脉宽可控的方波？
4. STM32 A/D 操作模式有哪些？
5. STM32 的内部温度传感器通过哪个 A/D 转换器采集？
6. 使用 A/D 转换器时的注意事项是什么？

第6章 总线通信接口 I²C 及 SPI

内容提要 本章主要介绍了总线通信接口 I²C 与 SPI，包括 STM32 的 I²C 工作原理、主要特性、内部结构、功能描述、I²C 从模式、I²C 主模式等和 I²C 通信原理，以及 SPI 工作原理、主要特征、功能介绍、工作模式、发送数据和接收数据和通信原理。

6.1 I²C 概述

I²C（Inter Integrated Circuit）最早由 PHILIPS（现被 NXP 收购）公司开发，用于电视中 CPU 与外设通信两线串行短距离通信总线，由于其引脚少、硬件简单、通信速率较高、易于建立、可扩展性强，目前已经成为工业标准，被广泛地应用于微控制器、存储器和外设模块中。例如，STM32 系列微控制器、EEPROM 存储器模块 24Cxx 系列、温度传感器模块 TMP102、光照传感器模块 BH1750FVI、电子罗盘模块 HMC5883L 等都集成了 I²C 接口。

6.1.1 I²C 工作原理及主要特性

1. I²C 工作原理

STM32 微控制器的 I²C 模块连接微控制器和 I²C 总线，提供多主机功能，支持标准和快速两种传输速率，控制所有 I²C 总线特定的时序、协议、仲裁和定时。根据特定设备的需要还可以使用 DMA 以减轻 CPU 的负担。

2. I²C 主要特性

STM32 的小容量产品有一个 I²C，中等容量和大容量产品有两个 I²C。I²C 主要具有以下特性：

- 多主机功能：该模块既可做主设备又可做从设备。
- I²C 主设备功能：产生时钟、起始和停止信号。
- PC 从设备功能：可编程的 PC 地址检测、可响应两个从地址的双地址能力、停止位检测；产生和检测 7 位/10 位地址及广播呼叫。
- 支持不同的通信速度。
- 状态标志：发送器/接收器模式标志、字节发送结束标志、I²C 总线忙标志。
- 错误标志：主模式时的仲裁丢失、地址/数据传输后的应答（ACK）错误、检测到错位的起始或停止条件、禁止拉长时钟功能时的上溢或下溢。
- 两个中断向量：一个中断用于地址/数据通信成功，一个中断用于错误。
- 可选的拉长时钟功能。
- 具有单字节缓冲器的 DMA。
- 可配置 PEC（信息包错误检测）的产生或校验：发送模式中，PEC 值可作为最后一个字节传输；用于最后一个接收字节的 PEC 错误校验。

● 兼容 SMBus 2.0：25ms 时钟低超时延时、10ms 主设备累积时钟低扩展时间、25ms 从设备累积时钟低扩展时间、带 ACK 控制的硬件 PEC 产生/校验、支持地址分辨协议（ARP）。

● 兼容 SMBus。

6.1.2 I²C 内部结构

STM32 系列微控制器的 I²C 结构由 SDA 线和 SCL 线展开（其中，SMBALERT 线用于 SMBus），主要分为时钟控制、数据控制和控制逻辑等部分，负责实现 I²C 的时钟产生、数据收发、总线仲裁和中断、DMA 等功能。STM32 系列微控制器的 I²C 结构如图 6.1 所示。

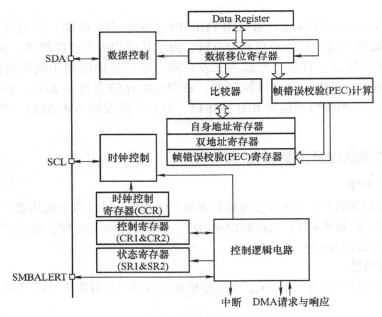

图 6.1 STM32 系列微控制器的 I²C 结构

1. 时钟控制

时钟控制模块根据控制寄存器 CCR、CR1 和 CR2 中的配置产生 I²C 协议的时钟信号，即 SCL 线上的信号。为了时序正确，在 I²C_CR2 寄存器中设定 I²C 的输入时钟。当 I²C 工作在标准传输速率时，输入时钟的频率≥2MHz；当 I²C 工作在快速传输速率时，输入时钟的频率≥4MHz。

2. 数据控制

数据控制信号包括起始、地址、应答和停止信号，将数据逐位从 SDA 线上发送出去。读取数据时，则从 SDA 线上的信号中提取接收到的数据。发送和接收的数据都被保存在数据寄存器（Data Register，DR）中。

3. 控制逻辑

控制逻辑用于产生 I²C 中断和 DMA 请求与响应，I²C 中断相关信息见表 6.1。

表 6.1 I²C 中断相关信息

中断事件	事件标志	开启控制位
起始位已发送（主）	SB	
地址已发送（主）或地址匹配（从）	ADDR	
10 位头段已发送（主）	ADD10	ITEVFEN
已收到停止信号（从）	STOPF	
数据字节传输完成	BTF	
接收缓冲区非空	RxNE	
发送缓冲区空	TxE	ITEVFEN 和 ITBUFEN
总线错误	BERR	
仲裁丢失（主）	ARLO	
响应失败	AF	
过载/欠载	OVR	ITERREN
PEC 错误	PECERR	
超时/Tlow 错误	TIMEOUT	
SMBus 提醒	SMBALERT	

注：1. SB、ADDR、ADD10、STOPF、BTF、RxNE 和 TxE 通过逻辑汇到同一个中断通道中。

　　2. BERR、ARLO、AF、OVR、PECERR、TIMEOUT 和 SMBALERT 通过逻辑汇到同一个中断通道中。

6.1.3 I²C 功能描述

I²C 模块接收和发送数据，并将数据从串行转换到并行，或从并行转换到串行，可以开启或禁止中断。接口通过数据引脚（SDA）和时钟引脚（SCL）连接到 I²C 总线，允许连接到标准频率（高达 100kHz）或快速频率（高达 400kHz）的 I²C 总线。

1. 模式选择

I²C 接口可按下述 4 种模式中的一种运行：从发送器模式、从接收器模式、主发送器模式、主接收器模式。

模块默认工作于从模式：接口在生成起始条件后自动将从模式切换到主模式；当仲裁丢失或产生停止信号时，则从主模式切换到从模式。

2. 通信流

主模式时，I²C 接口启动数据传输并产生时钟信号。串行数据传输总是以起始条件开始并以停止条件结束。起始和停止条件都是在主模式下由软件控制产生的。

从模式时，I²C 接口能识别它自己的地址（7 位或 10 位）和广播呼叫地址。软件能控制开启或禁止广播呼叫地址的识别。

数据和地址按字节进行传输，高位在前。起始条件后的 1 个或 2 个字节是地址（7 位模式为一个字节，10 位模式为两个字节）。地址只在主模式发送。在一个字节传输 8 个时钟后，在第 9 个时钟期间，接收器必须回送一个应答位（ACK）给发送器，软件开启或禁止应答（ACK），并设置 I²C 接口的地址（7 位、10 位地址或广播呼叫地址）。I²C 结构总线协议如图 6.2 所示。

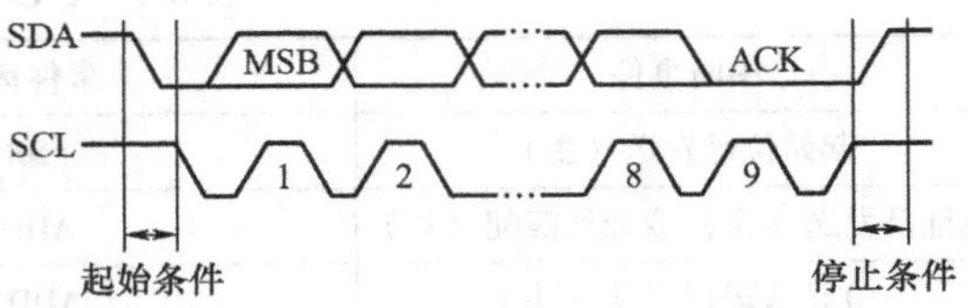

起始条件：SCL 线是"1"时，SDA 线从"1"→"0"。

停止条件：SCL 线是"1"时，SDA 线从"0"→"1"。

[**例 6.1**] 启动信号代码。

图 6.2 I²C 结构总线协议

```
void I2C_Start( void)
{   SDA_OUT( );              //SDA 线输出
    SCL_OUT( );              //SCL 线输出
    I2C_DELAY( );            //I/O 输出
    SDA_SET( );              //SDA 置 1
    SCL_SET( );              //I/O 置高
    I2C_DELAY( );            //延时
    SDA_CLR( );              //SDA 置 0
    I2C_DELAY( );            //延时
    I2C_DELAY( );
    SCL_CLR( );              //SCL 为低    }
```

[**例 6.2**] 结束信号代码。

```
void I2C_Stop( void)
{SDA_OUT( );                 //SDA 线输出
    SCL_OUT( );              //I/O 输出
    SDA_CLR( );              //SDA 置 0
    SCL_CLR( );              //SCL 置 0
    I2C_DELAY( );            //延时
    SCL_SET( );              //I/O 置 0
    I2C_DELAY( );
    I2C_DELAY( );
    I2C_DELAY( );            //延时
    SDA_SET( );
    I2C_DELAY( );
    I2C_DELAY( );            //SDA 置 1}
```

[**例 6.3**] 8 位逐位写入代码。

```
//发送一个字节,返回从机有无应答,0 为无应答,1 为有应答
**************************************************/
uint8_t I2C_Send_byte( uint8_t data)
{   uint8_t k;
    //发送 8bit 数据
    for( k = 0;k <8;k + +)
    {   I2C_DELAY( );
        if( data&0x80)
        {
```

```
        SDA_SET();                              //SDA 置 1
    }
    else{
        SDA_CLR();                              //SDA 置 0
    }
    data = data < <1;                           //往前移动 1 次
    I2C_DELAY();                                 //调用延时
    SCL_SET();                                   //SCL 置 1
    I2C_DELAY();
    I2C_DELAY();
    SCL_CLR();                                   //SCL 置 0
    }
    //延时读取 ACK 响应
*******************/
    I2C_DELAY();
    SDA_SET();                                   //SDA 置 1
    //置为输入线
    SDA_IN();                                    //SDA 设置为输入
    I2C_DELAY();
    SCL_SET();                                   //SCL 置 1
    I2C_DELAY();
    //读数据
    k = SDA_READ();
    if(k){                                       //NACK 响应
        return0;
    }
    I2C_DELAY();
    SCL_CLR();                                   //SCL 置 0
    I2C_DELAY();
    SDA_OUT();                                   //SDA 线输出
    if(k){                                       //NACK 响应
        return 0;
    }
    return 1;
}
//读一个字节,ack = 1 时发送 ACK, ack = 0 时发送 nACK
********************************************/
uint8_t I2C_Receive_byte(uint8_t flg)
{
    uint8_t k,data;
    //接收 8bit 数据
    //置为输入线
    SDA_IN();
```

```
        data = 0;
        for( k = 0;k < 8;k + + ) {
          I2C_DELAY( );
          SCL_SET( );                          //SCL 置 1
          I2C_DELAY( );
          //读数据
          data = data |SDA_READ( );
          data = data < <1;
          I2C_DELAY( );
          SCL_CLR( );                          //SCL 置 0
          I2C_DELAY( );
        }
        data = data > >1;                      //往回移动 1 次
        //返回 ACK 响应
        //置为输出线
        SDA_OUT( );                            //SDA 线输出
        if( flg) {
          SDA_SET( );                          //输出 1 - NACK
        } else {
          SDA_CLR( );                          //输出 0 - ACK
        }
        I2C_DELAY( );
        SCL_SET( );                            //SCL 置 1
        I2C_DELAY( );
        I2C_DELAY( );
        SCL_CLR( );
        I2C_DELAY( );
        SDA_OUT( );                            //SDA 线输出
        //返回读取的数据
        return( uint8_t) data;
    }
```

6.1.4 I^2C 从模式

从模式是 STM32 微控制器 I^2C 默认的工作模式。在从模式下，STM32 可作为发送器或接收器，状态寄存器 I2C_SR2 中的 TRA 位标识了当前是发送器还是接收器。

1. 从发送器

在接收到地址和清除 ADDR 位后，从发送器将字节从 DR 寄存器经由内部移位寄存器发送到 SDA 线上。从设备保持 SCL 为 0，直到 ADDR 位被清除并且待发送数据已写入 DR 寄存器（图 6.3 中的 EV1 和 EV3）。当收到应答脉冲后，TxE 位被硬件置位，如果设置了 ITEVFEN 和 ITBUFEN 位，则产生一个中断。如果 TxE 位被置位，则在下一个数据发送结束之前没有新数据写入 I2C_DR 寄存器，则 BTF 位被置位，在清除 BTF 之前，I^2C 接口将保持

SCL 为 0；读出 I2C_SR1 后，再写入 I2C_DR 寄存器清除 BTF 位。从发送器的传输序列图如图 6.3 所示。

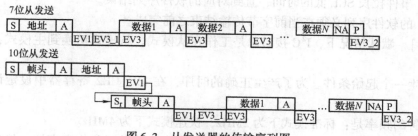

图 6.3　从发送器的传输序列图

从发送器的传输序列图（图 6.3）说明：S = Start（起始条件）；Sr = 重复的起始条件；P = Stop（停止条件）；A = 响应；NA = 非响应；EVx = 事件（ITEVFEN = 1 时产生中断）。

EV1：ADDR = 1，读 SR1，再读 SR2，将清除该事件。

EV3_1：TxE = 1，移位寄存器空，数据寄存器空，写 DR。

EV3：TxE = 1，移位寄存器非空，数据寄存器空，写 DR 将清除该事件。

EV3_2：AF = 1，在 SR1 寄存器的 AF 位写 0 可清除 AF 位。

注意：

1）EV1 和 EV3_1 事件拉长 SCL 低的时间，直到对应的软件序列结束。

2）EV3 的软件序列应在当前字节传输结束之前完成。

2. 从接收器

在接收到地址并清除 ADDR 后，从接收器通过内部移位寄存器将从 SDA 线接收到的字节存进 DR 寄存器。I²C 接口在接收到每个字节后都执行下列操作：

如果设置了 ACK 位，则产生一个应答脉冲。

硬件设置 RxNE = 1。如果设置了 ITEVFEN 和 ITBUFEN 位，则产生一个中断。如果 RxNE 被置位，并且在接收新的数据结束之前 DR 寄存器未被读出，那么 BTF 位被置位。在清除 BTF 之前，I²C 接口 SCL 将保持为 0；读出 I2C_SR1 之后再写入 I2C_DR 寄存器，将清除 BTF 位。从接收器的接收序列图如图 6.4 所示。

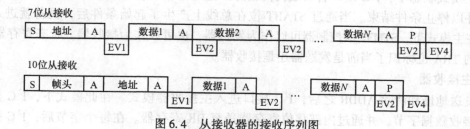

图 6.4　从接收器的接收序列图

从接收器的传输序列图（图 6.4）说明：S = Start（起始条件）；P = Stop（停止条件）；A = 响应；EVx = 事件（ITEVFEN = 1 时产生中断）。

EV1：ADDR = 1，读 SR1，再读 SR2，将清除该事件。

EV2：RxNE = 1，读 DR，将清除该事件。

EV4：STOPF = 1，读 SR1，然后写 CR1 寄存器，将清除该事件。

注意：

1）EV1 事件拉长 SCL 低的时间，直到对应的软件序列结束。

2）EV2 的软件序列必须在当前字节传输结束之前完成。

[例 6.4] 默认情况下，I^2C 接口总是工作在从模式。从模式切换到主模式，需要什么操作？

需要产生一个起始条件。为了产生正确的时序，在 I2C_CR2 寄存器中设定该模块的输入时钟。

输入时钟的频率是：标准模式下为 2MHz，快速模式下为 4MHz。

一旦检测到起始条件，在 SDA 线上接收到的地址就被送到移位寄存器，然后与芯片自己的地址 OAR1 和 OAR2（当 ENDUAL = 1）或者广播呼叫地址（如果 ENGC = 1）相比较。

注意：

在 10 位地址模式下，比较包括头段序列（11110xx0），其中的 xx 是地址的两个最高有效位。

头段或地址不匹配：I^2C 接口将其忽略并等待另一个起始条件。

头段匹配（仅 10 位模式）：如果 ACK 位被置 1，则 I^2C 接口会产生一个应答脉冲并等待 8 位从地址。

地址匹配：I^2C 接口产生以下时序。

• 如果 ACK 被置 1，则产生一个应答脉冲。

• 硬件设置 ADDR 位，如果设置了 ITEVFEN 位，则产生一个中断。

• 如果 ENDUAL = 1，那么软件必须读 DUALF 位，以确认响应了哪个从地址。

在 10 位模式下，接收到地址序列后，从设备总是处于接收器模式。在收到与地址匹配的头序列并且最低位为"1"（即 11110xx1）后，当接收到重复的起始条件时将进入发送器模式。

在从模式下，TRA 位指示当前是处于接收器模式还是发送器模式。

6.1.5 I^2C 主模式

在主模式状态下，I^2C 接口启动数据传输并产生时钟信号。串行数据传输总是以起始条件开始并以停止条件结束。当通过 START 位在总线上产生了起始条件后，设备就进入了主模式。在主模式下，STM32 微控制器可以作为发送器，也可以作为接收器。状态寄存器 I2C_AR2 中的 TRA 位标识了当前是发送器还是接收器。

1. 主接收器

在发送地址和清除 ADDR 之后，I^2C 接口进入主接收器模式。在此模式下，I^2C 接口从 SDA 线接收数据字节，并通过内部移位寄存器送至 DR 寄存器。在每个字节后，I^2C 接口依次执行以下操作：

如果 ACK 位被置位，则发出一个应答脉冲。

硬件设置 RxNE = 1，如果设置了 INEVFEN 和 ITBUFEN 位，则会产生一个中断（图 6.5 中的 EV7）。

如果 RNE 位被置位，且在接收新数据结束前，DR 寄存器中的数据没有被读走，硬件将设置 BTF = 1，在清除 BTF 之前，I²C 接口将保持 SCL 为低电平；读出 I2C_SR1 之后再读出 I2C_DR 寄存器，将清除 BTF 位。主接收器传送序列图如图 6.5 所示。

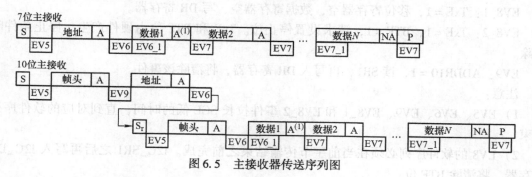

图 6.5   主接收器传送序列图

图 6.5 说明：S = Start（起始条件）；P = Stop（停止条件）；A = 响应；NA = 非响应；EVx = 事件（ITEVFEN = 1 时产生中断）。

EV5：SB = 1，读 SR1，再将地址写入 DR 寄存器，将清除该事件。

EV6：ADDR = 1，读 SR1，再读 SR2，将清除该事件。在 10 位主接收器模式下，该事件后应设置 CR2 的 START = 1。

EV6_1：没有对应的事件标志，只适于接收一个字节的情况。

EV7：RxNE = 1，读 DR 寄存器清除该事件。

EV7_1：RxNE = 1，读 DR 寄存器清除该事件。设置 ACK = 0 和 STOP 请求。

EV9：ADDR10 = 1，读 SR1，再写入 DR 寄存器，将清除该事件。

2. 主发送器

在发送了地址和清除了 ADDR 位后，主设备通过内部移位寄存器将字节从 DR 寄存器发送到 SDA 线上。主设备等待，直到 TxE 被清除（图 6.6 中的 EV8）。

当收到应答脉冲时，TxE 位被硬件置位，如果设置了 INEVFEN 和 ITBUFEN 位，则产生一个中断。

如果 TxE 被置位且在上一次数据发送结束之前没有写新的数据字节到 DR 寄存器，则 BTF 被硬件置位。在清除 BTF 之前，I²C 接口将保持 SCL 为低电平；读出 I2C_SR1 后再写入 I2C_DR 寄存器，将清除 BTF 位。主发送器的传输序列图如图 6.6 所示。

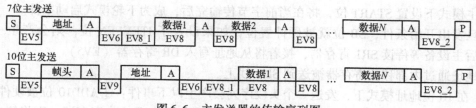

图 6.6   主发送器的传输序列图

图 6.6 说明：S = Start（起始条件）；P = Stop（停止条件）；A = 响应；EVx = 事件（ITEVFEN = 1 时产生中断）。

EV5：SB = 1，读 SR1，再将地址写入 DR 寄存器，将清除该事件。

EV6：ADDR = 1，读 SR1，再读 SR2，将清除该事件。

EV8：TxE = 1，移位寄存器非空，数据寄存器空，写入 DR 寄存器将清除该事件。

EV8_1：TxE = 1，移位寄存器空，数据寄存器空，写 DR 寄存器。

EV8_2：TxE = 1，BTF = 1，请求设置停止位。TxE 和 BTF 位由硬件产生，停止条件时清除。

EV9：ADDR10 = 1，读 SR1，再写入 DR 寄存器，将清除该事件。

注意：

1）EV5、EV6、EV9、EV8_1 和 EV8_2 事件拉长 SCL 低的时间，直到对应的软件序列结束。

2）EV8 的软件序列必须在当前字节传输结束之前完成。I2C_SR1 之后再写入 I2C_DR 寄存器，将清除 BTF 位。

[例 6.5]　在主模式时，I^{2}C 接口启动数据传输并产生时钟信号。串行数据传输总是以起始条件开始并以停止条件结束。当通过 START 位在总线上产生了起始条件，设备就进入了主模式，如何进行主模式操作分析？

主模式要求的操作顺序：

- 在 I2C_CR2 寄存器中设定该模块的输入时钟以产生正确的时序。
- 配置时钟控制寄存器。
- 配置上升时间寄存器。
- 编程 I2C_CR1 寄存器，启动外设。
- 置 I2C_CR1 寄存器中的 START 位为 1，产生起始条件。

I^{2}C 模块的输入时钟频率：标准模式下为 2MHz，快速模式下为 4MHz。

起始条件：当 BUSY = 0 时，设置 START = 1，I^{2}C 接口将产生一个开始条件并切换至主模式（M/SL 位置位）。

I2C_Mode	//设置 I^{2}C 的工作模式
I2C_Mode_I2C	//设置 I^{2}C 为 I^{2}C 模式
I2C_Mode_SMBusDevice	//设置 I^{2}C 为 SMBus 设备模式
I2C_Mode_SMBusHost	//设置 I^{2}C 为 SMBus 主控模式

注意：

在主模式下设置 START 位，将在当前字节传输完后，成为下轮模式启动条件。

一旦发出开始条件，SB 位就被硬件置位，如果设置了 ITEVFEN 位，则会产生一个中断，然后主设备等待读 SR1 寄存器，接着将从地址写入 DR 寄存器（EV5）。

从地址通过内部移位寄存器被送到 SDA 线上。

1）在 10 位地址模式下，发送一个头段序列会产生以下事件：①ADD10 位被硬件置位，如果设置了 ITEVFEN 位，则产生一个中断，然后主设备等待读 SR1 寄存器，再将第二个地址字节写入 DR 寄存器。②ADDR 位被硬件置位，如果设置了 ITEVFEN 位，则产生一个中断。随后主设备等待一次读 SR1 寄存器，跟着读 SR2 寄存器。

2）在 7 位地址模式下，只需送出一个地址字节。一旦该地址字节被送出，ADDR 位就被硬件置位，如果设置了 ITEVFEN 位，则产生一个中断。随后主设备等待一次读 SR1 寄存器，跟着读 SR2 寄存器。根据送出从地址的最低位，主设备决定进入发送器模式还是接收器模式。

3）在 7 位地址模式下，要进入发送器模式，主设备发送从地址时要置最低位为 0。要进入接收器模式，主设备发送从地址时要置最低位为 1。

4）在 10 位地址模式下，要进入发送器模式，主设备先送头字节（11110xx0），再送最低位为 0 的从地址。要进入接收器模式，主设备先送头字节（11110xx0），再送最低位为 1 的从地址。然后重新发送一个开始条件，后面跟着头字节（11110xx1）。

TRA 位指示主设备是在接收器模式还是发送器模式。

I2C_DutyCycle	//快速传输模式（即 I²C 的时钟频率高于 100kHz）下设置 I²C 时钟的占空比
I2C_ DutyCycle_ 16_ 9	//I²C 快速模式下，Tlow/Thigh = 16/9
I2C_ DutyCycle_ 2	//I²C 快速模式下，Tlow/Thigh = 2
I2C_ Owndress1	//设置第一个设备自身地址，可以是一个 7 位地址或者一个 10 位地址
I2C_ Ack	//使能或禁止应答（ACK）
I2C_ Ack_ Enable	//使能应答（ACK）
I2C_ Ack_ Disable	//禁止应答（ACK）
I2C_ AcknowledgedAddress	//设置了应答 7 位地址还是 10 位地址
I2C_ AcknowledgeAddress_ 7bit	//应答 7 位地址
I2C_ AcknowledgeAddress_ 10bit	//应答 10 位地址

6.2 I²C 通信原理

作为半双工同步串行通信接口，仅使用两根线就完成了数据传输，方便地构成了多机系统和外围器件扩展系统。I²C 采用器件地址的硬件设置方法，通过软件寻址避免了类似 SPI 的器件片选线寻址，简化了 STM32 和外围器件之间的连接。只要满足 I²C 标准的器件，都可以连接在同条总线上，便于建立复杂的网络及随时增加和删除节点。I²C 通信要求被寻址的设备发回应答信息，以满足容错要求。

I²C 的不足：易受干扰、不检查错误、传输速率有限。

I²C 的常用术语如下：

主机：初始化发送、产生时钟和终止发送的器件，通常是微控制器。

从机：被主机寻址的器件。

发送器：本次传输中发送数据到 I²C 总线的器件，可以是主机或从机，由通信过程具体确定。

接收器：本次传输中从 I²C 总线上接收数据的器件，可以是主机或从机，由通信过程具体确定。

连接在 I²C 总线上的器件既是主机（或从机），又是发送器（或接收器），取决于要完成的具体功能。

6.2.1 I²C 的物理层

1. I²C 接口

I²C 是半双工同步串行通信，相比 USART 和 SPL，它所需的信号少，只需 SCL 和 SDA

两根线。

1）SCL（串行时钟线）：I²C 通信中用于传输时钟的信号线，由主机发出。SCL 采用集电极开路或漏极开路的输出方式。I²C 器件只能使 SCL 下拉到逻辑"0"，而不能强制 SCL 上拉到逻辑"1"。

2）SDA（串行数据线）：I²C 通信中用于传输数据的信号线。与 SCL 类似，SDA 采用集电极开路或漏极开路的输出方式。I²C 器件只能使 SDA 下拉到逻辑"0"，而不能强制 SDA 上拉到逻辑"1"。

2. I²C 互联

I²C 总线（即 SCL 和 SDA）上可以连接多个 I²C 器件，I²C 总线上的互联如图 6.7 所示。

I²C 互联主要有以下特点。

1）必须在 I²C 总线上外接上拉电阻。由于 I²C 总线（SCL 和 SDA）采用集电极开路或漏极开路的输出方式，因此连接到 I²C 总线上的器件只能使 SCL 或 SDA 置 0。应在 SCL 和 SDA 上外加上拉电阻，使两根信号线置 1，才能正确进行数据通信。

当一个 I²C 器件将信号线下拉到逻辑"0"并信号消失时，上拉电阻将该线重置为逻辑"1"。I²C 标准规定这段时间（SCL 或 SDA 的上升时间）应小于 1000ns。由于分布电容的存在，节点越多，该电容越高（最大 400pF），根据 *RC* 时间常数算出上拉电阻值，为 1 ~ 5.1kΩ，选用 5.1kΩ（5V）或 4.7kΩ（3.3V）。

2）多个 I²C 器件可以并联在 I²C 总线上，I²C 使用地址来识别总线上的器件，易于器件的扩展。在 I²C 互联系统中，每个 I²C 器件都有一个独立的身份标识（ID）——器件地址（Address），I²C 总线上的地址如图 6.8 所示。

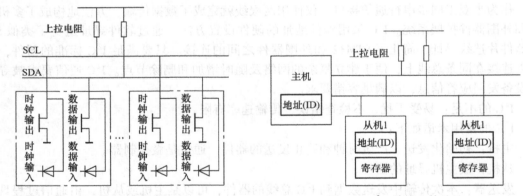

图 6.7　I²C 总线上的互联　　　　　图 6.8　I²C 总线上的地址

3）支持多主机互联。I²C 总线上的地址带有竞争检测和仲裁电路，实现了真正的多主机互联。当多主机同时使用总线发送数据时，根据仲裁方式决定由哪个设备占用总线，以防止数据冲突和数据丢失。尽管 I²C 总线上的地址支持多主机互联，但同时只能有一个主机运行。

6.2.2　I²C 的协议层

I²C 是同步串行半双工通信，按照 SCL 的时钟节拍在 SDA 上逐位进行数据传输。SCL 每产生一个时钟脉冲，SDA 上就传输一位数据。

I²C 的协议层包括位传输、字节传输、数据流传输、传输模式和传输速率 5 个方面。

1. 位传输

I²C 的时序包括起始条件、数据有效性、停止条件等。

1）起始条件（起始信号）。当 SCL 为高电平时，SDA 上由高到低地跳变。

2）数据有效性。SDA 的数据线应在 SCL 为高电平时保持稳定，只能在 SCL 为低电平时改变，否则会被误判为起始位或停止位。

3）停止条件（停止信号）。当 SCL 为高电平时，SDA 上由低到高地跳变。

2. 字节传输

I²C 上的所有数据都是以 1B（8bit）为最小单位，按高位（MSB）在前、低位（LSB）在后的顺序在 SDA 上传输。

每当发送器发送完一个字节，接收器应发送一个应答位（ACK）以确认接收器是否成功收到数据。

3. 数据流传输

一次标准的 I²C 通信由起始信号、从机地址传输、数据传输和停止信号组成。

1）起始信号 S 或重复起始信号 SR。I²C 通信由主机发送起始信号 S 或重复起始信号 SR 来启动。

2）从机地址传输 ADDRESS。起始信号后，第一个字节由 7 位/10 位地址位和 1 位传输方向组成。当地址位全为 0 且传输方向也为 0 时，为广播呼叫地址。

3）数据传输 DATA。每次 I²C 单位传输发送的数量不受限制。每个字节传输完，都会等待接收器的应答。

在 I²C 数据传输过程中，如果从机要完成一些其他功能（如一个内部中断服务程序）才能接收或发送下一个完整的数据字节，则可以使时钟线 SCL 保持低电平，迫使主机进入等待状态。当从机准备好发送或接收下一个数据字节并激活时钟线 SCL 后，再继续数据传输。

4）停止信号 P

4. 传输模式

I²C 主要有两种数据传输模式：主机向从机写数据，主机向从机读数据。

5. 传输速率

I²C 的标准传输速率为 100kbit/s，快速传输速率可达 400kbit/s。高速模式的最高传输速率可达 3.4Mbit/s。

[例 6.6] 分析 SDA/SCL 线控制有几种模式。

如果允许时钟延长，则有两种情况：

1）发送器模式。如果 TxE = 1 且 BTF = 1，那么 I²C 接口在传输前保持时钟线为低，以等待软件读 SR1，再把数据写进数据寄存器（缓冲器和移位寄存器都是空的）。

2）接收器模式。如果 RxNE = 1 且 BTF = 1，那么 I²C 接口在接收到数据字节后保持时钟线为低，以等待软件读 SR1，再读数据寄存器 DR（缓冲器和移位寄存器都是满的）。

如果在从模式中禁止时钟延长，则有 3 种情况：

1）如果 RxNE = 1，在接收到下个字节前 DR 还没有被读出，则发生过载错。接收到的最后一个字节丢失。

2）如果 TxE = 1，在必须发送下个字节之前却没有新数据写进 DR，则发生欠载错。相同的字节将被重复发出。

3）不控制重复写冲突。

[例 6.7] 当接口检测到一个无应答时，发生应答错误，此时会发生什么？

AF 位被置位，如果设置了 ITERREN 位，则产生一个中断。

当发送器接收到一个 NACK 时，必须复位通信。此时如果处于从模式，则硬件释放总线；如果处于主模式，则软件必须生成一个停止条件。

[例 6.8] 从模式下禁止时钟延长，怎么判断过载/欠载错误？

在从模式下，如果禁止时钟延长，当 I²C 接口正在接收数据，且它已经接收到一个字节（RxNE = 1），但在 DR 寄存器中前一个字节数据还没有被读出，则发生过载错误。此时最后接收的数据被丢弃。

在发生过载错误时，软件应清除 RxNE 位，发送器应该重新发送最后一次发送的字节。在从模式下，如果禁止时钟延长，当 I²C 接口正在发送数据，且在下一个字节的时钟到达之前，新的数据还未写入 DR 寄存器（TxE = 1），则发生欠载错误。此时 DR 寄存器中的前一个字节将被重复发出。另外，还应该确定在发生欠载错时，接收端应丢弃重复接收到的数据。发送端应按 I²C 总线标准在规定的时间更新 DR 寄存器。在发送第一个字节时，清除 ADDR 之后，在第一个 SCL 上升沿之前写入 DR 寄存器，否则接收方应该丢弃第一个数据。

[例 6.9] 如何从 I²C 模式切换到 SMBus 模式。

应该执行下列步骤：

1）设置 I2C_CR1 寄存器中的 SMBus 位。

2）按要求配置 I2C_CR1 寄存器中的 SMBTYPE 和 ENARP 位。如果要把设备配置成主设备，那么产生起始条件的步骤见 I²C 主模式，否则参见 I²C 从模式。软件程序必须处理多种 SMBus 协议。

3）如果 ENARP = 1 且 SMBTYPE = 0，则使用 SMB 设备默认地址。

4）如果 ENARP = 1 且 SMBTYPE = 1，则使用 SMB 主设备头字段。

5）如果 SMBALERT = 1，则使用 SMB 提醒响应地址。

6.3 SPI 概述

SPI（Scrial Pepheal Interface，串行外围设备接口）是一种高速、全双工、同步的通信总线。SPI 在芯片的引脚上仅用 4 根线。由于其简单方便、成本低廉、传输速度快，因此成为事实上的标准。

目前，许多微控制器、存储器和外设模块都集成了 SPI 接口，如 STM32 系列微控制器、EEPROM、Flash 存储器 W25X16、双路 16 位 A/D 转换器数据采集模块 AD7705、MicroSD 卡模块、TFT LCD 模块等。

在大容量产品和互联型产品上，SPI 支持 SPI 协议或者 I2S 音频协议，通过软件把功能从 SPI 模式切换到 I2S 模式。在中小容量产品上，不支持 I2S 音频协议。

I2S 是一种 3 引脚的同步串行接口通信协议。在半双工通信中，可以工作在主和从两种模式下。作为主设备时，通过接口向外部的从设备提供时钟信号。

SPI 广泛应用于高速通信的场合，STM32 通过 SPI 组成一个小型同步网络，进行高速数据交换，完成复杂的工作。

6.3.1　SPI 工作原理及主要特性

1. SPI 工作原理

STM32 的 SPI 模块允许与外部设备以半双工/全双工、同步和串行方式通信，常被配置为主模式，为多个从设备提供通信时钟 SCK，以多种配置方式工作。STM32 的 SPI 模块有多种用途，如使用一条双向数据线的双线单工同步传输，使用 CRC（循环冗余校验）检验的可靠通信等。

2. SPI 主要特性

STM32 的小容量产品有一个 SPI、中等容量产品有两个 SPI、大容量产品则有 3 个 SPI。STM32 的 SPI 主要具有以下特性：

1）3 线全双工同步传输。

2）带或不带第三根双向数据线的双线单工同步传输。

3）8 位或 16 位传输帧格式选择。

4）主或从操作。

5）支持多主模式。

6）8 个主模式波特率预分频系数（最大为 $f_{PCLK}/2$）。

7）从模式频率（最大为 $f_{PCLK}/2$）。

8）主模式和从模式的快速通信。

9）主模式和从模式下可以由软硬件进行 NSS 管理；主/从操作模式的动态改变。

10）可编程的时钟极性和相位。

11）可编程的数据顺序，MSB 在前或 LSB 在前。

12）触发中断的专用发送和接收标志。

13）SPI 总线忙状态标志。

14）支持可靠通信的硬件 CRC：在发送模式下，CRC 值可作为最后一个字节发送；在全双工模式下，对接收到的最后一个字节自动进行 CRC 校验。

15）可触发中断的主模式故障、过载以及 CRC 错误标志。

16）支持 DMA 功能的 1B 发送和接收缓冲器：产生发送和接收请求。

6.3.2　SPI 功能介绍

STM32 系列微控制器 SPI 的功能框图如图 6.9 所示，主要由波特率控制、收发控制和数据存储转移 3 部分构成。

1. 波特率控制

波特率发生器可产生 SPI 的 SCK 时钟信号。波特率预分频系数为 2、4、8、16、32、64、128 或 256。通过设置波特率控制位（BR）可以控制 SCK 的输出频率，从而控制 SPI 的传输速率。

2. 收发控制

收发控制由若干个控制寄存器组成，如 SPI 控制寄存器 SPI_CR1、SPI_CR2 和 SPI 状态寄存器 SPI_SR 等。

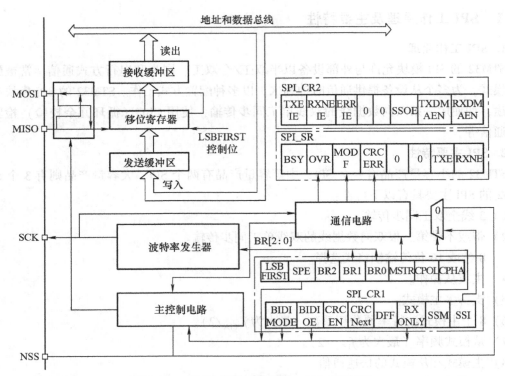

图 6.9　STM32 系列微控制器 SPI 的功能框图

SPI_CR1 寄存器主控收发电路，用于设置 SPI 的协议，如时钟极性、相位和数据格式等。

SPI_CR2 寄存器用于设置各种 SPI 中断使能，如使能 TXE 的 TXEIE 和 RXNE 的 RXNEIE 等。

通过 SPI_SR 寄存器中的各个标志位可以查询 SPI 当前的状态。

SPI 的控制和状态查询可以通过库函数实现。

3. 数据存储转移

数据存储转移如图 6.9 的左上部分所示，主要由移位寄存器、接收缓冲区和发送缓冲区等构成。

移位寄存器与 SPI 的数据引脚 MISO 和 MOSI 连接，一方面将从 MISO 收到的数据位根据数据格式及顺序经串/并转换后转发到接收缓冲区，另一方面将从发送缓冲区收到的数据根据数据格式及顺序经并/串转换后逐位从 MOSI 上发送出去。

6.3.3　SPI 工作模式

1. 配置 SPI 为从模式

在从模式下，SCK 引脚用于接收从主设备来的串行时钟。SPI_CR1 寄存器中 BR[2:0] 的设置不影响数据传输速率。

注意：建议在主设备发送时钟之前使能 SPI 从设备，否则可能发生意外的数据传输。在通信时钟的第一个边沿到来之前或正在进行的通信结束之前，从设备的数据寄存器必须就绪。在使能从设备和主设备之前，通信时钟的极性应稳定。

（1）配置步骤

1）设置 DFF 位以定义数据帧格式为 8 位或 16 位。

2）选择 CPOL 和 CPHA 位来定义数据传输和串行时钟之间的相位关系。为保证数据传输的正确性，从设备和主设备的 CPOL 和 CPHA 位应配置成相同的方式。

3）帧格式（SPI_CR1 寄存器中的 LSBFIRST 位定义的是"MSB 在前"还是"LSB 在前"）应与主设备相同。

4）硬件 NSS 模式下，在完整的数据帧（8 位或 16 位）传输过程中，NSS 引脚为低电平。软件 NSS 模式下，设置 SPI_CR1 寄存器中的 SSM 位并清除 SSI 位。

5）清除 MSTR 位，设置 SPE 位（SPI_CR1 寄存器），使相应引脚工作于 SPI 模式下。

在这个配置中，MOSI 引脚是数据输入，MISO 引脚是数据输出。

（2）数据发送过程

在写操作中，数据字同时写入发送缓冲器。当从设备收到时钟信号且在 MOSI 引脚上出现第一个数据位时，发送过程开始（此时第一位被发送出去）。余下的位（对于 8 位数据帧格式，还有 7 位，其他以此类推）被装进移位寄存器。当发送缓冲器中的数据传输到移位寄存器时，SPI_SPR 寄存器的 TXE 标志被设置，如果设置了 SPI_CR2 寄存器的 TXEIE 位，将会产生中断。

（3）数据接收过程

对于接收器来说，当数据传输完成时：

1）移位寄存器里的数据传送到接收缓冲器，SPI_SR 寄存器中的 RXNE 标志被设置。

2）如果设置了 SPI_CR2 寄存器中的 RXNEIE 位，则产生中断。

3）在最后一个采样时钟边沿后，RXNE 位被设置，移位寄存器中接收到的数据被传送到接收缓冲器。读 SPI_DR 寄存器时，SPI 设备返回。

2. 配置 SPI 为主模式

在主模式下，SCK 引脚产生串行时钟。

（1）配置步骤

1）通过 SPI_CR1 寄存器的 BR[2:0] 位定义串行时钟波特率。

2）选择 CPOL 和 CPHA 位来定义数据传输和串行时钟间的相位关系。

3）设置 DFF 位来定义 8 位或 16 位数据帧格式。

4）设置 SPI_CR1 寄存器的 LSBFIRST 位来定义帧格式。

5）硬件 NSS 模式下，在整个数据帧传输期间把 NSS 引脚连接到高电平；软件 NSS 模式下，需设置 SPL_CR1 寄存器的 SSM 位和 SSI 位。设置 SSOE 位，NSS 引脚工作在输出模式。

6）必须设置 MSTR 位和 ISPE 位（只有当 NSS 引脚被连接到"1"，MSTR 位和 ISPE 位一直置位）。在这个配置中，MOSI 引脚用于数据输出，而 MISO 引脚用于数据输入。

（2）数据发送过程

当写入数据至发送缓冲器时，发送过程开始。在发送第一个数据位时，数据字由并/串移动到 MOSI 引脚上；MSB 与 LSB 的顺序取决于 SPI_CR1 寄存器中 LSBFIRST 位的设置。数据从发送缓冲器传输到移位寄存器时，TXE 标志将被置位，如果设置了 SPI_CR2 寄存器中的 TXEIE 位，将产生中断。

（3）数据接收过程

对于接收器来说，当数据传输完成时：

1）移位寄存器里的数据传送到接收寄存器，并且 RXNE 标志被置位。

2）如果设置了 SPI_CR2 寄存器中的 RXNEIE 位，则产生中断。

3）在最后一个采样时钟边沿后，RXNE 位被设置，移位寄存器中接收到的数据字被传送到接收缓冲器，读 SPI_DR 寄存器将清除 RXNE 位。

当传输开始时，将发送的数据放入发送缓冲器，以维持连续的传输流。在写发送缓冲器之前，确认 TXE 标志为 1。

注意：在 NSS 硬件模式下，从设备的 NSS 输入由 NSS 引脚控制，或通过软件由 GPIO 引脚控制。

6.3.4　SPI 发送数据和接收数据

在 STM32 使用 SPI 发送数据前，已经完成 SPI 物理层（如引脚）和协议层（时钟极性、时钟相位、数据格式和传输速率）的相关配置，并将数据写入发送缓冲区，进行 SPI 数据的收发。

1. SPI 发送数据

STM32 的 SPI 发送一个字节数据的具体流程：先检测 SPI1 的发送缓冲区是否为空（TXE 标志位置位），若为空，则将要发送的字节数据写入发送缓冲区；再继续检测 SPI1 的接收缓冲区是否为空（RXNE 标志位置位），若不为空，则从接收缓冲区读取收到的一个字节数据并返回，发送结束。

2. SPI 接收数据

SPI 在发送两个字节数据的同时会收到一个字节的数据。因此，STM32 的 SPI 接收一个字节数据和发送一个字节数据的过程基本相同。不同之处在于，SPI 发送的数据是一个空字节而不是有意义的指令字。在编程实现时，SPI 数据的发送和接收通常使用同一个函数实现，调用时通过对参数不同的赋值进行区别。

[例 6.10]　片选（NSS）引脚功能。

有两种 NSS 模式：

1）软件 NSS 模式。通过设置 SPI_CR1 寄存器的 SSM 位来使能这种模式。在这种模式下，NSS 引脚还有其他用途，而内部 NSS 信号电平通过写 SPI_CR1 的 SSI 位来驱动。

2）硬件 NSS 模式，分两种情况。①NSS 输出被使能：当 STM32 工作为主 SPI，并且 NSS 输出已经通过 SPI_CR2 寄存器的 SSOE 位使能时，NSS 引脚被拉低，所有 NSS 引脚与这个主 SPI 的 NSS 引脚相连并配置为硬件 NSS 的 SPI 设备，将自动变成从 SPI 设备。当一个 SPI 设备需要发送广播数据时，它必须拉低 NSS 信号，通知其他的设备它是主设备；如果它不能拉低 NSS，就意味着总线上有另外一个主设备在通信，这时将产生一个硬件失败错误（Hard Fault）。②NSS 输出被关闭：允许操作于多主环境。

6.4　SPI 通信原理

SPI 为全双工同步串行通信接口，它采用主/从模式支持一个或多个从设备，实现主设备和从设备之间的高速数据通信。SPI 的缺点：无法检错、纠错，不具备寻址能力，接收方没有应答信号等，不适合复杂或可靠性要求较高的场合。

6.4.1 SPI 的物理层

1. SPI 接口

SPI 用一条公共的时钟线实现同步。全双工时，SPI 至少用两根数据线实现数据的双向同时传输；串行时，SPI 收发数据只能逐位地在数据线上传输，一根发送数据线和一根接收数据线。

SPI 在物理层体现为 4 根信号线，分别是 SCK、MOSI、MISO 和 SS。

1）SCK（Serial Clock），即时钟线。由主设备产生，作为主设备、从设备的时钟信号。

2）MOSI（Master Output SlaveInput），即主设备数据输出/从设备数据输入线。在主模式下发送数据，在从模式下接收数据。

3）MISO（Master Input SlaveOutput），即主设备数据输入/从设备数据输出线。在主模式下接收数据，在从模式下发送数据。

4）SS（Slave Select），也叫 CS（Chip Select），即 SPI 从设备选择信号线，用来选择主/从设备。

除了 SCK、MOSI、MISO 和 SS 这 4 根信号线外，SPI 还包含一个串行移位数据寄存器。SPI 接口组成如图 6.10 所示。

SPI 主设备向它的 SPI 串行移位数据寄存器写入一个字节，该寄存器通过数据线 MOSI 逐位将字节发送给 SPI 从设备；同时，SPI 从设备将自己的 SPI 串行移位数据寄存器中的内容通过数据线 MISO 返回给主设备。SPI 主/从设备的两个数据寄存器中的内容相互交换。应注意：对从设备的写/读操作是同步完成的。

2. SPI 互联

SPI 互联主要有"一主一从"和"一主多从"两种方式。

（1）一主一从

在该方式的 SPI 互联下，有 SPI 的主/从设备各一个。SPI 从设备进行通信。分别将主/从设备的 SCK、MOSI、MISO 直接相连，将主设备的 SS 置 1，将从设备的 SS 置 0，"一主一从"的 SPI 互联如图 6.11 所示。

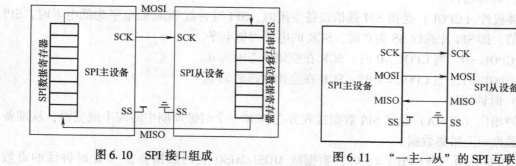

图 6.10 SPI 接口组成

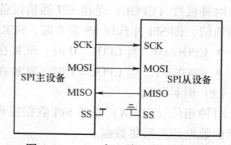

图 6.11 "一主一从"的 SPI 互联

当 SPI 互联时，主设备和从设备的两根数据线直接相连，即主/从设备的 MISO 及 MOSI 相连。

（2）一主多从

在"一主多从"的 SPI 互联方式下，一个 SPI 主设备可以和多个从设备相互通信。所有的 SPI 设备（包括主设备和从设备）共享时钟线和数据线，即 SCK、MOSI、MISO 这 3 根线，并在主设备端使用多个 GPIO 引脚模拟多个 SS 引脚，以实现多个从设备的选择，"一主多从"的 SPI 互联方式如图 6.12 所示。在多个从设备的 SPI 互联方式下，片选信号 SS 对每个从设备分别选通，增加了连接的数量和难度。

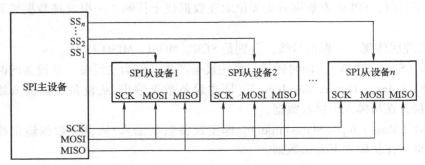

图 6.12 "一主多从"的 SPI 互联方式

在多个从设备的 SPI 系统中，所有的 SPI 设备共享时钟线和数据线，同一时刻只能有一个从设备参与通信。当主设备与其中一个从设备进行通信时，其他从设备的时钟线和数据线保持高阻态，避免影响当前数据的传输。

6.4.2 SPI 的协议层

SPI 按照时钟线 SCK 的节拍在数据线 MOSI 和 MISO 上逐位传输数据。SCK 每产生一个时钟脉冲，MOSI 和 MISO 就各自传输一位数据。经过若干个（由 SPI 数据格式指定）SCK 脉冲，完成一个 SPI 数据帧的传输，SPI 主/从设备的串行移位数据寄存器完成一次数据交换。

SPI 的协议层包括 SPI 时序、SPI 数据格式和 SPI 传输速率 3 个方面。

1. SPI 时序

SPI 时序与其时钟极性和时钟相位有关。

（1）时钟极性

时钟极性（CPOL）是指 SPI 通信设备空闲时，SPI 时钟线 SCK 的电平为低电平时，SPI 开始通信，即 SPI 片选线 SS 为 0 时，SCK 的电平为低电平。

- CPOL = 0。当 CPOL = 0 时，SCK 在空闲状态时为 0。
- CPOL = 1。当 CPOL = 1 时，SCK 在空闲状态时为 1。

（2）时钟相位

时钟相位（CPHA）是指 SPI 数据接收方在 SCK 一个时钟周期中的那个跳变沿，从准备就绪的数据线上采集数据。

1）CPHA = 0。当 CPHA = 0 时，数据线 MOSI/MISO 上的数据会在 SCK 时钟线的奇数（即第 1，3 等）跳变沿存取。当 CPHA = 0 时，主设备发起一次 SPI 通信，过程如下：

SPI 初始空闲。初始时，SPI 接口处于空闲状态。根据 CPOL 的设置，时钟线 SCK 保持在低电平（CPOL = 0 时）或者高电平（CPOL = 1 时）。

使能与之通信的 SPI 从设备。片选线 SS 从高电平跳转到低电平（即 SS = 0），SPI 开始传输数据。

SP 传输数据。数据在 SCK 的奇数（第 1，3，5 等）跳变沿（当 CPOL = 0 时，即为下降沿；当 CPOL = 1 时，即为上升沿）准备就绪。SPI 传输数据的方向可以从主设备到从设备，反之也成立。

禁止与之通信的 SPI 从设备。SPI 传输数据结束后，片选线 SS 从 0→1。

2）CPHA = 1。当 CPHA = 1 时，数据线 MOSI/MISO 上的数据会在 SCK 时钟线的偶数跳变沿（第 2，4，6 等跳变沿）存取。当 CPHA = 1 时，主设备发起一次 SPI 通信，过程如下：

SPI 初始空闲。初始时，SPI 处于空闲状态。根据 CPOL 的设置，SCK 保持在低电平（CPOL = 0 时）或高电平（CPOL = 1 时）。

激活 SPI 从设备。片选线 SS 从 1→0（SS = 0），SPI 开始传输数据。

SPI 传输数据。数据在 SCK 的偶数（第 2，4 等）跳变沿（当 CPOL = 0 时为下降沿；当 CPOL = 1 时为上升沿）存取；在 SCK 的奇数（第 1，3 等）跳变沿（当 CPOL = 0 时为上升沿；当 CPOL = 1 时为下降沿）准备就绪。SPI 传输数据的方向从主设备到从设备，反之也成立。

禁止与之通信的 SPI 从设备。SPI 数据传输结束后，将片选线 SS0 置为 1。

2. SPI 数据格式

SPI 以帧为单位传输数据，选择 8 位或 16 位数据帧格式。SPI 数据由高位到低位（即 MSB 在前，LSB 在后）传输，也可以由低位到高位（即 LSB 在前，MSB 在后）依次传输。

3. SPI 传输速率

相比于 USART 及 I²C 方式，SPI 具有较高的传输速率，时钟 SCK 高达几十兆赫。

[例 6.11]　利用 SPI2 进行初始化等操作。

#配置相关引脚的复用功能，使能 SPIx 时钟。调用函数：void GPIO_Init( )

#初始化 SPIx，设置 SPIx 工作模式。调用函数：void SPI_Init( )

#使能 SPIx。调用函数：void SPI_Cmd( )

#SPI 传输数据。调用函数：void SPI_I2S_SendData( )、uint16_t SPI_I2S_ReceiveData( )

#查看 SPI 传输状态。调用函数：SPI_I2S_GetFlagStatus（SPI2，SPI_I2S_FLAG_RXNE）

下面按照该步骤来编写一个简单的 SPI 程序。

```
void SPI2_Init( void)
{
    GPIO_InitTypeDef GPIO_InitStructure;
    SPI_InitTypeDef    SPI_InitStructure;
    RCC_APB2PeriphClockCmd( RCC_APB2Periph_GPIOB,ENABLE);    //PORTB 时钟使能
    RCC_APB1PeriphClockCmd( RCC_APB1Periph_SPI2,ENABLE);     //SPI2 时钟使能
    GPIO_InitStructure. GPIO_Pin = GPIO_Pin_13 | GPIO_Pin_14 | GPIO_Pin_15;
    GPIO_InitStructure. GPIO_Mode = GPIO_Mode_AF_PP;         //PB13/14/15 复用推挽输出
    GPIO_InitStructure. GPIO_Speed = GPIO_Speed_50MHz;
    GPIO_Init( GPIOB,&GPIO_InitStructure);                   //初始化 GPIOB
```

```
    GPIO_SetBits(GPIOB,GPIO_Pin_13|GPIO_Pin_14|GPIO_Pin_15);        //PB13/14/15 上拉
    //设置 SPI 单向或者双向的数据模式:SPI 设置为双线双向全双工
    SPI_InitStructure. SPI_Direction = SPI_Direction_2Lines_FullDuplex;
    SPI_InitStructure. SPI_Mode = SPI_Mode_Master;              //设置 SPI 工作模式:设置为主 SPI
    //设置 SPI 的数据大小:SPI 发送/接收 8 位帧结构
    SPI_InitStructure. SPI_DataSize = SPI_DataSize_8b;
    SPI_InitStructure. SPI_CPOL = SPI_CPOL_High;           //串行同步时钟的空闲状态为高电平
    //串行同步时钟的第二个跳变沿(上升或下降)数据被采样
    SPI_InitStructure. SPI_CPHA = SPI_CPHA_2Edge;
    //NSS 信号由硬件(NSS 引脚)还是软件(SSI 位)管理:内部 NSS 信号有 SSI 位控制
    SPI_InitStructure. SPI_NSS = SPI_NSS_Soft;
        //定义波特率预分频的值:波特率预分频值为 256
    SPI_InitStructure. SPI_BaudRatePrescaler = SPI_BaudRatePrescaler_256;
    //指定传输数据从 MSB 位还是 LSB 位开始:传输数据从 MSB 位开始
    SPI_InitStructure. SPI_FirstBit = SPI_FirstBit_MSB;
    SPI_InitStructure. SPI_CRCPolynomial = 7;                      //CRC 值计算的多项式
    //根据 SPI_InitStructure 中指定的参数初始化外设 SPIx 寄存器
    SPI_Init(SPI2,&SPI_InitStructure);
    SPI_Cmd(SPI2,ENABLE);                                   //使能 SPI 外设
    SPI2_ReadWriteByte(0xff);                               //启动传输
}
//SPI 速度设置函数
//SpeedSet:
//SPI_BaudRatePrescaler_2    2 分频
//SPI_BaudRatePrescaler_8    8 分频
//SPI_BaudRatePrescaler_16   16 分频
//SPI_BaudRatePrescaler_256 256 分频
void SPI2_SetSpeed(u8 SPI_BaudRatePrescaler)
{
    assert_param(IS_SPI_BAUDRATE_PRESCALER(SPI_BaudRatePrescaler));
    SPI2 - > CR1 & = 0XFFC7;
    SPI2 - > CR1 | = SPI_BaudRatePrescaler;                  //设置 SPI2 速度
    SPI_Cmd(SPI2,ENABLE);
}
//SPIx 读写一个字节
//TxData:要写入的字节
//返回值:读取到的字节
u8 SPI2_ReadWriteByte(u8 TxData)
{
    u8 retry = 0;
    //检查指定的 SPI 标志位设置与否:发送缓存空标志位
    while(SPI_I2S_GetFlagStatus(SPI2,SPI_I2S_FLAG_TXE) = = RESET)
    {
```

```
            retry + + ;
            if(retry > 200) return 0 ;
        }
        SPI_I2S_SendData(SPI2,TxData);                          //通过外设 SPIx 发送一个数据
        retry = 0 ;
        //检查指定的 SPI 标志位设置与否:接收缓存非空标志位
        while(SPI_I2S_GetFlagStatus(SPI2,SPI_I2S_FLAG_RXNE) = = RESET)
        {
            retry + + ;
            if(retry > 200) return 0 ;
        }
        return SPI_I2S_ReceiveData(SPI2);                       //返回通过 SPIx 最近接收的数据
    }
```

[例 6.12]　SPI 为单工通信时有几种方式? 请分别描述。

SPI 模块能够以两种配置工作于单工方式:一条时钟线和一条双向数据线,一条时钟线和一条单向数据线 (只接收或只发送)。

1) 一条时钟线和一条双向数据线 (BIDIMODE = 1)。设置 SPI_CR1 寄存器中的 BIDI-MODE 位时启用此模式。在这个模式下,SCK 引脚作为时钟,主设备使用 MOSI 引脚,而从设备使用 MISO 引脚进行数据通信。传输的方向由 SPI_CR1 寄存器里的 BIDIOE 控制,当这个位是 1 的时候,数据线进行输出,否则进行输入。

2) 一条时钟线和一条单向数据线 (BIDIMODE = 0)。在这个模式下,SPI 模块可以只发送或者只接收。

- 只发送模式类似于全双工模式(BIDIMODE = 0,RXONLY = 0):数据在发送引脚 (主模式时是 MOSI,从模式时是 MISO) 上传输,而接收引脚 (主模式时是 MISO,从模式时是 MOSI) 可以作为通用的 I/O 使用。此时,软件不必理会接收缓冲器中的数据 (如果读出数据寄存器,则它不包含任何接收数据)。

- 配置并使能 SPI 模块为只接收模式的方式:在只接收模式,设置 SPI_CR2 寄存器的 RXONLY 位关闭 SPI 的输出功能,此时,发送引脚 (主模式时是 MOSI,从模式时是 MISO) 被激活,可以作为其他功能使用。

- 在主模式时,一旦使能 SPI,通信就立即启动,当清除 SPE 位时立即停止当前的接收。在此模式下,不必读取 BSY 标志,在 SPI 通信期间这个标志始终为 1。

- 在从模式时,只要 NSS 被拉低 (或在 NSS 软件模式时,SSI 位为 0) 同时 SCK 有时钟脉冲,SPI 就一直在接收。

[例 6.13]　描述主模式下的传输过程。

1) 全双工模式(BIDIMODE = 0 并且 RXONLY = 0)。当写入数据到 SPI_DR 寄存器 (发送缓冲器) 后,传输开始;在传送第一位数据的同时,数据由并到串送到 MOSI 引脚上;与此同时,在 MISO 引脚上接收到的数据,按顺序由串到并传送到 SPI_DR 寄存器 (接收缓冲器) 中。

2) 单向的只接收模式(BIDIMODE = 0 并且 RXONLY = 1)。SPE = 1 时,传输开始;只有接收器被激活,在 MISO 引脚上接收到的数据才按顺序由串到并传送到 SPI_DR 寄存器 (接

收缓冲器）中。

3）双向模式，发送时（BIDIMODE＝1 并且 BIDIOE＝1）。当写入数据到 SPI_DR 寄存器（发送缓冲器）后，传输开始；在传送第一位数据的同时，数据由并到串传送到 MOSI 引脚上；不接收数据。

4）双向模式，接收时（BIDIMODE＝1 并且 BIDIOE＝0）。SPE＝1 并且 BIDIOE＝0 时，传输开始；在 MOSI 引脚上接收到的数据，按顺序由串到并传送到 SPI_DR 寄存器（接收缓冲器）中；不激活发送器，就没有数据被串行地送到 MOSI 引脚上。

[例 6.14] 描述从模式下传输过程。

1）全双工模式（BIDIMODE＝0 并且 RXONLY＝0）。当从设备接收到时钟信号并且第一个数据位出现在它的 MOSI 引脚时，数据传输开始，随后的数据位依次移动到移位寄存器；与此同时，在传输第一个数据位时，发送缓冲器中的数据被并行地传送到 8 位的移位寄存器，随后被串行地发送到 MISO 引脚上。软件应保证在 SPI 主设备开始数据传输之前在发送寄存器中写入要发送的数据。

2）单向的只接收模式（BIDIMODE＝0 并且 RXONLY＝1）。当从设备接收到时钟信号并且第一个数据位出现在它的 MOSI 引脚时，数据传输开始，随后数据位依次移动到移位寄存器；不启动发送器，就没有数据被串行地传送到 MISO 引脚上。

3）双向模式，发送时（BIDIMODE＝1 并且 BIDIOE＝1）。当从设备接收到时钟信号并且发送缓冲器中的第一个数据位被传送到 MISO 引脚上的时候，数据传输开始；在第一个数据位被传送到 MISO 引脚上的同时，发送缓冲器中要发送的数据被平行地传送到 8 位的移位寄存器中，随后被串行地发送到 MISO 引脚上。软件必须保证在 SPI 主设备开始数据传输之前在发送寄存器中写入要发送的数据；不接收数据。

4）双向模式，接收时（BIDIMODE＝1 并且 BIDIOE＝0）。当从设备接收到时钟信号并且第一个数据位出现在它的 MOSI 引脚时，数据传输开始；从 MISO 引脚上接收到的数据被串行地传送到 8 位的移位寄存器中，然后被平行地传送到 SPI_DR 寄存器（接收缓冲器）；不启动发送器，就没有数据被串行地传送到 MISO 引脚上。

本 章 小 结

本章对 STM32 单片机通信接口 I^2C 与 SPI 进行了详细阐述。

I^2C 总线是一种简单、双向二线制同步串行总线。它只需要两根线即可在连接于总线上的器件之间传送信息。主器件用于启动总线传送数据，并产生时钟以开放传送的器件，此时任何被寻址的器件均被认为是从器件。在总线上，主和从、发和收的关系不是恒定的，而取决于此时的数据传送方向。

1）在硬件上，I^2C 总线只需要一条数据线和一条时钟线两根线。

2）I^2C 总线是一个真正的多主机总线。

3）I^2C 总线可以通过外部连线进行在线检测。

4）连接到相同总线上的 I^2C 数量只受总线最大电容的限制。

5）总线具有小的电流消耗，传输距离达到 15m。

STM32 I^2C 的特性：多向控制总线、半双工，具有两条双向的数据线 SDA 和时钟线

SCL、具有 8 位逐位传输数据和地址、主机或从机操作、主/从模式接收与发送、具有传输结束中断标志等。

　　SPI 为全双工同步串行总线，是微处理控制单元（MCU）和外围设备之间进行通信的同步串行接口，主要应用在 EEPROM、Flash、实时时钟（RTC）、数/模转换器（A/D 转换器）、网络控制器、MCU、数字信号处理器（DSP）以及数字信号解码器之间。SPI 系统可直接与各个厂家生产的多种标准外围器件直接对接，一般使用 4 条线：串行时钟线 SCK、主机输入/从机输出数据线 MISO、主机输出/从机输入数据线 MOSI 和低电平有效的从机片选线 SS。

　　在讨论 SPI 数据传输时，必须明确 CPOL 和 CPHA 两位的特点及功能：

　　1）CPOL：时钟极性控制位。该位决定了 SPI 总线空闲时 SCK 时钟线的电平状态。

CPL = 0，当 SPI 总线空闲时，SCK 时钟线为 "0"。

CPL = 1，当 SPI 总线空闲时，SCK 时钟线为 "1"。

　　2）CPHA：时钟相位控制位。该位决定了 SPI 总线上数据的采样位置。

CPHA = 0，SPI 总线在时钟线的第 1 个跳变沿处采样数据。

CPHA = 1，SPI 总线在时钟线的第 2 个跳变沿处采样数据。

本 章 习 题

1. I²C 的基本操作有哪些？I²C 的特性是什么？

2. SPI 的基本操作有哪些？SPI 的特性是什么？

3. I²C 对 I²C 接口存储器件进行读/写有哪些相同和不同之处？

4. SPI 对 SPI 接口存储器件进行读/写有哪些相同和不同之处？

5. I²C 与 SPI 使用时的相同和不同之处是什么？

6. I²C 与 SPI 分为哪几个主要部分？各起什么作用？

第7章 STM32 CAN 总线设计

内容提要 本章主要介绍 CAN 总线的概念、特点、功能、运行模式及功能描述，并介绍了 STM32 的 bxCAN 控制器与实验设计方案，以及基于 CAN 通信的车载电动机控温实验。

7.1 CAN 总线概述

相对于 I^2C，SPI 总线多用于传输距离短、协议简单、数据量小、主要面向集成电路（IC）间通信的"轻量级"场合。CAN（Controller Area Network，控制器局域网）总线定义了更为优秀的物理层、数据链路层，并且拥有种类丰富、简繁不一的上层协议。

（1）CAN 总线的概念

CAN 是一个 ISO（国际标准化组织）串行通信协议。CAN 总线由德国博世（BOSCH）公司研发设计，用于应对汽车上日益庞大的电子控制系统的需求，其最大的特点是可拓展性好，可承受大量数据的高速通信，并且高度稳定可靠。ISO 通过 ISO 11898 和 ISO 11519 对 CAN 总线进行了标准化，确立了其欧洲汽车总线标准的地位。时至今日，CAN 总线已经获得业界的高度认可，其应用从汽车电子领域延伸至工业自动化、船舶、医疗设备、工业设备等领域。

（2）CAN 总线的网络拓扑结构

CAN 总线的物理连接只需要两条线，常称为 CAN_H 和 CAN_L，通过差分信号进行数据的传输。CAN 总线有两种电平，分别为隐性电平和显性电平，而此两种电平有着类似漏极 I/O 电平信号之间"与"的关系。若隐性电平相遇，则总线表现为隐性电平；若显性电平相遇，则总线表现为显性电平；若隐性电平和显性电平相遇，则总线表现为显性电平。一个典型的 CAN 总线网络拓扑结构如图 7.1 所示（注意，两端的终端电阻是必需的）。

图 7.1 CAN 总线网络拓扑结构

（3）CAN 总线数据帧

CAN 总线协议规定了 5 种帧，分别是数据帧、遥控帧、错误帧、过载帧以及帧间隔。实践中，数据帧的应用最为频繁。CAN 总线数据帧的种类及用途见表 7.1。

表 7.1 CAN 总线数据帧的种类及用途

帧类型	用　　途
数据帧	用于发送单元向接收单元传送数据
遥控帧	用于接收单元向具有相同 ID 的发送单元请求数据

（续）

帧类型	用　途
错误帧	当检测出错误时用于向其他单元传达错误消息
过载帧	用于提示接收单元尚未做好接收准备
帧间隔	用于将数据帧及遥控帧与前面的帧分离开来

7.2　CAN 总线的特点及功能

7.2.1　CAN 总线的特点

　　CAN 总线网络是一种真正的多主机网络，在总线处于空闲状态时，任何一个节点单元都可以申请成为主机，向总线发送消息。其原则是：最先访问总线的节点单元可获得总线的控制权；当多个节点单元同时尝试获取总线的控制权时，将发生仲裁事件，具有高优先级的节点单元将获得总线控制权。

　　CAN 协议中，所有的消息都以固定的数据格式打包发送。两个以上的节点单元同时发送信息时，根据节点标识符（常称为 ID，打包在固定的数据格式中）决定各自的优先级关系，所以 ID 并不表示数据发送的目的地址，而是代表着各个节点访问总线的优先级。如此看来，CAN 总线并无类似其他总线"地址"的概念，在总线上增加节点单元时，连接在总线的其他节点单元的软硬件都不需要改变。

　　CAN 总线的通信速率和总线长度有关，在总线长度小于 40m 的场合中，数据传输速率可以达到 1Mbit/s，然而即便总线长度增加至 1000m，数据传输速率仍可达到 50kbit/s。无论在速率还是在传输距离方面，CAN 总线都优于常见的 RS485 和 I^2C 总线。

　　对于总线错误，CAN 总线有错误检测功能、错误通知功能和错误恢复功能 3 种应对措施，分别对应于下面的三点表述：所有的单元节点都可以自动检测总线上的错误；检测出错误的节点单元会立刻将错误通知给其他节点单元；如果正在发送消息的单元检测到当前总线发生错误，则立刻强制取消当前发送。CAN 总线上的每个节点都可以通过判断得出当前总线上的错误是暂时的（如瞬间的强干扰）还是持续的（如总线断裂）。当总线上发生持续错误时，引起此故障的节点单元会自动脱离总线。

　　CAN 总线上的节点数在理论上没有上限，但在实际上受到总线上的时间延时以及电气负载的限制。降低最大通信速率，可以增加节点单元的连接数；反之，减少节点单元的连接数，则最大通信速率可以提高。

7.2.2　CAN 总线的功能

　　在实际工程应用中，CAN 网络中的节点数目在不断增加，通常将多个 CAN 节点通过网关连接在一起。同时，CAN 网络系统中的报文数目也明显增长，每一个 CAN 节点所处理消息的数目也不断增加。在 CAN 通信网络中，除了应用层报文以外，网络管理和诊断报文也被引入 CAN 通信系统中。

　　在 STM32 系列处理器中，CAN 通信模块可以完全自动处理 CAN 报文的发送和接收。系统硬件分别支持标准标识符（11bit）和扩展标识符（29bit）。同时，CAN 通信模块还提供了一系列控制寄存器、状态寄存器和配置寄存器。通过这些寄存器实现如下功能：

1）配置 CAN 通信参数，如通信波特率等。

2）请求发送报文。

3）处理报文接收。

4）管理 CAN 通信中断。

5）获取 CAN 通信诊断信息。

在 STM32 系列 ARM 处理器中，CAN 通信模块提供了 3 个发送邮箱，用于发送报文。由 CAN 发送调度器决定哪一个邮箱的报文优先被发送。同时，CAN 通信模块还提供了 14 个可扩展/可配置的标识符过滤器组，通过软件的方式对其进行编程，从而在通过 CAN 通信引脚收到的报文中选择所需要的报文而将其他报文丢弃。此外，CAN 通信模块还提供了两个数据接收 FIFO，每个 FIFO 都可以存放 3 个完整的报文，且接收 FIFO 完全由硬件来管理。

7.3 CAN 总线的运行模式及功能描述

7.3.1 CAN 总线的运行模式

在 STM32 系列处理器中，CAN 通信具有 3 个主要工作模式，即初始化模式、正常模式和睡眠模式，CAN 工作模式如图 7.2 所示。

在系统硬件复位后，CAN 通信模块工作在睡眠模式以降低系统功耗，同时 CAN_TX 引脚的内部上拉电阻被激活。通过软件的方式将 CAN_MCR 寄存器中的 INRQ 或 SLEEP 标志位设置为 1，用于请求使 CAN 通信模块进入初始化或睡眠模式。

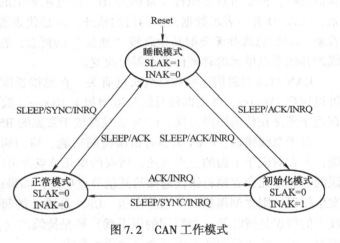

图 7.2 CAN 工作模式

当 CAN 通信模块进入了初始化或者睡眠模式后，系统就会对 CAN_MSR 寄存器中的 IN-AK 或者 SLAK 标志位进行置位操作以进行确认，同时 CAN 模块内部禁用上拉电阻。当 IN-AK 与 SLAK 标志位都处于 0 状态的时候，CAN 通信模块就处于正常模式。

在系统进入正常模式前，CAN 通信模块应与 CAN 总线同步。为了实现与 CAN 总线之间的同步，CAN 通信模块需要等待 CAN 总线处于空闲状态，即 CAN_RX 引脚上连续检测到 11 个隐性位。

1. 初始化模式

通过软件的方式对 CAN 通信模块进行初始化操作，该操作在系统硬件还处于初始化模式的时候进行。为了进入这种模式，通过软件设置 CAN_MSR 寄存器中的 INRQ 标志位为 1，然后等待硬件通过设置 CAN_MSR 寄存器中的 INAK 标志位来确认初始化操作的请求。

2. 正常模式

在完成对 CAN 通信模块的初始化后，系统硬件进入正常模式，以便正常接收和发送数据报文。通过软件的方式将 CAN_MCR 寄存器中的 INRQ 标志位设置为 0，请求从初始化模式进入正常模式，等待系统硬件对 CAN_MSR 寄存器中的 INAK 标志位设置为 1 来确认，再与 CAN 总线取得同步，即在 CAN_RX 引脚上监测到 11 个连续的隐性位，确认总线空闲，CAN 通信模块才能正常接收和发送报文。

3. 睡眠模式

在 STM32 系列 ARM 处理器中，CAN 通信模块工作在低功耗的睡眠模式。通过软件的方式将 CAN_MCR 寄存器中的 SLEEP 标志位设置为 1 来请求进入睡眠模式。此时，CAN 通信模块的时钟将被停止，用软件的方式来访问邮箱寄存器。

通过以下两种方式来唤醒或退出睡眠模式：①通过软件对 SLEEP 标志位清 0 进行操作；②当硬件检测到 CAN 总线活动时，将自动退出睡眠模式。

如果将 CAN_MCR 寄存器中的 AWUM 标志位设置为 1，则系统一旦检测到 CAN 总线上的活动，硬件就会自动对 SLEEP 标志位进行清 0 操作来唤醒 CAN 通信模块。如果 CAN_MCR 寄存器中的 AWUM 标志位为 1，则为退出睡眠模式，在软件模式下，在唤醒中断中将 SLEEP 标志位设置为 0，即清 0 操作。

7.3.2 CAN 总线的功能描述

CAN 通信模块可以实现数据报文在 CAN 网络中的发送和接收功能，还能实现对数据报文的滤波功能等。下面介绍 CAN 通信模块的功能。

1. 发送处理

对于 STM32 系列处理器，CAN 通信模块发送报文的流程为：首先报文发送应用程序选择一个空的发送邮箱；其次设置标识符、发送数据的长度和待发送的数据内容；最后设置 CAN_TIXR 寄存器中的 TXRQ 标志位为 1，请求发送数据。

当设置 TXRQ 标志位为 1 后，CAN 模块中的发送邮箱就不再为空，软件对邮箱寄存器不再具有写操作的权限。同时，设置 TXRQ 标志位为 1 后，邮箱进入挂号状态，等待成为最高优先级的邮箱。成为最高优先级的邮箱后，其状态就变为预定发送状态。在这种状态下，当 CAN 总线进入空闲状态后，预定发送邮箱中的数据报文将被发送，进入发送状态。

（1）发送优先级

当有超过一个的发送邮箱在挂号时，邮箱中报文的标识符决定报文发送的顺序。根据 CAN 通信协议，标识符数值最低的数据报文具有最高的优先级。如果标识符所对应的数值相等，则先发送邮箱号较小的报文。

设置 CAN_MCR 寄存器中的 TXFP 标志位为 1，将发送邮箱配置为报文发送 FIFO。在该模式下，发送请求的次序决定发送的优先级。

（2）发送的中止

在报文数据发送的过程中，设置 CAN_TSR 寄存器中的 ABRQ 标志位为 1，中止 CAN 报文数据的发送请求。如果报文邮箱处于挂号或预定状态，则立刻终止发送请求。

（3）禁止自动重发模式

当 CAN 通信模块处于禁止自动重发模式时，主要用于满足 CAN 标准协议中关于时间触发通信选项的需求。将 CAN_MCR 寄存器中的 NART 标志位设置为 1，让 CAN 系统硬件工作在该模式下。

2. 时间触发通信模式

在时间触发通信模式下，CAN 系统硬件的内部定时器被激活，用于产生时间戳，分别存储在 CAN_RDTx、CAN_TDTxR 寄存器中。内部定时器在接收和发送的数据帧起始位的位置被采样，并生成相应的时间戳。

3. 接收处理

在 CAN 通信模块中，接收到的数据被暂存在 3 级邮箱深度的 FIFO 中，FIFO 完全由硬件来管理，节省了 ARM 处理器的负荷，简化相应的系统软件并保证数据的一致性。只能通过应用程序读取 FIFO 的输出邮箱，并获取 FIFO 中最先收到的数据报文。

（1）报文的有效性

根据 CAN 通信的协议，当报文被正确接收后，即到 EOF 域的最后 1 位都没有发送传输错误，且通过标识符过滤，该报文则被认为是有效的数据报文。

（2）FIFO 管理

在 CAN 通信系统中，FIFO 从空状态开始，在接收到第一个有效报文后，FIFO 状态变为挂号_1 状态，即 Pending_1，系统硬件会相应地将 FMP［1:0］设置为 01b。经软件的方式读取 FIFO 输出邮箱，读取邮箱中的报文，将 CRFR 寄存器中的 RFOM 标志位设置为 1 来释放当前邮箱，使 FIFO 变为空状态。

（3）数据的溢出

当 CAN 通信模块中的 FIFO 处于挂号_3 状态，即 FIFO 的 3 个邮箱都已经放满数据时，下一个有效数据报文就会导致 FIFO 的数据溢出，并且该报文也将会丢失。

此时，CAN 通信模块的系统硬件会将 CAN_RFxR 寄存器中的 FOVR 标志位设置为 1，表明当前发生了数据溢出。

（4）数据接收中断

在 CAN 通信模块中，一旦向 FIFO 存入一个报文数据，系统硬件就会更新 FMP［1:0］位。如果 CAN_IER 寄存器中的 FFIE 标志位为 1，那么系统产生一个中断请求。

当 FIFO 数据变满，即存入 3 个数据报文时，CAN_RFxR 寄存器中的 FULL 标志位将被设置为 1。如果 CAN_IER 寄存器中的 FFIE 标志位被设置为 1，则系统会产生一个 FIFO 数据量满载中断请求。

［例 7.1］ CAN 接收数据程序，CAN 口查询并接收数据，且将接收到的数据存放到 buf 数据缓存区中。

```
//返回值为 0,无数据被收到
//其他返回值表示接收的数据长度
u8 Can_Receive_Msg( u8  * buf)
{
u32 i;
CanRxMsg RxMessage;
if( CAN_MessagePending( CAN1 ,CAN_FIFO0) = =0)return 0;//没有接收到数据,直接退出
CAN_Receive( CAN1, CAN_FIFO0, &RxMessage); //读取数据
```

```
for( i = 0 ; i < 8 ; i + + )
buf[ i ] = RxMessage. Data[ i ] ;
return RxMessage. DLC ;
}
```

4. 标识符过滤

在 CAN 通信协议中，报文中的标识符不代表节点的地址，而与报文中的内容相关。因此，发送者以广播的形式将报文发送给所有的接收者。节点在接收报文时根据标识符的数值来决定是否需要接收当前的报文。

如果确定需要接收报文，则将当前数据报文复制到 SRAM 中；如果不需要接收报文，则报文将被丢弃且无须任何软件操作。

为了满足上述需求，CAN 通信模块为应用程序提供了 14bit 的位宽可变、可调配置的过滤器组，以便只接收软件所需要的报文。采用硬件过滤报文的方法可以节省 ARM 处理器的开销，否则报文的过滤必须通过软件的方式来进行，这样会占用一定的 ARM 处理器开销。每一个过滤器组都由两个 32 位的寄存器组成，分别为 CAN_FxR0 和 CAN_FxR1。

（1）过滤器的位宽

每一个过滤器组的位宽都由用户进行独立配置，以满足应用程序的不同需求。根据位宽的不同，每一个过滤器组都提供以下不同位宽的过滤器：

● 一个 32bit 的过滤器，包括 STDID［10:0］、EXTID［17:0］、IDE 和 RTR 位。

● 两个 16bit 的过滤器，包括 STDID［10:0］、IDE、RTR 和 EXTID［17:15］位。

在配置一个过滤器组之前，将其设置为禁用状态。通过 CAN_FAOR 寄存器中的 FACT 标志位设置为 0 来实现该功能。通过 CAN_FS0R 寄存器中的 FSCx 标志位设置过滤器组的位宽，设置 CAN_FMOR 寄存器中的 FBMx 标志位，配置过滤器组标识符列表模式和屏蔽位模式。

（2）过滤器匹配序号

当 CAN 通信模块接收到的报文数据存入 FIFO 后，通过软件的方式来访问。通常，报文中的数据会被赋值到 SRAM 中。为了将数据复制到合适的存储空间，应用程序需要根据报文中的标识符来辨别不同的数据类型。在 STM32 系列 ARM 处理器中，CAN 通信模块提供了过滤器匹配序号以简化辨别的过程。

根据过滤器优先级的规则，过滤器匹配需要和报文一起存入邮箱中。对于标识符列表模式下的过滤器，即非屏蔽方式的过滤器，软件不用直接与标识符进行比较。对于屏蔽模式下的过滤器，软件只参与那些屏蔽位，即对必须匹配的数据位进行比较。

（3）过滤器优先规则

过滤器的联合使用可能出现一个标识符成功通过很多过滤器的情况。此时，存放在接收邮箱的过滤器匹配值按照下面的优先级规则进行选择。

● 32bit 的过滤器优先于 16bit 的过滤器。

● 对于相同比例的过滤器，标识符列表模式的过滤器优先级比标识符屏蔽模式高。

● 对于模式相同的过滤器，编号决定优先级。编号越小的过滤器优先级越高。

5. 报文的存储

在 CAN 通信模块中，数据发送/接收邮箱是软件和硬件与报文之间的相关接口。邮箱中包含了所有与数据报文有关的信息，主要包括标识符、数据、控制、状态和时间戳信息。

在 CAN 通信发送数据的过程中，软件需要在一个空的发送邮箱中完成待发送报文的各种数据信息设置，再发出 CAN 数据发送的请求。发送的状态通过查看 CAN_TSR 寄存器的状态来获取，发送邮箱寄存器的映射见表 7.2。

在 CAN 通信接收数据的过程中，在接收到一个报文后，系统软件可访问接收 FIFO 的输出邮箱进行读取。若系统软件将数据报文成功读取，则会将 CAN_RFxR 寄存器中的 RFOM 标志位设置为 1，用来释放该报文，为后续接收到的报文数据留出存储空间。过滤器匹配序号存放在 CAN_RDTxR 寄存器中的 FMI 数据域中，而 16bit 的时间戳则存放在 CAN_RDTxR 寄存器中的 TIME [15:0] 数据域中。接收的状态由寄存器的状态来获取，接收邮箱寄存器的映射见表 7.3。

表 7.2 发送邮箱寄存器的映射

发送邮箱的基地址偏移量	寄存器名称
0	CAN_TIxR
4	CAN_TDTxR
8	CAN_TDLxR
12	CAN_TDHxR

表 7.3 接收邮箱寄存器的映射

接收邮箱的基地址偏移量	寄存器名称
0	CAN_RIxR
4	CAN_RDTxR
8	CAN_RDLxR
12	CAN_RDHxR

6. 出错管理

根据 CAN 通信协议的描述，出错管理由硬件通过一个发送错误计数器（即 CAN_ESR 寄存器中的 TEC 数据域和一个接收错误计数器）由 CAN_ESR 寄存器中的 REC 数据域进行处理，计数器的数值随通信错误增大或减小。这两个数据域中的状态信息由软件方式进行读取。

此外，CAN_ESR 寄存器还提供了当前错误状态的信息。可设置 CAN_IER 寄存器中的相关标志位，用软件的方式控制出错时系统的中断。

当 TEC 数据域中的数值超过 255 时，CAN 通信模块进入离线状态。同时 CAN_ESR 寄存器中的 BOFF 标志位会被设置为 1。在离线状态下，CAN 通信将无法接收和发送报文数据。

根据 CAN_MCR 寄存器中 ABOM 标志位的状态，CAN 通信会自动或在软件的请求下从离线状态恢复，即由离线状态切换到错误主动状态。这两种不同的 CAN 通信离线恢复操作都要等待一个 CAN 协议标准所描述的恢复过程，即在 CAN_RX 引脚上检测到 128 次 11 个连续的隐性位。

7. CAN 通信中断

在 CAN 通信模块中，系统支持 4 个用于 CAN 通信的中断向量。每个中断源都可以通过 CAN 中断使能寄存器 CANJER，分别进行使能或禁用。

（1）CAN 通信的发送中断可以由以下事件产生

- 发送邮箱 0 变为空，CAN_TSR 寄存器中的 RQCP0 标志位被设置为 1。
- 发送邮箱 1 变为空，CAN_TSR 寄存器中的 RQCP1 标志位被设置为 1。
- 发送邮箱 2 变为空，CAN_TSR 寄存器中的 RQCP2 标志位被设置为 1。

（2）错误和状态变化中断由以下事件产生

- 出错情形。根据 CAN 通信错误状态检测寄存器的状态。

- 唤醒情形。由 CAN_Rx 信号监测到 SOF 信号。
- CAN 通信进入睡眠模式。

[**例 7.2**]　STM32 的 CAN 通信通过 CAN_RX0_INT_ENABLE 宏定义来配置使能中断接收，使能 RX0 中断。

```
#if CAN_RX0_INT_ENABLE
//使能 RX0 中断
//中断服务函数
void USB_LP_CAN1_RX0_IRQHandler(void)
{
CanRxMsg RxMessage;
int i = 0;
CAN_Receive(CAN1, 0, &RxMessage);
for(i = 0; i < 8; i + +)
printf("rxbuf[%d]:%d\r\n", i, RxMessage. Data[i]);
}
#endif
```

8. 寄存器的访问保护

在对 CAN 通信模块的操作过程中，对 CAN 通信模块部分配置寄存器的误访问将会导致硬件对整个 CAN 网络产生暂时性干扰。因此，系统软件只能在 CAN 硬件的初始化模式下修改 CAN_BTR 寄存器中的内容。

虽然发送错误数据不会引起 CAN 网络层的问题，却严重干扰用户对 CAN 模块的应用。软件只能在发送邮箱处于空状态时，才能修改邮箱。

7.4　STM32 的 bxCAN 控制器与实验设计

在 CAN 应用中，CAN 网络的节点在不断增加，并且多个 CAN 通过网关连接起来，除了应用层报文外，网络管理和诊断报文也相继引入，导致 bxCAN 网络中的报文数量急剧增加。因此，应用层任务需要更多 CPU 时间，报文接收所需的实时响应时间会减少。

STM32 至少配备一个 bxCAN 控制器（某些较高级型号配备两个 bxCAN 控制器），其中 bxCAN 是 "Basic Extended CAN" 的缩写。bxCAN 控制器支持 2.0A 和 2.0B 协议，最高数据传输速率可达 1Mbit/s，支持 11 位的标准帧格式和 29 位的拓展帧格式的接收与发送，具备 3 个发送邮箱和两个接收 FIFO，此外还有 3 级可编程滤波器。STM32 的 bxCAN 控制器适应当前 CAN 总线网络应用，其主要特性如下：

1）支持 CAN 协议 2.0A 和 2.0B 主动模式。

2）波特率最高可达 1Mbit/s。

3）支持时间触发通信功能。

4）数据发送特性：具备 3 个发送邮箱；发送报文的优先级可通过软件配置，可记录发送时间的时间戳。

5）数据接收特性：具备 3 级深度的两个接收 FIFO；具备可变的过滤器组；在互联型产

品中，CAN1 和 CAN2 分享 28 个过滤器组，其他 STM32 系列有 14 个过滤器组；具备可编程标识符列表；具有可配置的 FIFO 溢出处理方式；记录接收时刻的时间戳。

6）支持时间触发通信模式：可禁止自动重传；拥有 16 位独立运行定时器；可在最后两个数据字节发送时间戳。

7）报文管理：中断可屏蔽；邮箱占用单独一块地址空间，提高软件效率。

本节的实验设计将利用 STM32 的 bxCAN 控制器循环工作模式，实现 bxCAN 控制器的自收发过程。使用串口设备跟踪及监视数据收发的情况。CAN 通信实验流程图如图 7.3 所示。

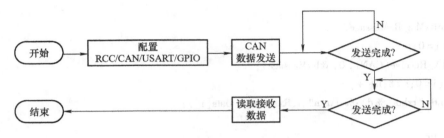

图 7.3　CAN 通信实验流程图

7.4.1　程序设计及初始化配置

关于 CAN 总线的程序设计主要围绕 bxCAN 控制器的初始化配置展开，其要点如下：

1）初始化 RCC 寄存器组，配置 PLL 输出 72MHz 时钟，APB1 总线频率为 36MHz，分别打开 CAN、GPIOA 和 USART1 的设备时钟。

2）设置 CAN 的 Tx 引脚（即 GPIOA.12）为复用推挽模式，并设置 Rx 引脚（即 GPIOA.11）为上拉输入模式。

3）初始化 CAN 控制器寄存器组，其中，CAN 工作模式为环回模式，3 个重要参数的配置：①CAN_InitStructure. CAN_SJW 配置为 CAN_SJW_1tq；②CAN_InitStructure. CAN_BS1 配置为 CAN_SJW_8tq；③CAN_InitStructure. CAN_BS2 配置为 CAN_SJW_7tq。

最后分频数配置为 5，配置接收缓冲标识符为 0x00AA0000，配置过滤器为 32 位屏蔽位模式，过滤器屏蔽标识符为 0x00FF0000。

4）初始化 USART 设备。

5）使用拓展数据帧格式发送数据，ID 为 0xAA，数据长度为 8。

STM32 的 CAN 控制器程序设计的重点集中在 CAN 寄存器组的初始化过程中。而 CAN 初始化的重点在于波特率的计算、过滤器的设置和位时序的配置，下面做详细叙述。

（1）CAN 波特率的计算

波特率是 CAN 总线的主要参数之一，STM32 的 CAN 波特率的计算公式如下：

$$波特率 = \frac{1}{正常的位时间} \tag{7-1}$$

式中，正常的位时间 $= 1 \times t_q + t_{BS1} + t_{BS2}$，$t_q =$ CAN 的分频数 $\times t_{plck}$，$t_{plck} =$ APB1 的时钟周期。

三个重要参数是 CAN 总线物理层中所要求的位时序，共三个阶段，分别为 SJW、BS1 和 BS2 阶段（其中，SJW 为重新同步跳跃阶段，BS1 为时间段 1，BS2 为时间段 2），这三个阶段的时间是以长度为 4 的时间单元为单位的。可逐步计算出 CAN 的波特率。

1）$t_q = $ CAN 的分频数 $\times t_{plck}$，其中 t_{plek} 为 APB1 总线的时钟周期。CAN 位于 STM32 的 APB1 总线，要点中要求将其频率配置为 36MHz，同时要求 CAN 的分频数为 5，因此可得：

$$t_q = \text{CAN 的分频数} \times t_{plck} = 5 \times 1/36\text{MHz} \tag{7-2}$$

2）要点中要求将 BS1 时间段设置为 $8t_q$，将 BS2 时间段设置为 $7t_q$，得到 BS1 和 BS2 的长度分别为：

$$t_{BS1} = 8t_q = 5 \times 1 \times 8/36\text{MHz} \tag{7-3}$$

$$t_{BS2} = 7t_q = 5 \times 1 \times 7/36\text{MHz} \tag{7-4}$$

所以

$$\text{正常的位时间} = 1 \times t_q + t_{BS1} + t_{BS2} = (5 + 40 + 35)/36\text{MHz} \tag{7-5}$$

3）最后就可以计算出波特率：

$$\text{波特率} = \frac{1}{\text{正常的位时间}} = 36\text{MHz}/80 = 450\text{kbit/s} \tag{7-6}$$

4）要点提示中所要求的参数实际上将 CAN 的波特率设置为 450kbit/s。

（2）过滤器的设置

CAN 总线没有所谓"地址"的概念，总线上的每个报文都可以被各个节点接收，这是一种典型的广播式网络。但实际应用中，某个节点往往只希望接收到特定类型的数据，需借助过滤器来实现。过滤器的作用就是把节点不希望接收到的数据过滤掉，只将希望接收到的数据给予通行。STM32 的 CAN 控制器提供 14 个过滤器（互联型的 STM32 提供 28 个），能以屏蔽位模式和列表模式对 CAN 总线上的报文进行过滤。当节点希望接收到一组报文时，则过滤器应该配置为屏蔽位模式；当节点希望接收到单一类型报文时，则过滤器应配置为列表模式。本节程序中使用了 32 位的屏蔽位模式，下面仅对这种模式进行解析。

CAN 控制器的每个过滤器都有一个寄存器，简称为屏蔽寄存器。其中，标识符寄存器的每一位都与屏蔽寄存器的每一位所对应，也对应着 CAN 标准数据帧中的标识符段，bxCAN 单元过滤器组成详情如图 7.4 所示。

标识符寄存器	[31:24]	[23:16]	[15:8]	[7:0]			
屏蔽寄存器	[31:24]	[23:16]	[15:8]	[7:0]			

数据标识符段	STID [10:3]	STID [2:0]	EXID [17:13]	EXID [12:5]	EXID [4:0]	IDE	RTR	0

图 7.4　bxCAN 单元过滤器组成详情

重点在于过屏蔽寄存器的作用。当过滤器工作在屏蔽位模式下时，屏蔽寄存器被置为 1 的每一位都要求 CAN 接收到的数据帧标识符段应和对应的接收缓冲标识符位相同，否则予以滤除。以本节程序为例，要求将节点接收缓冲标识符配置为 0x00AA0000，过滤器屏蔽标识符（也即屏蔽寄存器的内容）为 0x00FF0000，bxCAN 单元过滤器配置如图 7.5 所示。

该节点接收到的数据帧标识符段的位 [23:16] 应和接收缓冲标识符中的位

标识符寄存器	[31:24]		0xAA	[15:8]		[7:0]		
屏蔽寄存器	[31:24]		0xFF	[15:8]		[7:0]		

数据标识符段	STID [10:3]	STID [2:0]	EXID [17:13]	EXID [12:5]	EXID [4:0]	IDE	RTR	0

图 7.5 bxCAN 单元过滤器配置

[23:16] 匹配，否则予以滤除。若余下的位 [31:24]、位 [15:0] 不匹配，则该数据帧仍然不会被滤除。对于本程序，CAN 接口仅接收标识符段的位 [23:16] 为 0xAA 的数据帧。

(3) 位时序配置

根据 CAN 总线物理层的要求，CAN 总线的波特率和传输距离成反比关系，如传输距离变化时，按位时序来调整 CAN 总线波特率。而 CAN 总线位时序的计算较繁杂，在此给出参考组合（仅针对 STM32 硬件平台），CAN 总线的波特率和传输距离的关系见表 7.4，STM32 的 CAN 波特率和位时序的配置关系见表 7.5。

表 7.4 CAN 总线的波特率和传输距离的关系

波特率/(kbit/s)	1000	500	250	125	100	50	20	10
距离/m	40	130	270	530	620	1300	3300	6700

表 7.5 STM32 的 CAN 波特率和位时序的配置关系

APB1 总线时钟	CAN 波特率	参数
36MHz	≤500kbit/s	CAN_InitStructure. CAN_SJW = CAN_SJW_1tq CAN_InitStructure. CAN_BS1 = CAN_SJW_8tq CAN_InitStructure. CAN_BS2 = CAN_SJW_7tq
	>500kbit/s	CAN_InitStructure. CAN_SJW = CAN_SJW_1tq CAN_InitStructure. CAN_BS1 = CAN_SJW_13tq CAN_InitStructure. CAN_BS2 = CAN_SJW_7tq
	≥800kbit/s	CAN_InitStructure. CAN_SJW = CAN_SJW_1tq CAN_InitStructure. CAN_BS1 = CAN_SJW_5tq CAN_InitStructure. CAN_BS2 = CAN_SJW_2tq

7.4.2 实验程序清单

```
/*========== 头文件 ====================*/
# include "stm32f10x_lib. h"
# include "stdio. h"
/*========== 自定义同义关键字 ===========*/
/*========== 自定义参数宏 ================*/
/*========== 自定义函数宏 ================*/
```

```
/ *========== 自定义全局变量 =============*/
/ *========== 自定义函数声明 =============*/
void RCC_Configuration(void);
void GPIO_Configuration(void);
void CAN_Configuration(void);
void USART_Configurationt(void);

/ *====================================
    函数名:main
    函数描述:main()函数
    输入参数:无
    输出结果:无
    返回值:无

    ====================================*/

int main(void)
{
        u8 TransmitMailbox = 0;       / *定义消息发送状态变量*/
        CanTxMsg TxMessage;           / *定义消息发送结构体*/
        CanRxMsg RxMessage;           / *定义消息接收结构体*/
        RCC_Configurationf();         / *设置系统时钟*/
        GPIO_Configuration();         / *设置 GPIO 接口*/
        USART_Configuration();        / *设置 USART*/
        CAN_Configuration();          / *设置 CAN 控制器*/

    / *配置发送数据结构体,标准 ID 格式,ID 为 0xAA,类型为数据帧,
    数据长度为 8B*/
    TxMessage. ExtId = 0x00AA0000;
    TxMessage. RTR = CAN_RTR_DATA;
    TxMessage. DLC = 8;
    TxMessage. Data[0] = 0x00;
    TxMessage. Data[1] = 0x12;
    TxMessage. Data[2] = 0x34;
    TxMessage. Data[3] = 0x56;
    TxMessage. Data[4] = 0x78;
    TxMessage. Data[5] = 0xAB;
    TxMessage. Data[6] = 0xCD;
    TxMessage. Data[7] = 0xEF;
    / * 发送数据 */
    TransmitMailbox = CAN_Transmit(CANx,&TxMessage);
    / * 等待发送完成 */
    while((CAN_TransmitStatus(CANx,TransmitMailbox) != CANTXOK));
    printf ( " \r\nThe CAN has send data:0x % x, 0x % x, 0x % x, 0x % x, 0x % x, 0x % x,0x% x,
        0x% x\r\n",
        TxMessage. Data[0], TxMessage. Data[1], TxMessage. Data[2],
```

```
                    TxMessage. Data[3], TxMessage. Data[4], TxMessage. Data[5],
                    TxMessage. Data[6], TxMessage. Data[7]);
        /* 等待接收完成 */
        while((CAN_MessagePending(CANx,CAN_FIFO0) ==0));
        /* 初始化接收数据结构体 */
        RxMessage. ExtId = 0x00;
        RxMessage. IDE = CAN_ID_EXT;
        Rrilessage. DLC = 0;
        RxMessage. Data[0] = 0x00;
        RxMessage. Data[1] = 0x00;
        RxMessage. Data[2] = 0x00;
        RxMessage. Data[3] = 0x00;
        RxMessage. Data[4] = 0x00;
        RxMessage. Data[5] = 0x00;
        RxMessage. Data[6] = 0x00;
        RxMessage. Data[7] = 0x00;
        / * 接收数据 * /
        CAN_Receive( CAN_FIFO0. SRxMessage);
        printf ("\r\nThe CAN has receive data:0x %x,0x %x,0x %x,0x %x,0x %x,0x %x,0x %x,0x %x\r\ n",
                RxMessage. Data[0], RxMessage. Data[1],RxMessage. Data[2],
                RxMessage. Data[3], RxMessage. Data[4], RxMessage. Data[5],
                RxMessage. Data[6], RxMessage. Data[7]);
        while(1);
}

    /*=================================
    函数名:RCC_Configuration
    函数描述:设置系统各部分时钟
    输入参数:无
    输出结果:无
    返回值:无

    ================================*/

void RCC_Configuration(void)
{
    /* 打开 GPIOA、USART1 时钟 */
    RCC_APB2PeriphClockCmd( RCC_APB2Periph_GPIOA|RCC_APB2Periph_USART1, ENABLE);
    /* 打开 CAN 时钟 */
    RCC. APB1PeriphClockCmd( RCC_APB1Periph_CAN, ENABLE);
}

    /*=================================
    函数名:GPIO_Configuration
    函数描述:设置各 GPIO 接口功能
    输入参数:无
```

输出结果:无

返回值:无

```
=================================*/
void GPIO_Configuration( void)
{
    /* 定义 GPIO 初始化结构体 GPIO_InitStructure   */
    GPIO_InitTypeDef GPIO_InitStructure;
    /* 设置 CAN 的 Rx(PA.11)引脚 */
    GPIO_InitStructure. GPIO_Pin = GPIO_Pin_11 ;
    GPIO_InitStructure. GPIO_Mode = GPIO_Mode_IPU;
    GPIO_Init( GPIOA, &GPIO_InitStructure) ;
    /* 设置 CAN 的 Tx(PA.12)引脚 */
    GPIO_InitStructure. GPIO_Pin = GPIO_Pin_12;
    GPIO_InitStructure. GPIO_Speed = GPIO_Speed_50MHz;
    GPIO_InitStructure. GPIO_Mode = GPIO_Mode_AF_PPI;
    GPIO_Init( GPIOA, &GPIO_InitStructure) ;
    /* 设置 USART1 的 Tx 脚(PA.9)为第 2 功能推挽输出功能脚 */
    GPIO_InitStructure. GPIO_Pin = GPIO_Pin_9;
    GPIO_InitStructure. GPIO_Mode = GPIO_Mode_AF_PP;
    GPIO_InitStructure. GPIO_Speed = GPIO_Speed_50MHz;
    GPIO_Init( GPIOA, &GPIO_InitStructure) ;
    /* 设置 USART1 的 Rx 脚(PA.10)为浮空输入脚 */
    GPIO_InitStructure. GPIO_Pin = GPIO_Pin_10 ;
    GPIO_InitStructure. GPIO_Mode = GPIO_Mode_IN_FLOATING;
    GPIO_Init( GPIOA , &GPIO_InitStructure) ;
}

/*=================================
    函数名:CAN_Polling
    函数描述:设置 CAN 为环回收发模式
    输入参数:无
    输出结果:无
    返回值:无

=================================*/
void CAN_Configuration( void)
{
    /* 定义 CAN 控制器和过滤器初始化结构体 */
    CAN_InitTypeDefCAN_InitStructure;
    CANFilterInitTypeDef CAN_FilterInitStructure;
    /* CAN 寄存器复位 */
    CAN_DeInit( CANx) ;
    CAN_StructInit( &CAN_InitStructure) ;
    /* CAN 控制器初始化:
```

```
    * 失能时间触发通信模式;
    * 失能自动离线管理;
    * 失能自动唤醒模式;
    * 失能非自动重传输模式;
    * 失能接收 FIFO 锁定模式;
    * 失能发送 FIFO 优先级;
    * CAN 硬件工作在环回模式;
    * 重新同步跳跃宽度为 1 个时间单位;
    * 时间段 1 为 8 个时间单位;
    * 时间段 2 为 7 个时间单位;
    * 分频数为 5 */
    CAN_InitStructure. CAN_TTCM = DISABLE;
    CAN_InitStructure. CAN_ABOM = DISABLE;
    CAN_InitStructure. CAN_AWUM = DISABLE;
    CAN_InitStructure. CAN_NART = DISABLE;
    CAN_InitStructure. CAN_RFLM = DISABLE;
    CAN_InitStructure. CAN_TXFP = DISABLE;
    CAN_InitStructure. CAN_Mode = CAN_Mode_LoopBack ;
    CAN_InitStructure. CAN_SJW = CAN_SJW_1tq;
    CAN_InitStructure. CAN_BS1 = CAN_BS1_8tq;
    CAN_InitStructure. CAN_BS2 = CAN_BS2_7tq;
    CAN_initStructure. CAN_Prescaler = 5;
    CAN_Init( CANx ,& CAN _InitStructure) ;
    /* CAN 过滤器初始化:
    * 初始化过滤群 0;
    * 标识符屏蔽位模式;
    * 使用 1 个 32 位过滤器;
    * 过滤器标识符为 0x00AA0000;
    * 过滤器屏蔽标识符为 0x00FF0000;
    * 过滤 FIFO0 指向过滤器 0;
    * 使能过滤器 */
    CAN_FilterInitStructure. CAN_FilterNunber = 0;
    CAN_FilterInitStructure. CAN_FilterMode = CAN_FilterHode_IdHask;
    CAN_FilterInitStructure. CAN_FilterScale = CAN_FilterScale_32bit;
    CAN_FilterInitStructure. CAN_FilterIdHigh = 0x00AA < < 3 ;
    CAN_FilterInitStructure. CAN_FilterIdLow = 0x0000;
    CAN_FilterInitStructure. CAN_FilterMaskIdHigh = 0x00FF <<3;
    CAN_FilterInitStructure. CAN_FilterMaskIdLow = 0x0000;
    CAN_FilterInitStructure. CAN_FilterFIFOAssignment = 0;
    CAN_FilterInitStructure. CAN_FilterActivation = ENABLE;
  }
```

7.5 基于 CAN 通信的车载电动机控温实验

在新能源锂电池动力汽车中，整车的动力主要是由车载锂电池的功率输出。当电动机处于大负荷甚至满负荷工作状态时，如爬坡、加速等，电池处于大电流放电工作状态，此时动力电池的温度会急剧上升。为了降低电动机的工作温度，使电动机的工作温度能维持在一个安全的范围内，使用风扇对电池进行降温处理，这个控制过程由STM32 系列单片机控制继电器来实现。CAN 控制结构如图 7.6 所示。

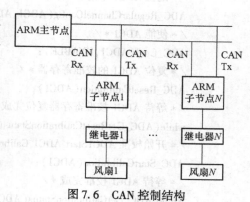

图 7.6　CAN 控制结构

程序代码如下：

```
/*========= 基于 CAN 通信的车载电动机控温实验 =============*/
#include "stm32f10x_lib.h"   //STM32 固件函数库
/*用户自定义变量*/
vu32 ret;
volatile TestStatus TestRx;
ADC_InitTypeDef ADC_InitStructure;
vu16 ADC_ConverteValue;
ErrorStatus HSEStartUpStatus;
/*用户自定义函数*/
void RCC_Configuration(void);
void GPIO_Configuration(void);
void NVIC_Configuration(void);
Extern TestStatus vSendToCanBus(vu16 data);
/*主函数*/
void main(void)
{
    #ifdef DEBUG
        Debug();
    #endif
    RCC_Configuration();   //系统 RCC 时钟配置
    NVIC_Configuration();  //系统中断向量 NVIC 配置
    GPIO_Configuration();  //系统 GPIO 接口引脚配置
    /*配置 ADC1*/
    ADC_InitStructure.ADC_Mode = ADC_Mode_Independent;
    ADC_InitStructure.ADC_ScanConvMode = ENABLE;
    ADC_InitStructure.ADC_ContinuousConvMode = ENABLE;
    ADC_InitStructure.ADC_ExternalTrigConv = ADC_ExternalTrigConv_None;
    ADC_InitStructure.ADC_DataAlign = ADC_DataAlign_Right;
```

```
ADC_InitStructure. ADC_NbrOfChannel = 1;
ADC_Init(ADC1,& ADC_InitStructure);
/* 配置 ADC1 中的 11 通道 */
ADC_RegularChannelConfig(ADC1,ADC_Channel_11,1,ADC_SampleTime_55Cycles5);
/* 使能 ADC1 */
ADC_Cmd(ADC1,ENABLE);
/* 复位 ADC1 的校准寄存器 */
ADC_ResetCalibration(ADC1);
/* 等待 ADC1 校准寄存器复位完成 */
while(ADC_GetResetCalibrationStatus(ADC1));
/* 开始校准 ADC1Start ADC1 Calibration */
ADC_StartCalibration(ADC1);
/* 等待 ADC1 校准完成 */
while(ADC_GetCalibrationStatus(ADC1));
/* 以软件的方式触发 ADC1 进行交换 */
ADC_SoftwareStartConvCmd(ADC1,ENABLE);
/* 系统大循环开始 */
while (1){
    /* 读取 ADC1 的转换结果并保存在变量 AD_value 中 */
    AD_value = ADC_GetConversionValue(ADC1);
    /* 如果检测到的温度过高,则 CAN 总线发送警告指令 */
    if(AD_value > =0x7FF)
    {
        /* 发送温度过高警告指令至 CAN 总线 */
        TestRx = vSendCanBus(TempHigh);
    }
}
}
```

综上所述,本例题的代码可实现对动力电池的温度进行实时检测。在温度超过警戒线时,向 CAN 总线发送温度报警指令,以启动风扇。在 CAN 总线的另外一个通信节点上,STM32 处理器通过 CAN 通信接口接收总线上的数据,在接收到温度报警指令后,启动风扇冷却。

本 章 小 结

本章描述了 STM32 CAN 总线的相关内容,分别对 CAN 总线的概念、特点、功能、运行模式及相关功能描述进行介绍,并对 STM32 的 bxCAN 控制器与实验设计进行介绍,还介绍了基于 CAN 通信的车载电动机控温实验。

在 STM32 系列处理器中,CAN(控制器局域网)接口兼容 2.0A 和 2.0B(主动),速率可达 1MB/s。该数据通信接口可用小的 CPU 资源来管理传输大量的报文。通过软件配置优先级,CAN 通信可满足传输报文的优先级配置。

CAN 总线：CAN 是一个 ISO（国际标准化组织）串行通信协议。

CAN 总线的网络拓扑结构：CAN 总线的物理连接只需要两条线，常称为 CAN_H 和 CAN_L，通过差分信号进行数据的传输。CAN 总线有两种电平，分别为隐性电平和显性电平。

CAN 总线数据帧：CAN 总线协议规定了 5 种帧，分别是数据帧、遥控帧、错误帧、过载帧以及帧间隔，数据帧的应用最为频繁。

CAN 总线的特点：CAN 总线网络是一种多主机网络，在总线处于空闲状态时，任何一个节点单元都可以申请成为主机，向总线发送消息。

CAN 总线的通信速率和总线长度有关，在总线长度小于 40m 的场合中，数据传输速率可以达到 1Mbit/s；总线长度增加至 1000m 时，数据传输速率仍可达到 50kbit/s。

CAN 的运行模式：在 STM32 系列处理器中，CAN 通信具有 3 个主要工作模式，即初始化模式、正常模式和睡眠模式。

CAN 的功能描述：STM32 的 CAN 通信模块可实现数据报文在 CAN 网络中的发送和接收功能，还可以实现对数据报文的滤波功能等。CAN 通信模块的功能包括发送处理、时间触发通信模式、接收处理、标识符过滤、报文的存储、出错管理、CAN 通信中断、寄存器的访问保护等。

本 章 习 题

1. bxCAN 主要有几种工作模式？分别有什么特点？
2. CAN 是如何发送报文的？
3. bxCAN 发送中断可由哪些事件产生？
4. 简述 CAN 总线过滤器的优先级规则。
5. 时间触发通信模式有什么特点？

第8章 STM32硬件和实用程序

内容提要 本章介绍数码管、74HC595、光电隔离、晶体管阵列、ATK－ESP8266、WiFi、ATT7022B电能芯片和TEA1622P通用开关电源芯片等部分常见的硬件。实验及程序包括I/O接口、温湿度数据采集、TFT－LCD液晶显示、频率及相位角测量、自动控制液位等。

8.1 常用集成块及元器件介绍

8.1.1 数码管公共端和接法

1. 单个数码管

单个数码管结构示意图如图8.1所示，单个数码管一般有10个引脚，其中有两个是公共端。一般是正中间相对的两个引脚或者小数点端两头的两个引脚是公共端，用万用表来检测。其判断方法为先把万用表调在发光二极管档位，红黑表笔短接，然后红黑表笔分别接正中间相对的两个引脚或小数点端两头的两个引脚，短接的两个引脚即为公共端。共阴极和共阳极的判断：先把黑表笔放在公共引脚上，用红表笔接其他引脚，如果段码点亮则表示是共阴极接法，将红表笔放在公共端，段码点亮则表示共阳极接法。

2. 共阳高亮数码管

共阳高亮数码管（4个数码管集成在一起）如图8.2所示，共阳高亮数码管有12个引脚，其中4个是位码，剩余8个为段码。首先要判断出4个位码（判断位码的同时，共阴极接法还是共阳极接法也可以判断出来），用万用表来检测。其判断方法为先把万用表调在发光二极管档位，用红黑表笔短接，然后黑笔接某一引脚不变，用红笔一一试接其他引脚，若有几个都能点亮，则表明黑笔所接引脚表示是一个位码，并且此接法为共阴极接法。共阳极接法的判断为红笔接某一引脚不变，用黑笔一一试接其他引脚，若有几个都能点亮，则表明红笔所接引脚为一个位码，且为共阳极接法。共阳极的位码为高电平时才能点亮数码管。

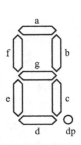

图8.1 单个数码管结构示意图

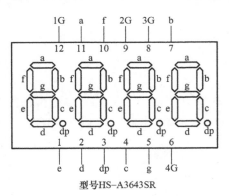

型号HS–A3643SR

图8.2 共阳高亮数码管

3. LED 显示器分类

7 段 LED 显示器有两大类：一类是共阴极接法（8 个 LED 的阴极连在一起），如图 8.3 所示；另一类是共阳极接法（8 个 LED 的阳极连在一起），如图 8.4 所示。

8.1.2　74HC595 描述

74HC595 芯片是一种串入并出的芯片，在电子显示屏制作当中有广泛的应用。74HC595 具有 8 位移位寄存器和一个存储器，并具有三态输出功能。移位寄存器的时钟是 SH_CP，存储器的时钟是 ST_CP。数据在 SH_CP 的上升沿输入，在 ST_CP 的上升沿进入存储器中去。如果两个时钟连在一起，则移位寄存器总是比存储器早一个脉冲。移位寄存器有一个串行移位输入（DS）、一个串行输出（Q7′）和一个异步的低电平复位，存储器有一个并行 8 位的具备三态的总线输出，当使能 OE 时（为低电平），存储器的数据输出到总线。74HC595 的封装如图 8.5 所示。

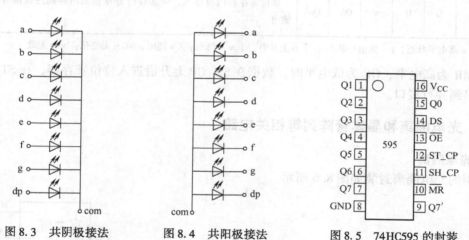

图 8.3　共阴极接法　　　图 8.4　共阳极接法　　　图 8.5　74HC595 的封装

74HC595 的主要特点：

1）8 位串行输入、8 位串行或并行输出、具有存储状态寄存器、具有 3 种状态、输出寄存器可以直接清除、具有 100MHz 的移位频率。

2）74HC595 的输出能力：①并行输出，总线驱动；②串行输出。74HC595 引脚说明见表 8.1，74HC595 功能说明见表 8.2。

表 8.1　74HC595 引脚说明

符　号	引脚	描　　述	符　号	引脚	描　　述
Q0 ~ Q7	15，1 ~ 7	并行数据输出	SH_CP	11	移位寄存器时钟输入
GND，V_{CC}	8、16	地，电源	ST_CP	12	存储寄存器时钟输入
Q7′	9	串行数据输出	$\overline{OE}$	13	输出有效（低电平）
$\overline{MR}$	10	主复位（低电平）	DS	14	串行数据输入

表 8.2　74HC595 功能说明

输入					输出		功　　能
SH_CP	ST_CP	$\overline{OE}$	$\overline{MR}$	DS	Q7′	QS	
×	×	L	↓	×	L	NC	MR 为低电平时仅影响移位寄存器
×	↑	L	L	×	L	L	空移位寄存器到输出寄存器
×	×	H	L	×	L	Z	清空移位寄存器，并行输出为高阻状态
↑	×	L	H	H	Q6′	NC	逻辑高电平移入移位寄存器状态 0，包含所有的移位寄存器状态移入，例如，以前的状态 6（内部 Q6′）出现在串行输出位
×	↑	L	H	×	NC	Qn′	移位寄存器的内容到达保持寄存器且从并口输出
↑	↑	L	H	×	Q6′	Qn′	移位寄存器内容移入，先前移位寄存器的内容到达保持寄存器并输出

注：H = 高电平状态；L = 低电平状态 ；↑ = 上升沿；↓ = 下降沿；Z = 高阻；NC = 无变化；× = 无效

当 MR 为高电平，OE 为低电平时，数据在 SH_CP 上升沿进入移位寄存器，在 ST_CP 上升沿输出到并行接口。

8.1.3　光电隔离和晶体管阵列等相关电路

1. 光电隔离

常用的光电隔离封装如图 8.6 所示。

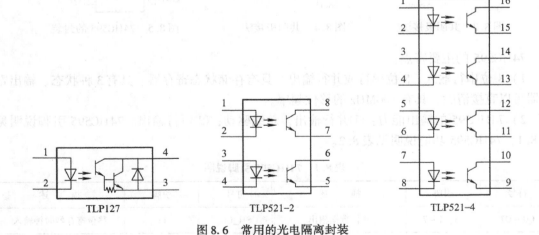

图 8.6　常用的光电隔离封装

2. 晶体管阵列内部原理图

ULN2800A 晶体管阵列引脚如图 8.7 所示，ULN2003A 晶体管阵列引脚如图 8.8 所示。图 8.9 是 ULN2803 晶体管阵列内部原理图。晶体管阵列的元器件型号选型见表 8.3。

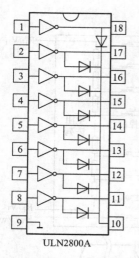

图 8.7　ULN2800A 晶体管
阵列引脚

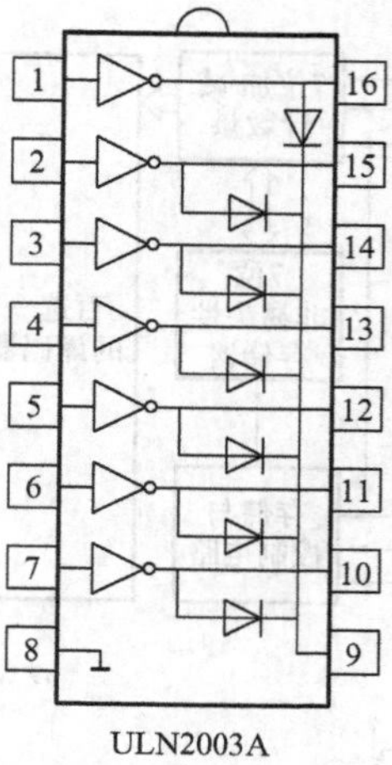

ULN2003A

图 8.8　ULN2003A 晶体管
阵列引脚

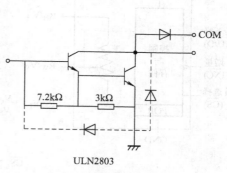

ULN2803

图 8.9　ULN2803 晶体管
阵列内部原理图

表 8.3　晶体管阵列的元器件型号选型

$V_{CE(MAX)}$　$I_{C(MAX)}$	50V 500mA	50V 600mA	95V 500mA	50V 500mA	50V 600mA	95V 500mA
PMOS，COMS 适用	型　　号			型　　号		
电压范围，控制方式	ULN－2001A	ULN－2011A	ULN－2021A	ULN－2801A	ULN－2811A	ULN－2821A
14～25V PMOS	ULN－2002A	ULN－2012A	ULN－2022A	ULN－2802A	ULN－2812A	ULN－2822A
5V TTL，COMS	ULN－2003A	ULN－2013A	ULN－2023A	ULN－2803A	ULN－2813A	ULN－2823A
6～15V PMOS，COMS	ULN－2004A	ULN－2014A	ULN－2024A	ULN－2804A	ULN－2814A	ULN－2824A
高电平控制输出 TTL	ULN－2005A	ULN－2015A	ULN－2025A	ULN－2805A	ULN－2815A	ULN－2825A

3. 数字电位器

　　CAT5113 半导体集成电路通过一组数控模拟开关来控制阻值的改变，由于其无机械触点、寿命长，广泛应用于音频/视频设备和数字系统中。数字电位器封装、内部结构和应用时序图如图 8.10 所示。

　　数字电位器引脚及功能说明见表 8.4。

表 8.4　数字电位器引脚及功能说明

引脚名	功能描述
$\overline{INC}$	增量控制
$U/\overline{D}$	当该引脚电位为 1 时，为 UP，电位器 R_W↑；为 0 时，为 DOWN，电位器 R_W↓
R_H	电位器最大阻值
GND	地
R_W	电位器中心抽头阻值
R_L	电位器最小阻值
$\overline{CS}$	片选
V_{CC}	供电电压

141

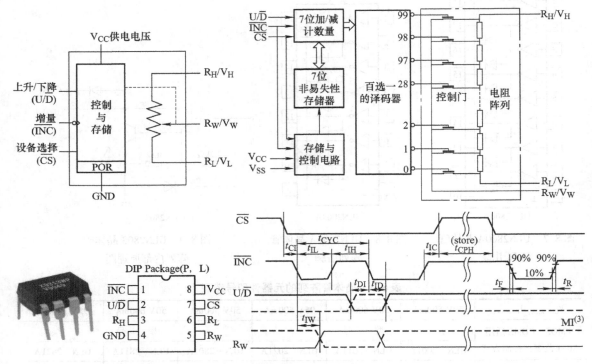

图 8.10 数字电位器封装、内部结构和应用时序图

4. MAX232 芯片及接口电路

MAX232 芯片是 MAXIM 公司生产的、包含两路接收器和驱动器的 IC 芯片，适用于各种 RS－232 和 V.28/V.24 的通信接口。MAX232 芯片内部有一个电源电压转换器，可以把输入的 5V 电源电压转换成 RS－232 输出电平所需的 ±10V 电压。所以，采用此芯片接口的串行通信系统只需单一的 5V 电源就行了。对于没有 ±12V 电源的场合，其适应性更强。其价格适中、硬件接口简单，被广泛采用。

MAX220/MAX232/MAX232A 引脚分配及应用电路如图 8.11 所示。

5. RS－485/RS－422 接口芯片

MAX481E/MAX488E 是低电源（只有 5V）RS－485/RS－422 收发器。每一个芯片内都含有一个驱动器和一个接收器，采用 8 脚 DIP/SO 封装。除了上述两种芯片外，与 MAX481E 相同的系列芯片还有 MAX483E/MAX485E/MAX487E/MAX1487E 等，与 MAX488E 相同的有 MAX490E。这两种系列芯片的主要区别是前者为半双工，后者为全双工。MAX481E/MAX488E 结构及引脚分配如图 8.12 所示。

图 8.13 为 MAX481E/MAX488E 连接电路图。从图中可以看出，两种电路的共同点是都有一个接收输出端 RO 和一个驱动输入端 DI。不同的是，图 8.12a 只有两条信号线，即 A 和 B。A 为同相接收器输入和同相驱动器输出，B 为反相接收器输入和反相驱动器输出。而在图 8.12b 中，由于是双工的，所以信号线分开，为 A、B、Z、Y。这两种芯片由于内部都

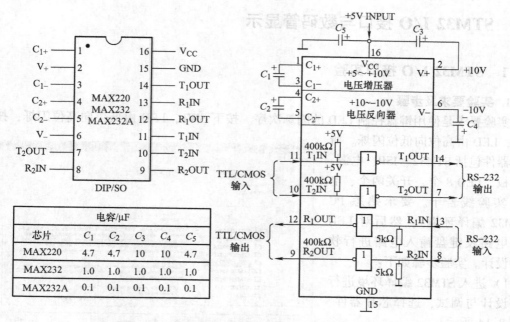

图 8.11 MAX220/MAX232/MAX232A 引脚分配及应用电路

电容/μF					
芯片	C_1	C_2	C_3	C_4	C_5
MAX220	4.7	4.7	10	10	4.7
MAX232	1.0	1.0	1.0	1.0	1.0
MAX232A	0.1	0.1	0.1	0.1	0.1

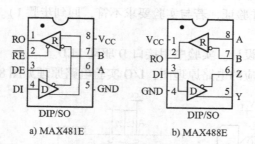

a) MAX481E   b) MAX488E

图 8.12 MAX481E/MAX488E 结构及引脚分配

含有接收器和驱动器,所以每个站只用一片即可完成收发任务。MAX481E/MAX488E 连接电路如图 8.13 所示。

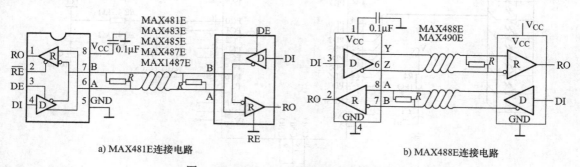

a) MAX481E 连接电路   b) MAX488E 连接电路

图 8.13 MAX481E/MAX488E 连接电路

8.2　STM32 I/O 接口与数码管显示

8.2.1　STM32 I/O 接口实验

1. 实验要求及步骤

实验要求是使用键盘控制 LED 的闪烁次序。按下 SW1，LED 由低位向高位闪烁；按下 SW2，LED 由高位向低位闪烁。所用元器件包括 STM32、ISP、电源、面包板、LED 8 个、开关两个、电阻及实验线若干。要求熟悉 PC（STM32 编译环境），然后对 LED 显示电路及键盘输入电路进行软硬件设计。实验步骤如下：

1）进入 STM32 编译环境进行程序设计与调试，选择芯片器件，如图 8.14 所示。

2）按编程时设定的接口进行原理图的绘制及电路板的制作。

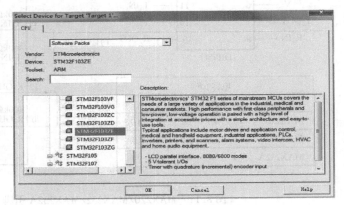

图 8.14　选择芯片器件

3）用 ISP 下载程序并验证，若与实验要求不符，回到步骤 1）。

2. 实验过程

1）进入 STM32 程序设计。实验中用接口 D 驱动 LED。

2）绘制 STM32 和相应的电路原理图，I/O 实验电路原理如图 8.15 所示。

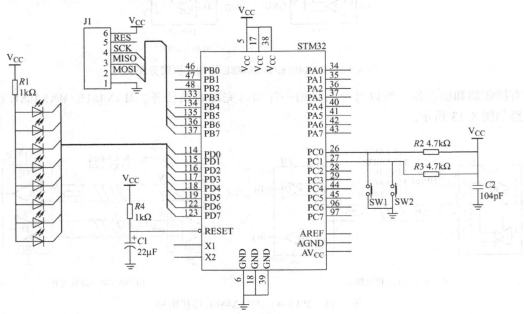

图 8.15　I/O 实验电路原理

144

3）下载程序并验证。

3. 控制 I/O 的源程序（逐位方式）

在 led. h 函数里面编写如下代码：

```
#ifndef _led_H
#define _led_H
#include "system. h"
/ * LED 时钟接口、引脚定义 */
#define LED_PORT    GPIOD
#define LED_PIN
(GPIO_Pin_0|GPIO_Pin_1|GPIO_Pin_2|GPIO_Pin_3|GPIO_Pin_4|GPIO_Pin_5|GPIO_Pin_6|GPIO_Pin_7)
#define LED_PORT_RCC    RCC_APB2Periph_GPIOD
#define LED0 PDout(0)
#define LED1 PDout(1)
#define LED2 PDout(2)
#define LED3 PDout(3)
#define LED4 PDout(4)
#define LED5 PDout(5)
#define LED6 PDout(6)
#define LED7 PDout(7)
void LED_Init(void);
```

在 led. c 函数里面编写如下代码：

```
#include "led. h"
//初始化 PD0 ~ 7 接口时钟
//LED I/O 初始化
void LED_Init()
  {
GPIO_InitTypeDef GPIO_InitStructure;                    //定义结构体变量
    RCC_APB2PeriphClockCmd( RCC_APB2Periph_GPIOC,ENABLE);
    RCC_APB2PeriphClockCmd( RCC_APB2Periph_GPIOB,ENABLE);
    GPIO_InitStructure. GPIO_Pin = LED_PIN;              //选择要设置的 I/O 接口
    GPIO_InitStructure. GPIO_Mode = GPIO_Mode_Out_PP;    //设置推挽输出模式
    GPIO_InitStructure. GPIO_Speed = GPIO_Speed_50MHz;   //设置传输频率
    GPIO_Init( GPIOD,&GPIO_InitStructure);               / * 初始化 GPIO */
    GPIO_SetBits( GPIOD,LED_PIN);                        //将 LED 接口拉高,熄灭所有 LED
  }
```

在 main 函数里面编写如下代码：

```
#include "led. h"
#include "delay. h"
#include "key. h"
#include "sys. h"
```

145

```
nt main( void)
{
delay_init( );
//延时函数初始化
ED_Init( );
//初始化与 LED 连接的硬件接口
while(1)                    //循环点亮 LED0～LED7
{
key = KEY_Scan(0);         //得到键值
    if(key)
        {
        switch(key)
            {
            case SW1:          //按下 SW1,由低位向高位闪烁
                LED0 = 0; LED1 = 1; LED2 = 1;LED3 = 1;LED4 = 1;LED5 = 1;LED6 = 1;LED7 = 1;//LED0 亮
                delay_ms(300);   //延时 300ms
                LED0 = 1; LED1 = 0; LED2 = 1;LED3 = 1;LED4 = 1;LED5 = 1;LED6 = 1;LED7 = 1;//LED1 亮
                delay_ms(300);   //延时 300ms
                LED0 = 1; LED1 = 1; LED2 = 0;LED3 = 1;LED4 = 1;LED5 = 1;LED6 = 1;LED7 = 1;//LED2 亮
                delay_ms(300);   //延时 300ms
                LED0 = 1; LED1 = 1; LED2 = 1;LED3 = 0;LED4 = 1;LED5 = 1;LED6 = 1;LED7 = 1;//LED3 亮
                delay_ms(300);   //延时 300ms
                LED0 = 1; LED1 = 1; LED2 = 1;LED3 = 1;LED4 = 0;LED5 = 1;LED6 = 1;LED7 = 1;//LED4 亮
                delay_ms(300);   //延时 300ms
                LED0 = 1; LED1 = 1; LED2 = 1;LED3 = 1;LED4 = 1;LED5 = 0;LED6 = 1;LED7 = 1;//LED5 亮
                delay_ms(300);   //延时 300ms
                LED0 = 1; LED1 = 1; LED2 = 1;LED3 = 1;LED4 = 1;LED5 = 1;LED6 = 0;LED7 = 1;//LED6 亮
                delay_ms(300);   //延时 300ms
                LED0 = 1; LED1 = 1; LED2 = 1;LED3 = 1;LED4 = 1;LED5 = 1;LED6 = 1;LED7 = 0;//LED7 亮
                delay_ms(300);   //延时 300ms
            break;
            case SW2:          //按下 SW2,由高位向低位闪烁
                LED0 = 1; LED1 = 1; LED2 = 1;LED3 = 1;LED4 = 1;LED5 = 1;LED6 = 1;LED7 = 0;//LED7 亮
                delay_ms(300);   //延时 300ms
                LED0 = 1; LED1 = 1; LED2 = 1;LED3 = 1;LED4 = 1;LED5 = 1;LED6 = 0;LED7 = 1;//LED6 亮
                delay_ms(300);   //延时 300ms
                LED0 = 1; LED1 = 1; LED2 = 1;LED3 = 1;LED4 = 1;LED5 = 0;LED6 = 1;LED7 = 1;//LED5 亮
                delay_ms(300);   //延时 300ms
                LED0 = 1; LED1 = 1; LED2 = 1;LED3 = 1;LED4 = 0;LED5 = 1;LED6 = 1;LED7 = 1;//LED4 亮
                delay_ms(300);   //延时 300ms
                LED0 = 1; LED1 = 1; LED2 = 1;LED3 = 0;LED4 = 1;LED5 = 1;LED6 = 1;LED7 = 1;//LED3 亮
                delay_ms(300);   //延时 300ms
                LED0 = 1; LED1 = 1; LED2 = 0;LED3 = 1;LED4 = 1;LED5 = 1;LED6 = 1;LED7 = 1;//LED2 亮
```

```
        delay_ms(300);      //延时 300ms
        LED0 = 1; LED1 = 0; LED2 = 1;LED3 = 1;LED4 = 1;LED5 = 1;LED6 = 1;LED7 = 1;//LED1 亮
        delay_ms(300);      //延时 300ms
        LED0 = 0; LED1 = 1; LED2 = 1;LED3 = 1;LED4 = 1;LED5 = 1;LED6 = 1;LED7 = 1;//LED0 亮
        delay_ms(300);      //延时 300ms
        break;
            }
        }
    }
```

按键控制 LED 流程如图 8.16 所示。

4. 控制 I/O 的源程序（移位方式）

在 led. h 函数里面编写如下代码：

```
#ifndef _led_H
#define _led_H
#include "system. h"
/*   LED 时钟接口、引脚定义 */
#define LED_PORT    GPIOD
#define LED_PIN
(GPIO_Pin_0|GPIO_Pin_1|GPIO_Pin_2|GPIO_Pin_3|
GPIO_Pin_4|GPIO_Pin_5|GPIO_Pin_6|GPIO_Pin_7)
#define LED_PORT_RCC    RCC_APB2Periph_GPIOD
#define LED PDout(i)
void LED_Init(void);
```

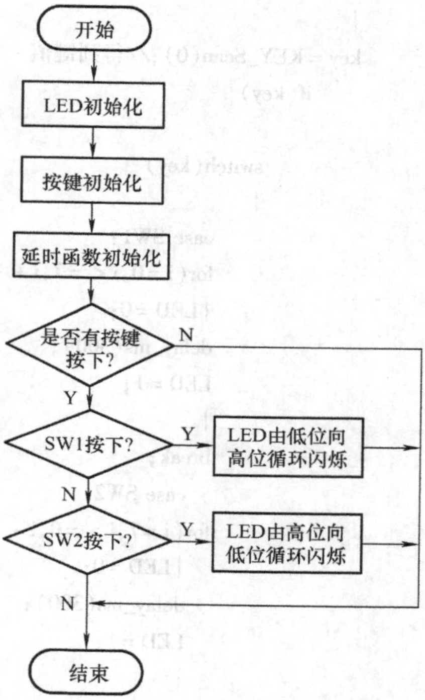

在 led. c 函数里面编写如下代码：

```
#include "led. h"
//初始化 PD0 ~ 7 接口时钟
//LED I/O 初始化
void LED_Init()
{
```

图 8.16　按键控制 LED 流程

```
GPIO_InitTypeDef GPIO_InitStructure;                       //定义结构体变量
    RCC_APB2PeriphClockCmd(RCC_APB2Periph_GPIOC,ENABLE);
    RCC_APB2PeriphClockCmd(RCC_APB2Periph_GPIOB,ENABLE);
    GPIO_InitStructure. GPIO_Pin = LED_PIN;                    //选择要设置的 I/O 接口
    GPIO_InitStructure. GPIO_Mode = GPIO_Mode_Out_PP;         //设置推挽输出模式
    GPIO_InitStructure. GPIO_Speed = GPIO_Speed_50MHz;        //设置传输频率
    GPIO_Init(GPIOD,&GPIO_InitStructure);                     /* 初始化 GPIO */
    GPIO_SetBits(GPIOD,LED_PIN);                              //将 LED 接口拉高,熄灭所有 LED
}
```

在 main 函数里面编写如下代码：

```
#include "led. h"
#include "delay. h"
#include "key. h"
#include "sys. h"
int main( void)
{   u8   i;
delay_init( );
//延时函数初始化
LED_Init( );
//初始化与 LED 连接的硬件接口
while(1)                                          //按键控制循环点亮 LED
{
key = KEY_Scan(0);//得到键值
    if( key)
    {
        switch( key)
        {
            case SW1:                             //按下 SW1,LED 由低位向高位闪烁
            for( i = 0,i < = 7,i + +)              //0 ~ 7 循环
            {LED = 0;
            delay_ms(300);                        //延时 300ms
            LED = 1;
            }
            break;
            case SW2:                             //按下 SW2,LED 由高位向低位闪烁
            for( i = 7,i > = 0,i - - )             //7 ~ 0 循环
            {LED = 0;
            delay_ms(300);                        //延时 300ms
            LED = 1;
            }
            break;
        }
    }
}
}
```

8.2.2   STM32 数码管显示

如果数码管直接接单片机 I/O 接口，那么会占用较多的 I/O 引脚，一般接一个移位寄存器来节省单片机 I/O 资源。本试验接 74LS595 实现串行输入及并行输出。

74LS595 的 SRCLR（非门）直接接 V_{CC}，QE（非门）直接接地，其他 3 个控制接口与单片机 I/O 接口相连。SER：串行输入数据；SCK：移位寄存器使能（上升沿有效）；RCK：释放数据（上升沿有效）。数码管与 CPU 连接如图 8.17 所示。

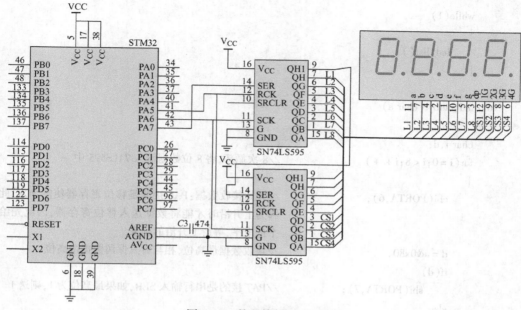

图 8.17　数码管与 CPU 连接

下面介绍一种常见的数码管段码检测程序（共阳极）。首先应熟悉 74LS595，了解此芯片的工作原理，以便于理解数码管显示程序。

```
/***********************************************
    数据输入 74LS595 子程序（RCK = PA5 SCK = PA6 SER = PA7）
***********************************************/
static void io_init(void)
{
    // PortA 设置接口 A,其中 PA5 ~ 7 为输出方式
    PORTA = 0x0;
    DDRA = 0x70;
    // PortB 设置接口 B 为输入方式
    PORTB = 0x0;
    DDRB = 0x0;
    // PortC 设置接口 C 为输入方式
    PORTC = 0x0;
    DDRC = 0x0;
    // PortD 设置接口 D 为输出方式
    PORTD = 0x0;
    DDRD = 0xff;
wdt_enable(WDTO_15ms); //开启看门狗
    ACSR = 0x80;
}
int main(void)
{
    io_init();
```

```
        while(1)
        {
            led_list();
        }
    }

    void led_outbyt(char a)
    {
        char i,d;
        for(i=0;i<8;i++)                        //8 次循环,将 8 位数据输入 74LS595 中
        {
            cbi(PORTA,6);                        //开始接收数据:PA6 接的是移位寄存器使能 SCK,此引
                                                  脚为上升沿时才能将数据送入移位寄存器,因此先给一
                                                  个低电平,等待上升沿的到来
            d = a&0x80;                          //接收数据最高位,相与后只保留数据最高位
            if(d)
                sbi(PORTA,7);                    //PA7 接的是串行输入 SER,如果最高位为1,则送1
            else
                cbi(PORTA,7);                    //否则,送 0
            a<<=1;                               //数据左移一位,即把下一个将要传输的位移至最高位
                                                  (循环开始接收第二位)
            sbi(PORTA,6);                        //数据存储:给移位寄存器使能 SCK 上升沿
        }
    }
    /****************************
单片机数据输出子程序
    ****************************/
    void led_list(void)
    {
        uchar i,j;
        j=1;
        for(i=0;i<8;i++)                         //循环 8 次(数码管共分 8 段)
        {
            led_outbyt(j^0xff);                  //段码的数据
            led_outbyt(j);                       //显示数码管的位码
            cbi(PORTA,5);                         //等待数据锁存:PA5 接的是 RCK,等待上升沿
            sbi(PORTA,5);                         //数据进入锁存器
            delay(8,1000);                        //延时
            j<<=1;
            led_outbyt(0); led_outbyt(0);         //因数码管是共阳,全灭
            cbi(PORTA,5);                         //等待数据锁存
            sbi(PORTA,5);                         //数据锁存
        }
    }
```

8.3 STM32 的 TFT-LCD 液晶显示

1. TFT-LCD 简介

TFT-LCD 即薄膜晶体管液晶显示器，与无源 TN-LCD、STN-LCD 的简单矩阵不同，它在液晶显示屏的每一个像素上都设置一个薄膜晶体管（TFT），可有效地克服非选通时的串扰，使显示液晶屏的静态特性与扫描线数无关，提高了图像质量。TFT-LCD 也称为真彩液晶显示器。

2. ALIENTEK TFT – LCD 模块特点

1）2.4in（1in = 2.54cm）、2.8in、3.5in、4.3in、7in 这 5 种大小的屏幕可选。

2）320px × 240px 的分辨率（3.5in 的分辨率为 320px × 480px，4.3in 和 7in 的分辨率为 800px × 480px）。

3）16 位真彩显示。

4）自带触摸屏，可以用来作为控制输入。

这里以 2.8in 的 ALIENTEK TFT-LCD 模块为例介绍，该模块支持 65K 色显示，显示分辨率为 320px × 240px，接口为 16 位的 8080 并口，自带触摸屏。TFT-LCD 模块采用 2 × 17 的 2.54 双排针与外部连接，2.8in TFT-LCD 实物图及 TFT-LCD 模块接口如图 8.18 所示。2.8in TFT-LCD 模块原理如图 8.19 所示。

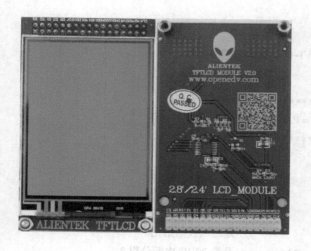

图 8.18　2.8in TFT-LCD 实物图及 TFT-LCD 模块接口图

如图 8.19 所示，TFT-LCD 模块采用 16 位的并联方式与外部连接，还列出了触摸屏芯片的接口。该模块的 8080 并口有如下一些信号线：

CS：TFT-LCD 片选信号。

WR：向 TFT-LCD 写入数据。

RD：从 TFT-LCD 读取数据。

D[15:0]：16 位双向数据线。

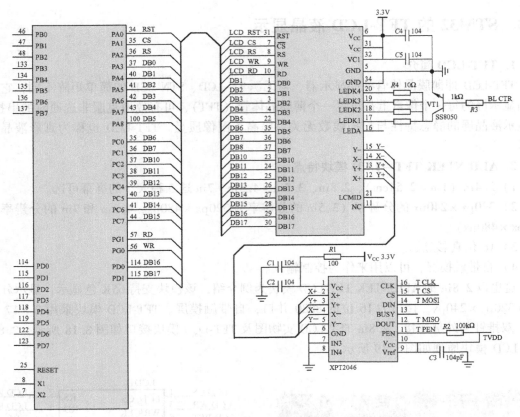

图 8.19 2.8in TFT-LCD 模块原理图

RST:硬复位 TFT-LCD。

/ **

液晶 TFT-LCD 显示子程序(RCK = PA5 SCK = PA6 SER = PA7)

 ** /

```
int main(void)
{
    u8 x = 0;
    u8 lcd_id[12];                                    //存放 LCD ID 字符串
    delay_init();                                     //延时函数初始化
    NVIC_PriorityGroupConfig(NVIC_PriorityGroup_2);   //设置 NVIC 中断分组 2
    uart_init(115200);                                //串口初始化波特率为 115200
    LED_Init();                                       //LED 接口初始化
    LCD_Init();
    POINT_COLOR = RED;
    sprintf((char *)lcd_id,"LCD ID:%04X",lcddev.id);  //将 LCD ID 打印到 lcd_id 数组
    while(1)
    {
    switch(x)
```

```
{
case 0:LCD_Clear(WHITE);break;
case 1:LCD_Clear(BLACK);break;
case 2:LCD_Clear(BLUE);break;
case 3:LCD_Clear(RED);break;
case 4:LCD_Clear(MAGENTA);break;
case 5:LCD_Clear(GREEN);break;
case 6:LCD_Clear(CYAN);break;
case 7:LCD_Clear(YELLOW);break;
case 8:LCD_Clear(BRRED);break;
case 9:LCD_Clear(GRAY);break;
case 10:LCD_Clear(LGRAY);break;
case 11:LCD_Clear(BROWN);break;
}
POINT_COLOR = RED;
LCD_ShowString(30,40,210,24,24," ELITE STM32 ^_^");
LCD_ShowString(30,70,200,16,16,"TFTLCD TEST");
LCD_ShowString(30,110,200,16,16,lcd_id);//显示 LCD ID
LCD_ShowString(30,130,200,12,12,"2014/5/4");
 x + +;
if( x = = 12)x = 0;
LED0 = ! LED0;
delay_ms(1000);
}
}
```

8.4 STM32 温湿度数据采集实验

本实验以 STM32 为控制核心,设计了一个 STM32 单总线协议的温湿度检测系统,利用 DHT11 温湿度传感器采集温湿度数据,在显示模块 TFT-LCD 上显示出来。

1. DHT11 温湿度模块简介

DHT11 温湿度模块是一款含有已校准数字信号输出的温湿度复合传感器。它应用专用的数字模块采集技术和温湿度传感技术,具有较高的可靠性和稳定性。传感器包括一个电容式感湿元器件和一个高精度测温元器件,具有响应快、抗干扰能力强、性价比高等优点。每个传感器都在湿度校验室中进行校准。校准系数以程序的形式储存在单片机中,传感器内部在进行检测信号的处理过程中要调用这些校准系数。该模块具有标准单总线接口,容易实现集成。其体积小、功耗低,信号传输距离可达 20m。DHT11 传感器为单总线接口,连接方便。特殊封装形式可根据用户需求而提供。DHT11 温湿度模块实物图及外形尺寸(单位为 mm)如图 8.20 所示。

2. 应用范围及产品特点

DHT11 模块可应用于空调、除湿器、测试及检测设备、湿度调节器及其他相关湿度检

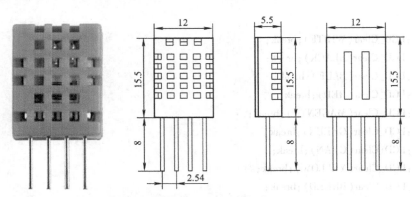

图 8.20　DHT11 温湿度模块实物图及外形尺寸（单位为 mm）

测控制等。应用 DHT11 模块的产品具有能耗低、传输距离远、全部自动化校准、采用电容式湿敏元件、标准数字单总线输出、采用高精度测温元件等特点。

8.4.1　DHT11 引脚分配及封装

DHT11 引脚分配见表 8.5，DHT11 封装如图 8.21 所示。

表 8.5　DHT11 引脚分配表

引脚	名称	描　述
①	V_{DD}	电源（3.5 ~ 5.5V）
②	SDA	串行数据双向口
③	NC	空脚
④	GND	地

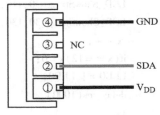

图 8.21　DHT11 封装图

DHT11 的供电电压范围为 3.5 ~ 5.5V，建议供电电压为 5V。数据线 SDA 引脚为三态结构，用于读/写传感器数据。

8.4.2　DHT11 传感器性能

DHT11 传感器性能见表 8.6。

8.4.3　DHT11 单总线通信协议

1）DHT11 传感器采用单总线通信，即用一条数据线。系统中的数据交换、控制均由数据线完成。设备（微处理器）通过一个漏极开路或三态接口连至该数据线，以允许设备在不发送数据时能

表 8.6　DHT11 传感器性能

工作电压范围	3.5 ~ 5.5V
工作电流	平均 0.5mA
湿度测量范围	20% ~ 90% RH
温度测量范围	0 ~ 50℃
湿度分辨率	1% RH
温度分辨率	1℃
采样周期	1s

够释放总线，而让其他设备使用总线；单总线通常要求外接一个约 5.1kΩ 的上拉电阻，当总线闲置时，其状态为高电平。DHT11 传感器为主从结构，只有主机呼叫传感器时，传感器才会应答，因此主机访问传感器都必须严格遵循单总线序列，如果出现序列混乱，那么传感器将不响应主机。

2）SDA 用于微处理器 DHT11 之间的通信和同步，采用单总线数据格式，一次传送 40

位数据，高位先出。DHT11 单总线通信协议时序如图 8.22 所示，DHT11 通信格式说明见表 8.7。

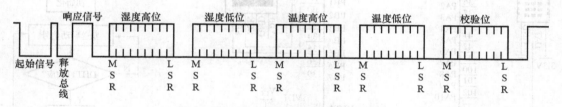

图 8.22　DHT11 单总线通信协议时序

表 8.7　DHT11 通信格式说明

名称	单总线格式定义
起始信号	微处理器把数据总线（SDA）拉低一段时间（至少 800μs），通知传感器准备数据
响应信号	传感器把数据总线（SDA）拉低 80μs，再接高 80μs，以响应主机的起始信号
湿度	湿度数据为 16bit，高位在前；传感器传出的湿度值是实际湿度值的 10 倍
温度	温度数据为 16bit，高位在前；传感器传出的温度值是实际温度值的 10 倍；温度最高位（bit15）等于 1 表示负温度，温度最高位（bit15）等于 0 表示正温度；其余数据表示温度值
校验位	校验位 = 湿度高位 + 湿度低位 + 温度高位 + 温度低位

3）用户主机（MCU）发送一次起始信号（把数据总线 SDA 拉低至少 800μs）后，DHT11 从睡眠模式转换到高速模式。待主机开始信号结束后，DHT11 发送响应信号，从数据总线 SDA 串行送出 40Bit 的数据，先发送字节的高位；发送的数据依次为湿度高位、湿度低位、温度高位、温度低位、校验位，发送数据结束触发一次信息采集，采集结束传感器自动转入休眠模式，直到下一次通信来临。

8.4.4　硬件设计及编程实现

1. 硬件设计

STM32 是一种 32 位嵌入式单片机，程序存储器 Flash 容量是 256KB，RAM 容量是 48KB。显示器采用的是 0.96in（1in = 0.0254m）OLED 显示屏模块，使用 I^2C 协议与 STM32 进行数据传输。DHT11 的 DATA 与单片机的 PD14 相连，OLED 的 SCK、SDA 分别与 PB0 与 PB1 相连。其温湿度采集系统硬件电路及温湿度采集流程图如图 8.23 所示。

2. 程序设计

打开 DHT11 温湿度传感器实验工程可以看到，添加了 DHT11. c 文件以及头文件 DHT11. h，所有 DHT11 驱动代码及相关定义都分布在这两个文件夹中。

```
/ *******************************************************
打开 DHT11. c 文件的关键代码
 *******************************************************/
//复位 DHT11
void DHT11_Rst(void)
{
```

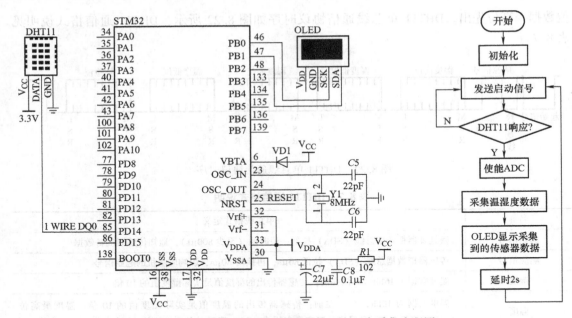

图 8.23 温湿度采集系统硬件电路及温湿度采集流程图

```
DHT11_IO_OUT();                              //设置输出
DHT11_DQ_OUT = 0;                            //拉低 DQ
delay_ms(20);                                //拉低至少 18ms
DHT11_DQ_OUT = 1;                            //DQ = 1
delay_us(30);                                //主机拉高 20~40μs
}
//等待 DHT11 的回应
//返回 1:未检测到 DHT11 的存在
//返回 0:存在
u8 DHT11_Check(void)
{
u8 retry = 0;
DHT11_IO_IN();                               //SET INPUT
    while (DHT11_DQ_IN&&retry < 100)          //DHT11 会拉低 40~80μs
        {
            retry + +;
            delay_us(1);
        };
    if(retry > = 100)return 1;
    else retry = 0;
    while (! DHT11_DQ_IN&&retry < 100)        //DHT11 拉低后会再次拉高 40~80μs
        {
            retry + +;
            delay_us(1);
        };
```

```c
    if( retry > = 100) return 1;
    return 0;
}
//从 DHT11 读取一个位
//返回值:1/0
u8 DHT11_Read_Bit(void)
{
    u8 retry = 0;
    while(DHT11_DQ_IN&&retry < 100)          //等待变为低电平
    {
        retry + + ;
        delay_us(1);
    }
    retry = 0;
    while( ! DHT11_DQ_IN&&retry < 100)        //等待变为高电平
    {
        retry + + ;
        delay_us(1);
    }
    delay_us(40);//等待 40μs
    if(DHT11_DQ_IN) return 1;
    else return 0;
}
//从 DHT11 读取 1B
//返回值:读到的数据
u8 DHT11_Read_Byte(void)
{
    u8 i,dat;
    dat = 0;
for ( i = 0;i < 8;i + + )
    {
        dat < < = 1;
        dat| = DHT11_Read_Bit();
    }
    return dat;
}
//从 DHT11 读取一次数据
//temp:温度值
//humi:湿度值
//返回值:0 正常;1 读取失败
u8 DHT11_Read_Data(u8 * temp,u8 * humi)
{
    u8 buf[5];
```

```
        u8 i;
        DHT11_Rst();
        if( DHT11_Check() = =0)
        {
            for( i =0;i < 5;i + +)//读取40位数据      {
                buf[ i] = DHT11_Read_Byte();
            }
            if( ( buf[0] + buf[1] + buf[2] + buf[3]) = = buf[4])
            {
                * humi = buf[0];
                * temp = buf[2];
            }
        } else return 1;
        return 0;
    }
    //DHT11 的 I/O 接口 DQ 同时检测 DHT11 的存在
    //返回 1:不存在
    //返回 0:存在
    u8 DHT11_Init( void)
    {
        GPIO_InitTypeDef   GPIO_InitStructure;
            RCC_APB2PeriphClockCmd( RCC_APB2Periph_GPIOB, ENABLE); //使能 PB 接口时钟
        GPIO_InitStructure. GPIO_Pin = GPIO_Pin_11;                  //PB11 接口配置
        GPIO_InitStructure. GPIO_Mode = GPIO_Mode_Out_PP;           //推挽输出
        GPIO_InitStructure. GPIO_Speed = GPIO_Speed_50MHz;
        GPIO_Init( GPIOB, &GPIO_InitStructure);                      //初始化 I/O 接口
        GPIO_SetBits( GPIOB,GPIO_Pin_11);                            //PB11 输出高电平
    DHT11_Rst();                                                     //复位 DHT11
    return DHT11_Check();                                            //等待 DHT11 回应
```

该部分代码是根据前面介绍单总线操作时序来读取 DHT11 温湿度值的。DHT11 的温湿度值通过 u8 DHT11_Read_Bit（void）函数读取，返回值为带符号的短整型数据，返回值的范围为 0~500，其实就是温度值扩大 10 倍。

然后打开 DHT11. h，该文件下面主要是 I/O 接口的一些位带操作定义及函数申明。最后打开 main. c，该文件代码如下：

```
    int main( void)
    {
        u8 t =0;
        u8 temperature;
        u8 humidity;
        delay_init();   //函数延时初始化
        NVIC_PriorityGroupConfig( NVIC_PriorityGroup_2); //设置 NVIC2:两位抢占优先级,两位响应优
                                                           先级
```

```
            DHT11_Init();
            OLED_Init();                                            //初始化 OLED
            initial_olcd();                                         //初始化
            clear_screen();                                         //清屏

            while(1)
            {
                disp_string_8x16_16x16(1,1,"温度:");
                disp_string_8x16_16x16(3,1,"湿度:");

                if(t%10 = =0)                                       //每100ms 读一次
                {
                    DHT11_Read_Data(&temperature,&humidity);        //读取温湿度值

                    display_number_16x8(1,46,temperature);
                    display_number_16x8(3,46,humidity);
                }
                delay_ms(10);
                t++;
                if(t = =20)
                {
                    t=0;
                }
            }
        }
```

主函数的代码初始化之后，在 100ms 内读取一次 DHT11 的值，然后以温湿度显示在 OLED 上。

3. 下载验证及结果

编译成功之后，下载代码到 STM32 开发板上，可通过串口调试助手监视 DHT11 读取的数据，能看到 OLED 开始显示当前的温湿度值（DHT11 已接上），串口调试助手收到的温湿度数据如图 8.24 所示。DHT11 温度传感器不能显示 0℃以下温度。

图 8.24　串口调试助手收到的温湿度数据

8.5 ATK – ESP8266 WiFi 实验

8.5.1 ATK – ESP8266 软硬件设计

1. ATK – ESP8266 描述

ATK – ESP8266 是 ALIENTEK 推出的一款高性能的 UART – WiFi（串口–无线）模块，该模块采用串口（LVTTL）与 MCU（或其他串口设备）通信，内置 TCP/IP 协议栈，能够实现串口与 WiFi 之间的转换。使用 ATK – ESP8266 模块，传统的串口设备只需要进行简单的串口配置，即可通过网络（WiFi）传输数据。ATK – ESP8266 模块支持 LVTTL 串口，兼容 3.3V 和 5V 单片机系统，可以很方便地与 STM32 单片机进行连接。模块支持 STA、AP 和 STA + AP 的模式，可快速构建串口–无线数据传输方案，达到通过互联网传输数据的目的。

ATK – ESP8266 的使用步骤：通过 STM32 连接到 ATK – ESP8266 WiFi 模块，实现 STA、AP 和 STA + AP 这 3 个模式的测试，每个模式又包含 TCP 服务器、TCP 客户端和 UDP 这 3 个子模式。通过开发板串口配置，实现通信。ATK – ESP8266 模块的功能特性及参数说明见表 8.8。

表 8.8 ATK – ESP8266 模块的功能特性及参数说明

特性	参数说明
V_{CC}	3.3 ~ 5V
频率范围	2.412 ~ 2.484GHz
通信接口	TTL 电平
线传输速率	802.11b：最高可达 11Mbit/s 802.11g：最高可达 54Mbit/s 802.11n：最高可达 72.2Mbit/s
WiFi 工作模式	模式一：STA 模式二：AP 模式三：STA + AP
功耗	持续发送下：平均值为 70mA，峰值为 200mA 正常模式下：平均值为 12mA，峰值为 200mA 待机：小于 200μA

2. 硬件设计

ATK – ESP8266 模块引脚说明见表 8.9。

表 8.9 ATK – ESP8266 模块引脚说明

序号	名称	说　明
1	V_{CC}	3.3 ~ 5V
2	GND	地
3	TXD	模块串口发送脚（TTL 电平）

（续）

序号	名称	说　　明
4	RXD	模块串口接收脚（TTL 电平）
5	RST	复位（低电平有效）
6	IO_0	用于进入固件烧写模式，低电平是烧写模式，高电平是运行模式

ATK－ESP8266 与 STM32 引脚连接关系见表 8.10。

表 8.10　ATK－ESP8266 与 STM32 引脚连接关系表

ATK－ESP8266WiFi 模块	V_CC	GND	TXD	RXD	RST	IO_0
STM32F103	5V	GND	PB11	PB10	PA4	PA15

图 8.25 所示为 ATK－ESP8266 模块与 STM32 连接电路示意图。

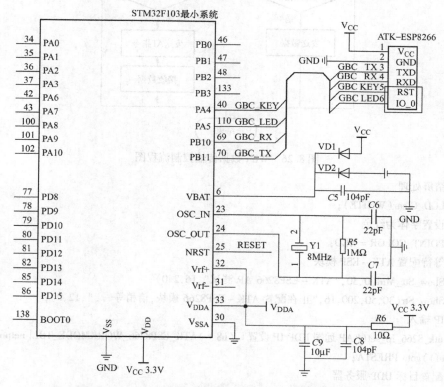

图 8.25　ATK－ESP8266 模块与 STM32 连接电路示意图

3. 软件设计

WiFi 数据传输控制流程图如图 8.26 所示。

这里使用 ATK－ESP8266 AP 模式进行测试，测试 TCP/UDP 连接。

（1）网络模式选择

```
netpro = atk_8266_netpro_sel(50,30,(u8 * )ATK_ESP8266_CWMODE_TBL[1])//UDP 模式：
if(netpro&0X02)
    {
```

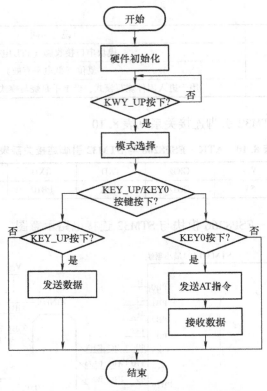

图 8.26　WiFi 数据传输控制流程图

//清屏处理
　　LCD_Clear(WHITE);
//设置字体为红色
　　POINT_COLOR = RED;
//等待配置 ATK - ESP 模块
　　Show_Str_Mid(0,30,"ATK - ESP8266 AP 测试",16,240);
　　Show_Str(30,50,200,16,"正在配置 ATK - ESP8266 模块,请稍等 . . . ",12,0);
//IP 输入
　　if(atk_8266_ip_set("AP 远端 UDP IP 设置",(u8 *)ATK_ESP8266_WORKMODE_TBL[netpro],(u8 *)
portnum,ipbuf)) goto PRESTA;
//配置目标 UDP 服务器
　　sprintf((char *)p,"AT + CIPSTART = \"UDP\",\"% s\",% s",ipbuf,(u8 *)portnum);
　　atk_8266_send_cmd("AT + CIPMUX = 0","OK",100);　　//单链接模式
　　LCD_Clear(WHITE);
//发送数据完成
　　while(atk_8266_send_cmd(p,"OK",500));
　　　}

(2) TCP Client 透传模式
　　if(netpro&0X01)

162

```
{LCD_Clear(WHITE);
 POINT_COLOR = RED;
 Show_Str_Mid(0,30,"ATK – ESP8266AP 测试",16,240);
 Show_Str(30,50,200,16,"正在配置 ATK – ESP8266 模块,请稍等...",12,0);
 //IP 输入
 if(atk_8266_ip_set("AP 远端 IP 设置",(u8 *)ATK_ESP8266_WORKMODE_TBL[netpro],(u8 *)
portnum,ipbuf))goto PRESTA;
 //设置连接模式
 atk_8266_send_cmd("AT + CIPMUX = 0","OK",20);  //0:单连接;1:多连接
 //配置目标 TCP 服务器
 sprintf((char *)p,"AT + CIPSTART = \"TCP\",\"%s\",%s",ipbuf,(u8 *)portnum);
 while(atk_8266_send_cmd(p,"OK",200))
 {
 LCD_Clear(WHITE);
 POINT_COLOR = RED;
 Show_Str_Mid(0,40,"WK_UP:返回重选",16,240);
 Show_Str_Mid(0,80,"ATK – ESP 连接 TCP Server 失败",12,240);
 //按键扫描
 key = KEY_Scan(0);
 if(key = = WKUP_PRES)goto PRESTA;
 }
 //传输模式为透传
 atk_8266_send_cmd("AT + CIPMODE = 1","OK",200);
```

（3）TCP Server 模式

```
LCD_Clear(WHITE);
POINT_COLOR = RED;
Show_Str_Mid(0,30,"ATK – ESP8266AP 测试",16,240);
Show_Str(30,50,200,16,"正在配置 ATK – ESP8266 模块,请稍等…",12,0);
atk_8266_send_cmd("AT + CIPMUX = 1","OK",20);  //0:单连接;1:多连接
sprintf((char *)p,"AT + CIPSERVER = 1,%s",(u8 *)portnum);
//开启 Server 模式,接口号为 8086
atk_8266_send_cmd(p,"OK",20);
```

在设备上电后，打开串口工具，设置对应的波特率，输入大写的 AT 指令。表 8.11 为 ATK – ESP8266 常用 AT 指令。

表 8.11 ATK – ESP8266 常用 AT 指令

指令	说明	指令	说明
AT	测试指令	ATE	开关回显功能
AT + RST	重启模块	AT + RESTORE	恢复出厂设置
AT + GMR	查看版本信息	AT + UART	设置串口配置

8.5.2 AP 下载测试验证

（1）串口无线 AP TCP 服务器测试

串口无线 AP 模块工作在 AP 状态，并开启 DHCP 功能，外部 WiFi 设备（手机、平板计算机等），可以通过 WiFi 连接到模块，本例选择带 WiFi 的 Android 智能手机测试。串口无线接入点网络连接方式：ATK－ESP8266 模块（AP）＜WiFi＞智能手机（STA）。模块通过 WiFi 连接智能手机，模块作为 WiFi AP，智能手机作为 WiFi STA。TFT－LCD 屏幕上显示 AP 下的 3 种工作模式：TCP 服务器、TCP 客户端、UDP 模式。TFT－LCD 屏幕上显示 AP 下的 3 种工作模式，如图 8.27 所示。

图 8.27　TFT－LCD 屏幕上显示 AP 下的 3 种工作模式

选择 TCP 服务器，按 KEY_UP 按键，进入 TCP 服务器测试，此时，程序会配置模块为 WiFi AP 模式，SSID 为 ATK－ESP8266，加密方式为 wpawpa2_aes，密码为 12345678。模块 IP 地址（TCP 服务器 IP 地址）为 192.168.4.1，接口为 8086，待配置好后，进入 TCP 服务器测试界面，如图 8.28 所示。

此时，模块的 TCP 服务器已经开启，IP 地址为 192.168.4.1，接口号 8086。由于没有 TCP Client 来连接，所以状态显示为 "连接失败"。先打开智能手机的 WiFi 功能，WLAN 设置网络里面可看到 ATK－ESP8266 的网络 SSID，单击该网络，输入密码 12345678，再单击 "连接" 按钮，即可连接到的模块，手机连接 ATK－ESP8266 WiFi 网络，如图 8.29 所示。

图 8.28　TCP 服务器测试界面　　　　图 8.29　手机连接 ATK－ESP8266 WiFi 网络

连接到 WiFi 后，在手机安装配套软件\手机端网络调试助手\网络调试助手（安卓手机版）apk 这个软件。在手机上运行该程序，然后按以下步骤依次设置：①打开 tcp client 界面；②单击 "增加" 图标；③输入服务器 IP 和接口号；④单击 "增加" 按钮；⑤连接建立。手机网络调试助手 TCP Client 设置如图 8.30 所示。

经过设置以后，手机和模块就建立了 TCP 连接，开发板液晶显示状态将会变为 "连接成功"，此时可以通过精英版 STM32F103 与手机端互相发送数据，TCP Client 设置及测试界面如图 8.31 所示。

图 8.30 手机网络调试助手
TCP Client 设置

图 8.31 TCP Client 设置及测试界面

（2）串口 AP TCP 客户端测试

在 WiFi AP 的工作模式选择界面选择 TCP 客户端，再按 KEY_UP 按键，即可进行 TCP 客户端测试。此时，由于模块重启，手机可能连接到其他 WiFi 网络，所以在手机上要重新选择 WLAN 连接到 ATK‒ESP8266，然后打开网络调试助手，按以下步骤依次进行设置：①打开 tcp server 界面；②单击"配置"图标；③设置接口为 8086，单击"激活"按钮；④连接成功。手机网络调试助手 TCP Server 设置如图 8.32 所示。

将手机的 IP 地址（192.168.4.2）作为 TCP 服务器端的 IP 地址。在远端 IP 设置界面输入远端 IP 地址 192.168.4.2，设置好 IP 之后，单击"连接"按钮提交配置。配置成功后，进入 TCP 客户端测试界面，TCP 客户端 IP 设置及测试界面如图 8.33 所示。手机端网络调试助手设置好，连接成功之后，手机即可与模块互相发送数据。

（3）串口 AP UDP 测试

在工作模式选择界面选择 UDP，再按 KEY_UP 按键，即可进行 UDP 测试。UDP 测试与 TCP 客户端测试过程基本一样。待配置好之后，进入 UDP 测试界面，UDP 连接到远端 IP 及测试界面如图 8.34 所示。

图 8.32 手机网络调试
助手 TCP Server 设置

使用 ATK‒ESP8266 模块，能实现与 STM32（或其他串口设备）的通信。本节主要讲解了 AP 模式下的 TCP 服务器、TCP 客户端、UDP 模式这三种模式，使数据互相传输。另外，ATK‒ESP8266 的功能具有多样性，能采用多种模式进行 WiFi 的数据传输，数据有一定的保密性。由于 ATK‒ESP8266 模块设备的局限性，WiFi 的传输距离有限，因此仅能在短距离上进行数据传输。

WiFi AP 远端UDP IP设置 工作模式：UDP模式 IP地址：192.168.4.2 端口：8086		
1	2	3
4	5	6
7	8	9
.	0	#
DEL	连接	返回

ATK–ESP WiFi AP测试

WK_UP：退出测试　　KEY0：发送数据

IP地址：192.168.4.2　　端口：8086

状态：连接成功　　模式：TCP客户端

发送数据

接收数据：收到3B，内容如下

GXU

ATK–ESP WiFi AP测试

WK_UP：退出测试　　KEY0：发送数据

IP地址：192.168.4.2　　端口：8086

状态：连接成功　　模式：UDP模式

发送数据

接收数据：收到28B，内容如下

Recv 25 bytes

SEND OK

图 8.33　TCP 客户端 IP 设置及测试界面　　　　图 8.34　UDP 连接到远端 IP 及测试界面

8.6　单片机发送数据到上位机

本节将介绍 STM32 的串口，通过使用 STM32 的串口来发送和接收数据。本节实现如下功能：STM32 通过串口和上位机通信，STM32 在收到上位机发过来的字符串后，原封不动地返传给上位机。

8.6.1　单片机发送数据到上位机原理图

单片机发送数据到上位机原理图如图 8.35 所示。

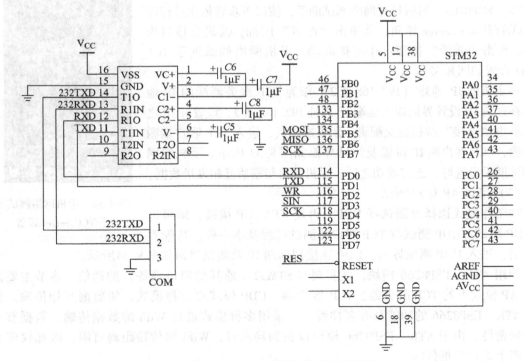

图 8.35　单片机发送数据到上位机原理图

8.6.2 程序编写步骤

首先要使能 GPIO 时钟，再使能复用功能时钟，同时将 GPIO 模式设置为复用功能对应的模式。准备工作做完，然后进行串口参数的初始化设置，包括波特率、停止位等参数设置。参数设置完成后使能串口。同时，如果开启了串口的中断，则先要初始化 NVIC，设置中断优先级别，再编写中断服务函数。

串口设置分为如下几个步骤：

1）串口时钟使能，GPIO 时钟使能。

2）串口复位。

3）GPIO 接口模式设置。

4）串口参数初始化。

5）开启中断，并且初始化 NVIC（如果需要开启中断才需要这个步骤）。

6）使能串口。

7）编写中断处理函数。

新建一个上位机工程，添加 usart. c 文件，在该文件里面输入以下代码：

```
//初始化 I/O 串口 1
//bound:波特率
void uart_init(u32 bound)
{
GPIO_InitTypeDef GPIO_InitStructure;
USART_InitTypeDef USART_InitStructure;
NVIC_InitTypeDef NVIC_InitStructure;
//串口时钟使能,GPIO 时钟使能,复用时钟使能
RCC_APB2PeriphClockCmd(RCC_APB2Periph_USART1|
RCC_APB2Periph_GPIOA, ENABLE);              //使能 USART1、GPIOA 时钟
//串口复位
USART_DeInit(USART1);//复位串口 1
//GPIO 接口模式设置
GPIO_InitStructure. GPIO_Pin = GPIO_Pin_9;          //定义 USART1_TX 引脚为 PA. 9
GPIO_InitStructure. GPIO_Speed = GPIO_Speed_50MHz;
GPIO_InitStructure. GPIO_Mode = GPIO_Mode_AF_PP;
//复用推挽输出
GPIO_Init(GPIOA, &GPIO_InitStructure);              //初始化 GPIOA. 9
GPIO_InitStructure. GPIO_Pin = GPIO_Pin_10;         //定义 USART1_RX 引脚为 PA. 10
GPIO_InitStructure. GPIO_Mode = GPIO_Mode_IN_FLOATING; //浮空输入
GPIO_Init(GPIOA, &GPIO_InitStructure);              //初始化 GPIOA. 10
//串口参数初始化
USART_InitStructure. USART_BaudRate = bound;        //波特率设置
USART_InitStructure. USART_WordLength = USART_WordLength_8b;//字长为 8 位
USART_InitStructure. USART_StopBits = USART_StopBits_1;   //一个停止位
USART_InitStructure. USART_Parity = USART_Parity_No;      //无奇偶校验位
```

```
USART_InitStructure. USART_HardwareFlowControl
  = USART_HardwareFlowControl_None;                              //无硬件数据流控制
USART_InitStructure. USART_Mode = USART_Mode_Rx | USART_Mode_Tx; //收发模式
USART_Init( USART1, &USART_InitStructure);                       //初始化串口
#if EN_USART1_RX
//如果使能接收
//初始化 NVIC
NVIC_InitStructure. NVIC_IRQChannel = USART1_IRQn;
NVIC_InitStructure. NVIC_IRQChannelPreemptionPriority = 3;       //抢占优先级 3
NVIC_InitStructure. NVIC_IRQChannelSubPriority = 3;
//子优先级 3
NVIC_InitStructure. NVIC_IRQChannelCmd = ENABLE;
//IRQ 通道使能
NVIC_Init( &NVIC_InitStructure);
//中断优先级初始化
//开启中断
USART_ITConfig( USART1, USART_IT_RXNE, ENABLE);                  //开启中断
#endif
//使能串口
USART_Cmd( USART1, ENABLE);                                      //使能串口
}
```

介绍完 uart_init 函数，回到 main. c，在 main. c 里面编写如下代码：

```
#include "led. h"
#include "delay. h"
#include "key. h"
#include "sys. h"
#include "usart. h"
int main( void)
{
u8 t, len;
u16 times = 0;
delay_init();
//延时函数初始化
NVIC_PriorityGroupConfig( NVIC_PriorityGroup_2);                 //设置 NVIC 中断分组 2
uart_init( 115200);                                             //串口初始化波特率为 115200
ED_Init();
//LED 接口初始化
KEY_Init();                                                    //初始化与按键连接的硬件接口
while( 1)
{
if( USART_RX_STA&0x8000)
{ len = USART_RX_STA&0x3f;                                     //得到此次接收的数据长度
```

168

```
printf(" \r\n 您发送的消息为:\r\n\r\n");
for(t=0;t<len;t++)
{ USART_SendData(USART1, USART_RX_BUF[t]);           //向串口1发送数据
while(USART_GetFlagStatus(USART1,USART_FLAG_TC)! =SET);
//等待发送结束
}
printf(" \r\n\r\n");                                    //插入换行
USART_RX_STA=0;
}else
{ times++;
if(times%5000==0)
{ printf(" \r\n 精英 STM32 开发板 串口实验\r\n");
printf(" ALIENTEK\r\n\r\n");
}
if(times%200==0)printf(" 请输入数据,以回车键结束\n");
if(times%30==0)LED0=! LED0;                            //闪烁LED,提示系统正在运行.
delay_ms(10);
}
}
}
```

8.6.3 程序下载验证

把程序下载到精英 STM32 开发板, 开发板上的 DS0 开始闪烁, 说明程序已经在运行。接好线路, 启动计算机的接收文件![](上位机, 在 XCOM V2.0 界面设置串口为开发板的 USB 转串口 (CH340 虚拟串口, 一般选择 COM3, 另外应注意: 波特率是 115200), 上位机收到的信息如图 8.36 所示。

从图 8.36 所示的信息可看出, STM32 的串口数据发送成功。在程序上面输入数据后必须按 Enter 键, 串口才认可接收到的数据, 必须在发送数据后再次按 Enter 键。这里

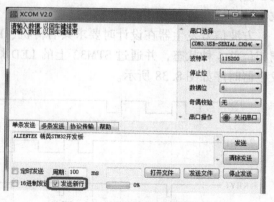

图 8.36　上位机收到的信息

XCOM 提供的发送方法通过选择 "发送新行" 复选框实现, 只要选择了这个复选框, 每次发送数据后, XCOM 都会自动多发一个回车 (0X0D + 0X0A)。设置好了发送新行后, 在发送区输入想要发送的文字, 单击发送, 就实现单片机与上位机的通信了。

8.7　基于 STM32 的方波发生器的设计与检测

本节设置了一种基于 STM32 的综合实验方案, 即采取 "信号发生 + 信号捕获" 的设计理念, 通过编程实现对各类信号源的模拟输出、输入捕获和 LED 显示, 可应用于对工业现

场信号的模拟及捕获，是一种拓宽单片机实验范围的新思路。这里以方波信号为例，基于 STM32 单片机，设计了一套方波信号源和相应的检测系统。该实验系统利用一块 STM32 单片机按要求输出不同类型的方波信号，而另一块 STM32 单片机捕获其输入方波信号并显示，两块 STM32 单片机互相印证。文章给出了详细的设计方案、流程以及实现方法，通过实验表明了其正确性与可行性。

本实验是基于 STM32 开发的一个方波信号发生器及其检测的实验系统，即实验由两个综合实验构成（一个模拟输出实验与相应的输入捕获实验）。通过该实验，学生可掌握 STM32 的信号发生、输入捕获、LED 显示以及定时器的原理和应用，起到举一反三的作用。

8.7.1　总体设计方案

本次设计的目标是使用 STM32 单片机 1（简称单片机 1）产生一个可调的方波信号，通过另一块 STM32 单片机 2（简称单片机 2）捕获方波信号并进行显示。实现方式为：首先通过按键电路在单片机 1 上产生可调的方波信号，然后由单片机 2 来捕获单片机 1 产生的方波信号，最后利用液晶屏、示波器等对方波信号进行显示。本次设计的方波信号发生与检测系统的原理如图 8.37 所示。单片机 1 通过 PB5 与 PE5 接口产生方波信号，单片机 2 使用 PA0 与 PE3 接口进行方波信号的捕获检测。

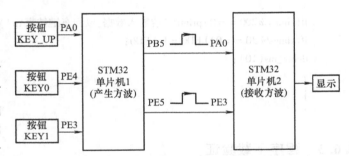

图 8.37　方波信号发生与检测系统的原理

方波信号发生器在设计时要求具有待机、PB5 接口输出方波、PE5 接口输出方波以及可调相位差 4 种状态，并通过 STM32 上的 LED 灯 DS0、DS1 来显示其状态。设计的方波信号发生器时序如图 8.38 所示。

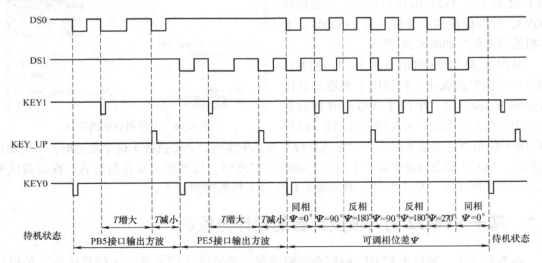

图 8.38　方波信号发生器时序图

由图 8.38 可知，按键 KEY0 与按键 KEY1 是低电平有效，按键 KEY_UP 为高电平有效。由 KEY0 来实现状态的切换选择，通过 KEY1 与 KEY_UP 来对方波信号进行控制。

8.7.2　方波信号发生器的设计

1. 硬件设计及与传统发生器的对比

实验的单片机选取 STM32 系列，用到的硬件资源有指示灯 DS0 和 DS1、按键 KEY_UP、按键 KEY0、按键 KEY1。通过按键电路与 STM32 单片机结合而产生相位不同、频率不同的方波信号，并通过 LED 进行显示。基于 STM32F103ZET6 方波信号发生器的电路原理如图 8.39 所示。

传统信号发生器基本组成框图如图 8.40 所示，由纯硬件电路所组成，包括振荡器、变换器、输出级、电源等部分。方波信号的调频、调幅等一系列控制操作均通过旋钮调节元器件的电阻值、电容值来实现，但此方法存在较大的不足：通过旋钮调节很难准确调节出所需要的变量，在进行实验时耗时较多且容易存在误差；同时，频繁地对元器件进行调节操作会造成器件的快速磨损，严重降低元器件寿命，使发生故障的概率增加。

而基于 STM32 的方波信号发生器是由硬件和软件相结合来产生方波信号的，其核心部分由芯片 STM32 结合所编程序来实现方波信号的产生。与传统信号发生器相比，其频率和幅值的调节都是通过修改程序来实现的，在相同的实验条件下，可克服传统纯硬件方波信号发生器的一些缺点。此外，其产生的方波信号可以通过单片机自身的显示装置进行验证，更加直观和易于操作。

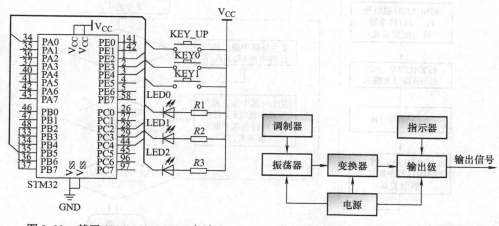

图 8.39　基于 STM32F103ZET6 方波　　　　图 8.40　传统信号发生器基本组成框图
　　　　信号发生器电路原理图

2. 软件设计

方波信号实际上是一个二值函数。这里要使 STM32 产生一个可调的方波信号，即通过编程控制 STM32 的定时器，调节其 I/O 接口电平输出频率。STM32 拥有多个 GPIO，且每个 GPIO 组都有 16 个 I/O 接口。本次设计需要用到的 I/O 接口数量为 5 个，方波信号发生器的 I/O 分配表见表 8.12。

表 8.12　方波信号发生器的 I/O 分配表

引脚编号	GPIO	连接资源	是否可以独立使用（不接外设）
34	PA0	KEY_UP	是
135	PB5	LED0（DS0）	否
2	PE3	KEY1	是
3	PE4	KEY0	是
4	PE5	LED1（DS1）	否

本实验以 MDK5.14 作为 STM32 的开发环境，根据要求在 MDK Keil 软件使用 C 语言编写程序，并烧录到单片机中，调整定时器参数来改变 I/O 接口输出频率。方波信号发生器的程序设计流程图如图 8.41 所示。

在 STM32 中进行外设的配置操作之前先使能该外设时钟，时钟的使能通过调用函数 RCC_APB2PeriphClockCmd( ) 实现。而 PB5 与 PE5 的初始化通过调用函数 GPIO_Init( ) 实现，目的是配置 I/O 接口模式和速度。开启 AFIO 时钟是为了对 AFIO_EXTICRx（x = 1 ~ 4）寄存器进行读/写操作做准备。按照图 8.41 所示的流程图编写好程序后，通过与按键电路相结合，即可控制 I/O 接口输出电平的高低、频率及脉冲宽度。

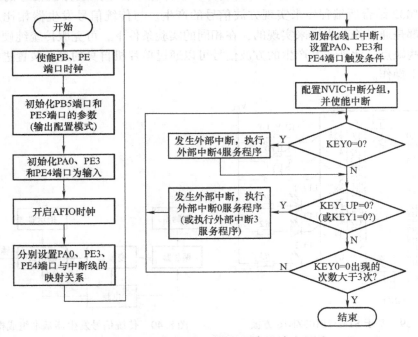

图 8.41　方波信号发生器的程序设计流程图

8.7.3　方波信号检测的设计

在 STM32 中，其输入捕获模式可以用来测量高电平的脉冲宽度或信号的频率。若使用单片机 2 来检测单片机 1 产生的方波信号，则需要通过 STM32 的定时器实现输入捕获。实验使用 TIM5_CH1（PA0 接口）来捕获高电平脉冲，方波信号捕获主程序的部分代码如下：

```
extern u8 TIM5CH1_CAPTURE_STA;                    //输入捕获状态
extern u16 TIM5CH1_CAPTURE_VAL;                   //输入捕获值
u32 temp = 0;
int main( void)
{
    int ci = 0;
    delay_init( );                                //延时函数初始化
    NVIC_PriorityGroupConfig( NVIC_PriorityGroup_2);
    uart_init( 115200);                           //将串口的比特率设置为 115200
    LED_Init( ); LCD_Init( );                     //初始化 LED、LCD
    POINT_COLOR = RED;   LCD_Clear( WHITE);
    TIM3_PWM_Init( 899,0);                        //不分频地将其频率设置为 80kHz
    TIM5_Cap_Init( 0XFFFF,7199);                  //计数器捕获精度为 1μs
    while( 1)
    {
        delay_ms( 20);
        TIM_SetCompare2( TIM3,TIM_GetCapture2( TIM3) + 1);
    if( TIM_SetCompare2( TIM3) = = 500)
        TIM_SetCompare2( TIM3,0);
    if( TIM5CH1_CAPTURE_STA&0X80)                 //上升沿被捕获了一次
    {
        ci + + ;
        if( ci = = 10)
    {
        ci = 0;
        LCD_Clear( WHITE);   }
        temp = TIM5CH1_CAPTURE_STA&0X3F;
        temp * = 65536;                           //定时器 5 溢出的总时间为 16^4 = 65536
        temp + = TIM5CH1_CAPTURE_VAL;             //计算出高电平的时间
    TIM5CH1_CAPTURE_STA = 0;                      //开始下一次的信号捕获
}   }   }
```

STM32 输入捕获的原理为：对 TIMx_CHx 上的边沿信号进行检测，若检测的边沿信号发生突变（上升沿突变或者下降沿突变），则将定时器的当前值 TIMx_CNT 存放到与其相对应的捕获/比较寄存器 TIMx_CCRx 中，从而实现一次信号的捕获。

本实验中，先设置 TIM5 的 CH1 为上升沿捕获，在第一次捕获到上升沿的时候，清除 TIM5 的计数值、计数溢出次数等计时变量与相关寄存器，再设置 PA0 接口为下降沿捕获。成功捕获下降沿后，按照 TIM5 的计时公式计算出高电平脉宽，并进行记录，然后再次把 PA0 接口配置为上升沿捕获，TIM5 也重新计时。第二次捕获到上升沿的时候，同理，计算出时长，最后将前后两个时间相加再运算，即可计算出方波信号频率与周期。在知道方波信号周期的前提下，通过信号捕获功能，即可得到两个方波信号之间的相位差。

为了实现方波信号的捕获与参数显示，还需要加入 LCD（液晶显示器）的显示程序，

STM32 的 TFT – LCD 显示模块是一块分辨率为 $240px \times 320px$ 的电阻触摸屏，使用 16 位并口驱动，单片机 2 信号捕获与显示的程序设计流程图如图 8.42 所示。

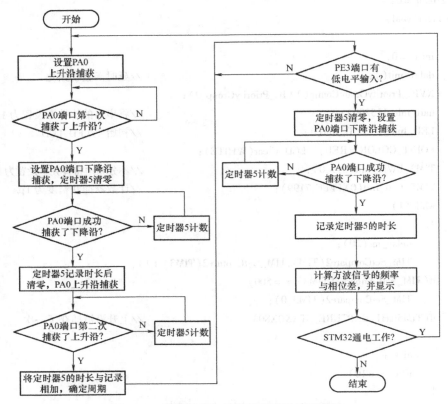

图 8.42　信号捕获与显示的程序设计流程图

8.7.4　实验验证

为了验证单片机 1 是否可以产生方波以及单片机 2 是否可以捕获单片机 1 产生的方波，通过 FlyMcu 软件将 MDK Keil 中编译无误的方波信号发生器的程序及信号捕获与显示的程序分别烧录到两块 STM32 单片机中进行验证。同时使用杜邦线将单片机 1 的 PB5 和单片机 2 的 PA0 相连接，将单片机 1 的 PE5 和单片机 2 的 PE3 相连接。观察是否可以通过单片机 1 上的按键产生方波和对方波信号进行控制，且由单片机 2 捕获其频率并显示。

方波信号发生器的输出模式由 KEY0 进行选择，当 KEY0 被按下不同的次数时，单片机 1 的输出模式及开发板上的指示灯 DS0 和 DS1 的显示结果见表 8.13。

表 8.13　单片机 1 的输出模式及指示灯显示结果

KEY0	DS0	DS1	单片机 1 的输出模式
按 0 次	1	1	待机状态
按 1 次	0 –	1	PB5 接口输出方波
按 2 次	1	0 –	PE5 接口输出方波
按 3 次	0 –	0 –	PB5、PE5 同时输出方波

由于 STM32 的 DS0 与 DS1 是低电平有效，因此表 8.13 中，"1" 代表指示灯不亮，"0 –" 代表指示灯交替闪烁。当单个指示灯交替闪烁时，相应接口产生方波信号，同时闪烁则说明两个接口产生方波。

实验中，单个方波信号的初始周期设定为 0.2s，通过按键可在原有周期的基础上增多或减少 0.2s，PB5 与 PE5 同时产生方波信号时，两个信号的周期均为 1.2s，周期的最大值设定为 3.6s。当存在相位差时，通过按键每次可在原有相位差上增加或减少 36°。若方波信号同相，则按 5 次按键将使方波信号反相（180°），再按 5 次又将恢复同相。

为了探究所设计方案的可靠性与准确性，首先以单片机 1 随机产生 12 组不同频率、不同周期以及不同相位差的方波信号，并以单片机 2 对其进行捕获测量，通过多次反复实验来观测单片机 2 可否较好地捕获单片机所产生的方波信号，实验数据的汇总结果见表 8.14。

表 8.14　实验数据的汇总结果

| 序号 | 单片机 1（发生） | | | | | 单片机 2（检测） | | | | |
| | PB5 | | PE5 | | θ_1 | PA0 | | PE3 | | θ_{12} |
	T_1/s	f_1/Hz	T_2/s	f_2/Hz		T_{12}/s	f_{12}/Hz	T_{22}/s	f_{22}/Hz	
1	0.20	5	0	0	0	0.201	4.97	0	0	0
2	0.40	2.5	0	0	0	0.402	2.49	0	0	0
3	0	0	0.4	2.5	0	0	0	0.402	2.49	0
4	0	0	0.6	1.66	0	0	0	0.600	1.66	0
5	1.2	0.83	1.2	0.83	0	1.202	0.831	1.201	0.832	0
6	1.4	0.714	1.4	0.714	36.0	1.41	0.709	1.411	0.708	36.10
7	1.6	0.625	1.6	0.625	72.0	1.62	0.617	1.621	0.617	72.12
8	1.8	0.556	1.8	0.556	108.0	1.801	0.555	1.801	0.556	108.09
9	2.0	0.50	2.0	0.50	144.0	2.11	0.474	2.10	0.476	144.10
10	2.2	0.455	2.2	0.455	180.0	2.04	0.490	2.205	0.456	180.11
11	2.4	0.417	2.4	0.417	216.0	2.404	0.416	2.403	0.416	216.14
12	2.6	0.385	2.6	0.385	252.0	2.606	0.384	2.605	0.384	252.13

表 8.14 中，T_1、f_1 和 T_2、f_2 为单片机 1 的 PB5 与 PE5 产生的方波信号的周期、频率，T_{12}、f_{12} 和 T_{22}、f_{22} 为单片机 2 的 PA0 与 PE3 检测到的周期、频率，θ_1 为单片机 1 发生的两个波形的相位差，θ_{12} 为单片机 2 检测到的两个波形的相位差。

由表 8.14 的数据可知，在 PB5 或 PE5 接口单独产生方波信号、PB5 和 PE5 接口同时产生方波信号等的不同情况下，单片机 2 捕获后测量到的周期、频率以及相位差等参数与单片机 1 产生的信号相差无几。单片机 1 成功实现了方波信号的发生，单片机 2 则实现了信号的捕获与检测，达到了预期的目标。同时，多次实验结果也从侧面证实了本文所设计方案的可行性与可靠性。

方波信号并不能直观地看出，但在单片机 1 上可通过 LED 灯 DS0 和 DS1 来判断是否有方波产生。当 PB5 接口产生方波时，LED 灯 DS0 闪烁；当 PE5 接口产生方波时，LED 灯 DS1 闪烁；当 PB5 与 PE5 同时产生方波时，DS0 与 DS1 同时闪烁。这里以 PB5 接口产生方波为例，单片机 1 上的红色 LED 灯闪烁（DS0），并且单片机 2 捕获单片机 1 的方波信号后在液晶屏显示其频率，PB5 产生的方波及捕获显示的实物图如图 8.43 所示。

为了更加直观地观察出方波信号的相位差及其变化情况，当单片机 1 的 PB5 接口与 PE5

接口同时产生方波（可调相位差状态）时，使用型号为 TDS1001B – SC 的示波器对单片机 2 捕获后的波形进行测量。

实验的步骤为：首先将 KEY0 按键按下 3 次，使 DS0、DS1 同时闪烁，此时通过单片机 1 上的按键 KEY1 与 KEY_UP，不仅可对频率进行调整，还可对相位差进行控制。之后通过这两个按键对方波信号的相位进行调整和控制，并观察示波器上波形的变化情况，示波器导出的可调相位差状态波形测量结果如图 8.44 所示。

图 8.43　PB5 产生的方波及捕获显示的实物图

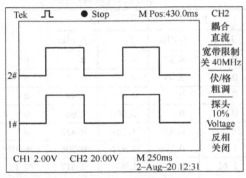

a）方波信号同相

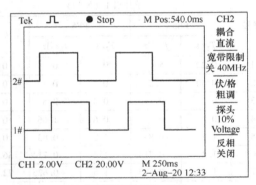

b）方波信号相位差 0°～180°

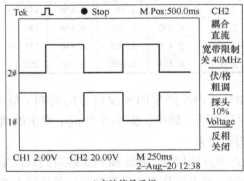

c）方波信号反相

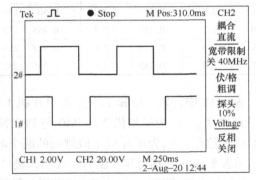

d）方波信号相位差 180°～360°

图 8.44　可调相位差状态波形测量结果

利用 STM32 单片机，可以实现一个方波信号器及其检测的实验系统。单片机 1 产生了可调的方波信号，单片机 2 则实现了捕获与显示，并通过多次实验证实了设计方案的准确性与可行性。单片机 1 产生的方波信号亦可以由单片机 1 自己捕获并显示，其原理与单片机 2 的捕获原理一致。这里成功实现了方波信号的模拟输出和输入捕获，能推广到对正旋波、锯齿波、三角波和谐波等各类信号源的模拟上，也可以模拟应用现场的信号并进行发生和捕捉，降低实验开发的成本及周期，拓宽了单片机的实验范围，也为综合实验开拓了一种新的思路。本次实验综合应用了 STM32 的定时器、I/O 接口、按键电路、输入捕获、LED 显示等多个模块与功能。

8.8　基于 STM32 TWI 的访问程序在 24Cxx 中的应用

本节将利用 STM32 的普通 I/O 接口模拟以 TWI 为基础的 I²C 时序，来对 24C02 进行读/写，并将结果显示在 TFT-LCD 模块上，实现双向通信。

8.8.1　TWI 与 I²C 简介

TWI（Two-wire Serial Interface）接口是对 I²C 总线接口的继承和发展，完全兼容 I²C 总线，具有硬件实现简单、软件设计方便、运行可靠和成本低廉的优点。TWI 由一条时钟线和一条传输数据线组成，以字节为单位进行传输。

SCL、SDA 是 TWI 总线的信号线。SDA 是双向数据线，SCL 是时钟线。在 TWI 总线上传送数据，首先传送最高位，由主机发出启动信号，SDA 在 SCL 高电平期间由高电平跳变为低电平，然后由主机发送一个字节的数据。数据传送完毕，由主机发出停止信号，SDA 在 SCL 高电平期间由低电平跳变为高电平。

TWI 协议利用 I²C 协议的理论基础，对 I²C 的数据量进行修改，为每个芯片制定特定的数据量格式。

I²C 中文称为集成电路总线，它是一种串行通信总线，使用多主从架构。它是由数据线线 SDA 和时钟线 SCL 构成的串行总线，可发送和接收数据。在 CPU 与被控 IC 之间、IC 与 IC 之间进行双向传送，高速 I²C 总线速率一般可达 400kbit/s 以上。

I²C 总线在传送数据过程中共有 3 种类型信号，它们分别是开始信号、结束信号和应答信号。

开始信号：SCL 为高电平时，SDA 由高电平向低电平跳变，开始传送数据。

结束信号：SCL 为高电平时，SDA 由低电平向高电平跳变，结束传送数据。

应答信号：接收数据的 IC 在接收到 8bit 数据后，向发送数据的 IC 发出特定的低电平脉冲，表示已收到数据。CPU 向受控单元发出一个信号后，等待受控单元发出一个应答信号，CPU 接收到应答信号后，根据实际情况做出是否继续传递信号的判断。若未收到应答信号，则判断为受控单元出现故障。

这些信号中，起始信号是必需的，结束信号和应答信号则不一定需要。I²C 总线时序图如图 8.45 所示。

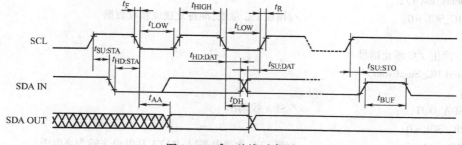

图 8.45　I²C 总线时序图

8.8.2　硬件设计与程序设计

STM32 开发板板载的 EEPROM 芯片型号为 24C02。该芯片的总容量是 25B，该芯片通过

I^2C 总线与外部连接。通过 STM32 可实现 24C02 的读/写。目前大部分 MCU 都带有 I^2C 总线接口，STM32 也不例外。这里通过软件模拟。开机的时候先检测 24C02 是否存在，然后在主循环里面用一个按键（KEY0）来执行写入 24C02 的操作，另外一个按键（WK_UP）用来执行读出操作，在 TFT-LCD 模块上显示相关信息。同时，用 DS0 提示程序正在运行。需要用到的硬件资源有 24C02、串口（USMART 使用）、KEY0 和 KEY1 按键、TFT-LCD 模块、指示灯 DS0。

打开模板工程，在模板工程中添加两个源文件，分别是 iic.c 和 24cxx.c。iic.c 文件存放 I^2C 驱动代码，24cxx.c 文件存放 24C02 驱动代码。

打开 iic.c 文件，在里面输入如下代码：

```
#include "myiic.h"
#include "delay.h"
//初始化 I²C
void IIC_Init(void)
{
GPIO_InitTypeDef GPIO_InitStructure;
RCC_APB2PeriphClockCmd(RCC_APB2Periph_GPIOB, ENABLE);        //PB 时钟使能
GPIO_InitStructure.GPIO_Pin = GPIO_Pin_6|GPIO_Pin_7;
GPIO_InitStructure.GPIO_Mode = GPIO_Mode_Out_PP;             //推挽输出
GPIO_InitStructure.GPIO_Speed = GPIO_Speed_50MHz;
GPIO_Init(GPIOB, &GPIO_InitStructure);                       //初始化 GPIO
GPIO_SetBits(GPIOB,GPIO_Pin_6|GPIO_Pin_7);                   //PB6、PB7 输出高电平
}
//产生 I²C 起始信号
void IIC_Start(void)
{
SDA_OUT();              //SDA 线输出
IIC_SDA=1;
IIC_SCL=1;
delay_us(4);
IIC_SDA=0;              //当 CLK 为低电平时,DATA 从高电平转为低电平
delay_us(4);
IIC_SCL=0;             //钳住 I²C 总线,准备发送或接收数据
}
//产生 I²C 停止信号
void IIC_Stop(void)
{
SDA_OUT();              //SDA 线输出
IIC_SCL=0;
IIC_SDA=0;             //当 CLK 为高电平时,DATA 从低电平转为高电平
delay_us(4);
IIC_SCL=1;
IIC_SDA=1;             //发送 I²C 总线结束信号
delay_us(4);
```

```
}
//等待应答信号到来
//返回值为 1,接收应答失败
//返回值为 0,接收应答成功
u8 IIC_Wait_Ack(void)
{
u8 ucErrTime = 0;
SDA_IN();                        //SDA 设置为输入
IIC_SDA = 1;delay_us(1);
IIC_SCL = 1;delay_us(1);
while(READ_SDA)
{ ucErrTime + + ;
if(ucErrTime > 250)
{ IIC_Stop();
return 1;
}
}
IIC_SCL = 0;                     //时钟输出 0
return 0;
}
//产生 ACK 应答
void IIC_Ack(void)
{ IIC_SCL = 0;
SDA_OUT();
IIC_SDA = 0;
delay_us(2);
IIC_SCL = 1;
delay_us(2);
IIC_SCL = 0;
}
//不产生 ACK 应答
void IIC_NAck(void)
{ IIC_SCL = 0;
SDA_OUT();
IIC_SDA = 1;
delay_us(2);
IIC_SCL = 1;
delay_us(2);
IIC_SCL = 0;
}
//I²C 发送 1B
//返回从机有无应答
//1,有应答
```

```
//0,无应答
void IIC_Send_Byte(u8 txd)
{ u8 t;
SDA_OUT();
IIC_SCL=0;                            //拉低时钟,开始数据传输
for(t=0;t<8;t++)
{ IIC_SDA=(txd&0x80)>>7;
txd<<=1;
delay_us(2);                         //对于 TEA5767,3 次 delay_us(2)延时都是必需的
IIC_SCL=1;
delay_us(2);
IIC_SCL=0;
delay_us(2);
}
}
//读1B,ack=1 时,发送 ACK;ack=0,发送 nACK
u8 IIC_Read_Byte(unsigned char ack)
{ unsigned char i,receive=0;
SDA_IN();                            //SDA 设置为输入
for(i=0;i<8;i++ )
{ IIC_SCL=0;
delay_us(2);
IIC_SCL=1;
receive<<=1;
if(READ_SDA)receive++;
delay_us(1);
}
if (! ack)
IIC_NAck();                          //发送 nACK
else
IIC_Ack();                           //发送 ACK
return receive;
}
```

上述代码对 I²C 进行了串口的初始化和 I²C 开始、I²C 结束、ACK、I²C 读/写等进行了设置,在其他函数里面,只需要调用相关的 I²C 函数就可以和外部 I²C 器件通信了。此代码不局限于 24C02,可以用在任何 I²C 设备上。

在 main 函数里面编写应用代码,main 函数如下:

```
//要写入 24C02 的字符串数组
const u8 TEXT_Buffer[ ]={"ELITESTM32 IIC TEST"};
#define SIZE sizeof(TEXT_Buffer)
int main(void)
{
```

```
u8 key;
u16 i = 0;
u8 datatemp[SIZE];
delay_init();
//延时函数初始化
NVIC_PriorityGroupConfig(NVIC_PriorityGroup_2);         //设置中断优先级分组为组2
uart_init(115200);
//串口波特率初始化为115200
LED_Init();
//初始化与 LED 连接的硬件接口
LCD_Init();
//初始化 LCD
KEY_Init();
//按键初始化
AT24CXX_Init();
//I²C 初始化
POINT_COLOR = RED;                                      //设置字体为红色
LCD_ShowString(30,130,200,16,16,"KEY1:Write KEY0:Read");//显示提示信息
while(AT24CXX_Check())                                  //检测不到 24C02
{
LCD_ShowString(30,150,200,16,16,"24C02 Check Failed!");
delay_ms(500);
LCD_ShowString(30,150,200,16,16,"Please Check! ");
delay_ms(500);
LED0 = ! LED0;                                          //DS0 闪烁
}
LCD_ShowString(30,150,200,16,16,"24C02 Ready!");
POINT_COLOR = BLUE;                                     //设置字体为蓝色
while(1)
{
key = KEY_Scan(0);
if(key = = KEY1_PRES)                                   //KEY1 按下,写入 24C02
{
LCD_Fill(0,170,239,319,WHITE);                          //清除半屏
LCD_ShowString(30,170,200,16,16,"Start Write 24C02.... ");
AT24CXX_Write(0,(u8 * )TEXT_Buffer,SIZE);
LCD_ShowString(30,170,200,16,16,"24C02 Write Finished!");//提示传送完成
}
if(key = = KEY0_PRES)                                   //KEY1 按下,读取字符串并显示
{
LCD_ShowString(30,170,200,16,16,"Start Read 24C02.... ");
AT24CXX_Read(0,datatemp,SIZE);
LCD_ShowString(30,170,200,16,16,"The Data Readed Is: ");//提示传送完成
```

```
LCD_ShowString(30,190,200,16,16,datatemp);        //显示读到的字符串

}

i + + ;

delay_ms(10);

if(i = = 20)

{

LED0 = ! LED0;                                     //提示系统正在运行

i = 0;

}

}

}
```

8.8.3 测试与验证

在代码编译成功之后，下载代码到 STM32 开发板上，先按 WK_UP 按键写入数据，然后按 KEY1 按钮读取数据，程序运行结果如图 8.46 所示。

可以看到，DS0 会不停地闪烁，提示程序正在运行。程序在开机时会检测 24C02 是否存在，如果不存在则会在 TFT - LCD 模块上显示错误信息，同时 DS0 慢闪。通过跳线帽把 PB6 和 PB7 短接，就可以看到报错了。

在 USMART 里面加入 AT24CXX_WriteOneByte 和 AT24CXX_ReadOneByte 函数，就可以通过 USMART 读取和写入 24C02 的任何地址了。USMART 控制 24C02 读/写界面如图 8.47 所示。

图 8.46　程序运行结果　　　　　　　　图 8.47　USMART 控制 24C02 读/写界面

8.9　STM32 单片机在三相晶闸管触发电路中的应用

用于晶闸管三相全控桥变流装置的触发电路通常分为传统型、数字型、微机控制型三大类。从触发信号的相位控制方式看，有多通道相位控制和单通道相位控制两种，以锯齿波移相触发电路为主，用于三相全控桥式主电路时，移相通道多达 6 个，由于具有离散性，因此发出的触发脉冲相位对称度较差。以 STM32 为核心，不需要同步变压器，可构成具有相序自适应功能的双脉冲序列数字移相触发器，满足相控数字触发电路要求。

8.9.1 三相半控桥的工作原理

三相半控桥的接线图如图 8.48 所示，三相半控桥的同步信号与原始信号的波形图如图 8.49 所示。

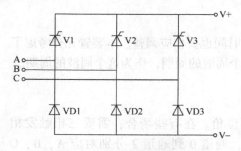

图 8.48 三相半控桥的接线图

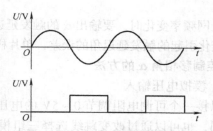

图 8.49 三相半控桥的同步信号与原始信号的波形图

1. 同步信号的获取

为了得到触发脉冲的移相角，必须从三相交流电源得到同步信号。传统的做法是从电源侧通过 3 个变压器得到各相的同步信号。若将三相线电压信号经光电耦合器进行电气隔离，则经调理得到同步信号。

2. 同步工作原理

工频电源的一个周期一般为 20ms，在系统初始化时 $T = 20$ms。而在实际应用中，电网经常出现周期不严格等于 20ms 的情况。如果不及时调整 T 值，就会产生触发误差。本节介绍的应用利用 STM32 的通用定时器 TIM3 的 PWM 生成功能，产生一个周期为 20ms 且占空比为 0.5 的方波，作为同步信号使用。

3. 晶闸管触发脉冲的形成

利用单片机的外部中断在下降沿响应中断，不需要扩展中断就可以做到 3 个同步信号的获取。定义单片机的外部中断为下降沿有效，当收到中断，并延时指定的时间后，t 就在指定的 I/O 接口输出一个高电平，经过 1ms 输出低电平，形成一个触发脉冲，各相中断信号互为独立。同步信号与触发信号的时序图如图 8.50 所示。

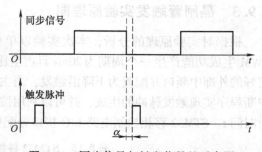

图 8.50 同步信号与触发信号的时序图

8.9.2 触发延时时间与电压的关系

1. 触发延迟角与输出电压的关系 α

三相半控桥整流输出电压 U_d 的波形在一个周波内脉动 6 次，且每次脉动的波形都相同，因此计算平均值时只需要对一个脉波（即 1/6 周期）进行计算即可。以线电压的过零点为时间坐标的零点，于是可得整流输出电压连续时（即带电阻负载 $\alpha < 60°$ 时）的平均值：

$$U_d = \frac{3}{\pi} \int_{\frac{\pi}{3}}^{\frac{2\pi}{3}+\alpha} \sqrt{6} U_2 \sin\omega t \, d(\omega t) = 2.34 U_2 \cos\alpha$$

当 $\alpha > 60°$ 时有：

$$U_{\mathrm{d}} = \frac{3}{\pi} \int_{\frac{\pi}{3}+\alpha}^{\pi} \sqrt{6}\, U_2 \sin\omega t\, d(\omega t) = 2.34 U_2 \left[1 + \cos\left(\frac{\pi}{3} + \alpha\right) \right]$$

2. 触发延迟角 α 与延时时间的关系

设工频电源的一个周期为 T，延时时间与触发延迟角的关系为：

$$t = \frac{T \times \alpha}{360}$$

当电网频率变化时，要输出 α 的触发延迟角，延时时间也要相应调整。本装置充分考虑了因周期变化引起的触发延迟角的误差，单片机测量上一个周波的周期，作为这个周波的周期。

3. 控制移相角 α 的方法

（1）模拟电压输入

可以接一个可调电阻调节 $0 \sim 5\mathrm{V}$ 的电压来改变相位角。在有些场合，需要三相触发相位不相同，也可以通过改变跳线选择三组模拟量输入，通道 0 到通道 2 分别对应 A、B、C 三相的移相的相位角。

（2）脉冲信号输入

在需要现场隔离的场合，脉冲信号只需要一路数字量隔离就可以将模拟信号传输出去。单片机通过检测输入信号的占空比来确定移相的相位角。100% 对应 $0°$，0% 对应 $180°$。同上，也可以分别输入三个脉冲信号来分别控制三相的触发角。

（3）异步串行数据输入

在工业控制场合，大量使用 RS-485 总线，可以通过异步串行口将移相的相位角的数据送入单片机。

假设控制信号是 $0 \sim 5\mathrm{V}$ 的直流电压。$0\mathrm{V}$ 时，A/D 的转换值是 0，对应 $180°$ 的触发延迟角，输出电压也为 $0\mathrm{V}$。A/D 的转换值是 4083，对应 $0°$ 的触发延迟角，输出电压最大，为 $2.34 U_2$。

8.9.3　晶闸管触发实验原理图

根据对实验原理的分析，本次实验以单相电压信号为例，利用 STM32 的通用定时器的 PWM 生成功能产生一个周期为 20ms 且占空比为 0.5 的方波作为同步信号，引出输出信号至设定好的外部中断口并配置为下降沿触发，当主机检测到下降沿后产生外部中断，然后进入外部中断程序实现触发脉冲的生成，并可以利用按键产生外部中断来中断控制以产生触发脉冲的延时时间 t。STM32 移相控制电路 I/O 接口分配见表 8.15。触发晶闸管电路原理如图 8.51 所示。

表 8.15　STM32 移相控制电路 I/O 接口分配

序号	中断、输入	中断、输入 STM32（引脚号）	输出	输出 STM32（引脚号）
1	A 相中断	PB11（70）	A 相触发	PF12（50）
2	B 相中断	PC8（98）	B 相触发	PF13（53）
3	C 相中断	PB7（137）	C 相触发	PF14（54）
4	按键 KEY0	PE4（3）增大		
5	按键 KEY1	PE3（2）减小		

8.9.4　晶闸管触发实验程序

实验自定义程序包括定时器设置、按键设置、外部中断设置和主程序。按键触发的中断

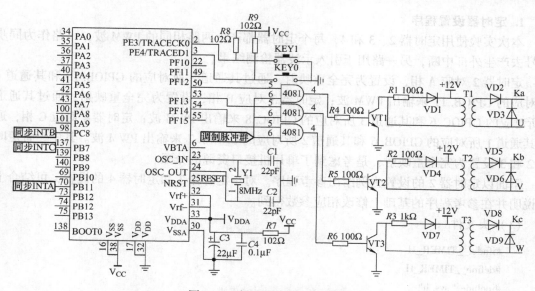

图 8.51 触发晶闸管电路原理

服务程序的流程框图和同步信号触发的中断服务程序分别如图 8.52 和图 8.53 所示，主函数
程序的流程框图如图 8.54 所示。

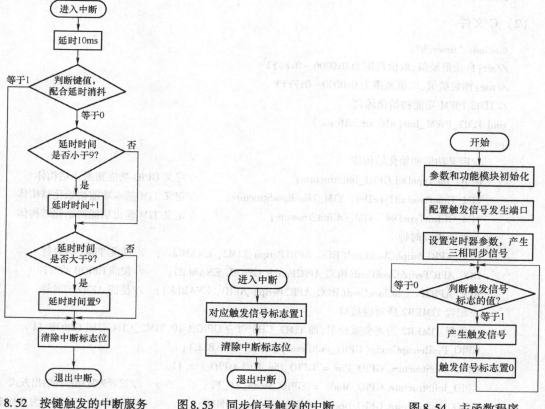

图 8.52 按键触发的中断服务
程序的流程框图

图 8.53 同步信号触发的中断
服务程序流程框图

图 8.54 主函数程序
流程框图

1. 定时器设置程序

本次实验使用定时器 2、3 和 4，每个定时器都产生两路相同的 PWM 波，一路作为同步信号去产生外部中断，另一路用于引入示波器检测结果。

定时器 2 对应 A 相，设置为完全重映射，通过其通道 3 所对应的 GPIOB. 10 和其通道 4 所对应的 GPIOB. 11 来输出 PWM 波；定时器 3 对应 B 相，设置为完全重映射，通过其通道 1 所对应的 GPIOC. 6 和其通道 3 所对应的 GPIOC. 8 来输出 PWM 波；定时器 4 对应 C 相，通过其通道 1 所对应的 GPIOB. 6 和其通道 2 所对应的 GPIOB. 7 来输出 PWM 波。其中，将定时器 2 和 3 设置为完全重映射，是考虑到了单片机接口资源的分配。

下面以定时器 2 的设置为例给出参考程序。对于定时器 3 和定时器 4 的设置，可结合上述说明并在参考程序的基础上修改相应参数得到。

（1）头文件

```
#ifndef__TIMER_H
#define__TIMER_H
#include "sys. h"
void TIM2_PWM_Init(u16 arr, u16 psc);
void TIM3_PWM_Init(u16 arr, u16 psc);
void TIM4_PWM_Init(u16 arr, u16 psc);
#endif
```

（2）C 文件

```
#include "timer. h"
//arr:自动重装值,取值范围为 0x0000 ~ 0xFFFF
//psc:预装载值,取值范围为 0x0000 ~ 0xFFFF
//TIM2 PWM 功能初始化函数
void TIM2_PWM_Init(u16 arr,u16 psc)
{
    //定义功能初始化结构体
    GPIO_InitTypeDef GPIO_InitStructure;                      //定义 GPIO 功能初始化结构体
    TIM_TimeBaseInitTypeDef   TIM_TimeBaseStructure;          //定义 TIM 基本功能初始化结构体
    TIM_OCInitTypeDef   TIM_OCInitStructure;                  //定义 TIM 输出功能初始化结构体
    //使能外设时钟
    RCC_APB1PeriphClockCmd(RCC_APB1Periph_TIM2, ENABLE);      //使能 TIM2 的时钟
    RCC_APB2PeriphClockCmd(RCC_APB2Periph_GPIOB, ENABLE);     //使能 GFIOB 的时钟
    RCC_APB2PeriphClockCmd(RCC_APB2Periph_AFIO, ENABLE);      //使能 AFIO 的时钟
    //配置 TIMER2 所对应接口
    //设置 TIMER2 为完全重映射,即 TIM2_CH3 对应 GPIOB. 10,TIM2_CH4 对应 GPIOB. 11
    GPIO_PinRemapConfig(GPIO_FullRemap_TIM2, ENABLE);
    GPIO_InitStructure. GPIO_Pin = GPIO_Pin_10 | GPIO_Pin_11;
    GPIO_InitStructure. GPIO_Mode = GPIO_Mode_AF_PP;          //设置为复用推挽输出方式
    GPIO_InitStructure. GPIO_Speed = GPIO_Speed_50MHz;        //设置 I/O 工作频率为 50MHz
    GPIO_Init(GPIOB, &GPIO_InitStructure);                    //根据设定参数初始化 GPIOB
```

```
//配置 TIMER2 的基本参数
TIM_TimeBaseStructure. TIM_Period = arr;                          //设置自动重装载值
TIM_TimeBaseStructure. TIM_Prescaler = psc;                       //设置预分频值
//设置定时器的时钟频率与数字滤波器的采样频率之间的分频比例,0 表示两者相等
TIM_TimeBaseStructure. TIM_ClockDivision = 0;
TIM_TimeBaseStructure. TIM_CounterMode = TIM_CounterMode_Up;      //TIM 向上计数模式
TIM_TimeBaseInit( TIM2, &TIM_TimeBaseStructure);                  //根据设定参数初始化 TIM2
//配置 TIMER2 的 PWM 输出功能
TIM_OCInitStructure. TIM_OCMode = TIM_OCMode_PWM2;                //设置输出通道为 PWM2 模式
//使能比较输出寄存器
TIM_OCInitStructure. TIM_OutputState = TIM_OutputState_Enable;
//设置 TIM 在输出比较匹配后输出高电平
TIM_OCInitStructure. TIM_OCPolarity = TIM_OCPolarity_Low;
TIM_OC3Init( TIM2, &TIM_OCInitStructure);                         //根据设置初始化 TIM2 输
                                                                 //出通道 3 功能
//使能 TIM2 输出通道 3 预装载寄存器
TIM_OC3PreloadConfig( TIM2, TIM_OCPreload_Enable);
//根据设置初始化 TIM2 输出通道 4 功能
TIM_OC4Init( TIM2, &TIM_OCInitStructure);
//使能 TIM2 输出通道 4 预装载寄存器
TIM_OC4PreloadConfig( TIM2, TIM_OCPreload_Enable);
TIM_Cmd( TIM2, ENABLE);    //使能 TIM2
}
```

2. 按键设置程序

实验使用按键 KEY0、KEY1 对触发信号的延时进行控制。其中,KEY0 对应 GPIOE.4,
功能为增大延时时间;KEY1 对应 GPIOE.3,功能为减小延时时间。其功能设置程序如下。

(1) 头文件

```
#ifndef __KEY_H
#define __KEY_H
#include "sys. h"
#define KEY0 PEin(4)
#define KEY1 PEin(3)
void KEY_Init( void);
#endif
```

(2) C 文件

```
#include "key. h"
//按键初始化函数
void KEY_Init( void)
{
//定义初始化结构体
GPIO_InitTypeDef GPIO_InitStructure;        //定义 GPIO 初始化结构体
```

```
//使能时钟
RCC_APB2PeriphClockCmd(RCC_APB2Periph_GPIOE, ENABLE);    //使能 GPIOE 的时钟
//配置 GPIOE.4 功能,即 KEY0
GPIO_InitStructure. GPIO_Pin   = GPIO_Pin_4;              //选中 GPIOE.4
GPIO_InitStructure. GPIO_Mode = GPIO_Mode_IPU;           //设置为上拉输入方式
GPIO_Init( GPIOE, &GPIO_InitStructure);                  //根据设定参数初始化 GPIOE
//配置 GPIOE.3 功能,即 KEY1
GPIO_InitStructure. GPIO_Pin   = GPIO_Pin_3;             //选中 GPIOE.3
GPIO_InitStructure. GPIO_Mode = GPIO_Mode_IPU;           //设置为上拉输入方式
GPIO_Init( GPIOE, &GPIO_InitStructure);                  //根据设定参数初始化 GPIOE
}
```

3. 外部中断设置程序

本实验所使用的外部中断包括由 A、B、C 三相同步信号所产生的外部中断,以及由按键 KEY0、KEY1 和 WK_UP 所产生的外部中断。其中,按键 KEY0 对应 GPIOE.4,占用中断线 4;按键 KEY1 对应 GPIOE.3,占用中断线 3;按键 WK_UP 对应 GPIOA.0,占用中断线 0。因此,选用 GPIOF.1、GPIOF.2、GPIOF.5 分别占用中断线 1、2、9_5 作为同步信号的外部中断接收口,分别对应 A、B、C 相。

注意,除了按键 WK_UP 的中断要设置为上升沿触发外,其余都需设置为下降沿触发。本次实验中的中断优先级设置为两位主优先级、两位从优先级,按键中断的主优先级高于同步信号的主中断优先级。

下面以 A 相同步信号的外部中断设置为例给出参考程序,其余同步信号中断和按键中断的设置可结合上述说明在参考程序的基础上修改相应参数得到。

(1) 头文件

```
#ifndef__EXTI_H
#define__EXIT_H
#include " sys. h"
void EXTIX_Init( void);//外部中断初始化
#endif
```

(2) C 文件

```
#include " exti. h"
//外部中断初始化函数
void EXTIX_Init( void)
{
    //定义初始化结构体
    EXTI_InitTypeDef EXTI_InitStructure;                //定义外部中断功能初始化结构体
    NVIC_InitTypeDef NVIC_InitStructure;                //定义中断控制功能初始化结构体
    //使能时钟
    RCC_APB2PeriphClockCmd( RCC_APB2Periph_GPIOF, ENABLE);     //使能 GPIOF 的时钟
    RCC_APB2PeriphClockCmd( RCC_APB2Periph_AFIO, ENABLE);      //使能 AFIO 的时钟
    //配置接收同步信号的外部中断
```

```
//使用 GPIOF.1 作为外部中断口接收 A 相的同步信号
//配置 GPIOF.1 所对应的中断线
GPIO_EXTILineConfig( GPIO_PortSourceGPIOF, GPIO_PinSource1 );  //选中 GPIOF.1
EXTI_InitStructure. EXTI_Line = EXTI_Line1;                     //设置为中断线 1
EXTI_InitStructure. EXTI_Mode = EXTI_Mode_Interrupt;           //设置为产生中断
EXTI_InitStructure. EXTI_Trigger = EXTI_Trigger_Falling;       //设置为下降沿触发
EXTI_Init( &EXTI_InitStructure );                              //根据设定参数初始化 EXTI
//配置 NVIC;
//配置 EXTI1,即同步信号 A 相接收口
NVIC_InitStructure. NVIC_IRQChannel = EXTI1_IRQn;             //选中 EXTI1
//设置为抢占优先级 1
NVIC_InitStructure. NVIC_IRQChannelPreemptionPriority = 0x01;
NVIC_InitStructure. NVIC_IRQChannelSubPriority = 0x00;        //设置为从优先级 0
NVIC_InitStructure. NVIC_IRQChannelCmd = ENABLE;             //使能 NVIC
NVIC_Init( &NVIC_InitStructure );                            //根据设定参数初始化 NVIC
}
```

4. 主程序

主程序包括主函数和外部中断服务函数。其中，外部中断服务程序 1、2、9_5 用于在检测到来自 A、B、C 相的同步信号后，修改对应标志位 Trigger_flag_X（X 为 A、B、C），对应 A、B、C 相；外部中断服务程序 4、3 分别对应 KEY0、KEY1，分别用于增大、减小触发延时值 Trigger_delay。其参考程序如下。

```
#include "sys.h"
#include "timer.h"
#include "exti.h"
#include "delay.h"
#include "key.h"
#include "usart.h"
#define Trigger_Signal_A PFout(12)     //A 相所对应触发信号
#define Trigger_Signal_B PFout(13)     //B 相所对应触发信号
#define Trigger_Signal_C PFout(14)     //C 相所对应触发信号
//产生触发信号标志位,1 表示检测到同步信号下降沿而产生触发信号,0 表示未检测到
u8 Trigger_flag_A = 0;                 //对应 A 相同步信号检测标志
u8 Trigger_flag_B = 0;                 //对应 B 相同步信号检测标志
u8 Trigger_flag_C = 0;                 //对应 C 相同步信号检测标志
//触发信号与同步信号下降沿之间的延时,与同步信号周期和触发角有关,这里初始设置为 5ms
u8 Trigger_delay = 5;
int main( void )
{
    GPIO_InitTypeDef GPIO_InitStructure;   //定义 GPIO 功能初始化结构体
    //功能初始化
    delay_init();                          //延时函数初始化
    uart_init(115200);                     //串口通信功能初始化,设置波特率为 115200
```

189

```
//设置 NVIC 中断分组 2,即两位主优先级,两位从优先级
NVIC_PriorityGroupConfig(NVIC_PriorityGroup_2);
KEY_Init();                                                    //按键功能初始化
EXTIX_Init();                                                  //外部中断初始化
RCC_APB2PeriphClockCmd(RCC_APB2Periph_GPIOF, ENABLE);//使能 GPIOF 的时钟
RCC_APB2PeriphClockCmd(RCC_APB2Periph_AFIO,ENABLE);   //使能 AFIO 的时钟
//使用 GPIOF.12 作为 A 相触发信号输出接口,GPIOF.13 作为 B 相触发信号输出接口
//GPIOF.14 作为 C 相触发信号输出接口
//配置 GPIOF.12、GPIOF.13、GPIOF.14
GPIO_InitStructure.GPIO_Pin = GPIO_Pin_12 | GPIO_Pin_13 | GPIO_Pin_14;
//选中 GPIOF.12、GPIOF.13、GPIOF.14
GPIO_InitStructure.GPIO_Mode = GPIO_Mode_Out_PP;         //设置推挽输出方式
GPIO_InitStructure.GPIO_Speed = GPIO_Speed_50MHz;        //设置 I/O 输出频率为 50MHz
GPIO_Init(GPIOF, &GPIO_InitStructure);//根据设置初始化 GPIOF
//产生三相同步信号
//A 相
//这里 Tclk = 72MHz,Tout = Tclk/(199 + 1)/(7199 + 1) = 50Hz,即周期为 20ms
TIM2_PWM_Init(199,7199);
TIM_SetCompare3(TIM2, 100);//这里设置占空比为 0.5,即输入参数取 100
TIM_SetCompare4(TIM2, 100);//这里设置占空比为 0.5,即输入参数取 100
delay_ms(333);//B 相与 A 相有 120°相位差,延时 1/3 周期
//B 相
//这里 Tclk = 72MHz,Tout = Tclk / (199 + 1) / (7199 + 1) = 50Hz,即周期为 20ms
TIM3_PWM_Init(199,7199);
TIM_SetCompare1(TIM3, 100);//这里设置占空比为 0.5,即输入参数取 100
TIM_SetCompare3(TIM3, 100);//这里设置占空比为 0.5,即输入参数取 100
delay_ms(333);//C 相与 B 相有 120°相位差,再延时 1/3 周期
//C 相
//这里 Tclk = 72MHz,Tout = Tclk / (199 + 1) / (7199 + 1) = 50Hz,即周期为 20ms
TIM4_PWM_Init(199,7199);
TIM_SetCompare1(TIM4, 100);//这里设置占空比为 0.5,即输入参数取 100
TIM_SetCompare2(TIM4, 100);//这里设置占空比为 0.5,即输入参数取 100
while(1)
{
    //产生三相触发信号
    //产生 A 相触发信号
    if(Trigger_flag_A == 1)
    {
        delay_ms(Trigger_delay);
        Trigger_Signal_A = 1;
        delay_ms(1);                           //触发信号持续时间,设置为 1ms
        Trigger_Signal_A = 0;
        Trigger_flag_A = 0;                    //触发信号产生结束,接收标志置 0
```

```
        }
    //产生 B 相触发信号
    if(Trigger_flag_B = = 1)
    {
        delay_ms(Trigger_delay);
        Trigger_Signal_B = 1;
        delay_ms(1);                    //触发信号持续时间,设置为 1ms
        Trigger_Signal_B = 0;
        Trigger_flag_B = 0;             //触发信号产生结束,接收标志置 0
    }
    //产生 C 相触发信号
    if(Trigger_flag_C = = 1)
    {
        delay_ms(Trigger_delay);
        Trigger_Signal_C = 1;
        delay_ms(1);                    //触发信号持续时间,设置为 1ms
        Trigger_Signal_C = 0;
        Trigger_flag_C = 0;             //触发信号产生结束,接收标志置 0
    }
    }
}

//外部中断 1 服务程序:由 A 相同步信号产生触发信号
void EXTI1_IRQHandler(void)
{
    Trigger_flag_A = 1;
    EXTI_ClearITPendingBit(EXTI_Line1);    //清除 LINE1 上的中断标志位
}

//外部中断 2 服务程序:由 B 相同步信号产生触发信号
void EXTI2_IRQHandler(void)
{
    Trigger_flag_B = 1;
    EXTI_ClearITPendingBit(EXTI_Line2);    //清除 LINE2 上的中断标志位
}

//外部中断 5 服务程序:由 C 相同步信号产生触发信号
void EXTI9_5_IRQHandler(void)
{
    Trigger_flag_C = 1;
    EXTI_ClearITPendingBit(EXTI_Line5);    //清除 LINE2 上的中断标志位
}

//外部中断 4 服务程序:KEY0 按键中断,增大触发延时
void EXTI4_IRQHandler(void)
{
    delay_ms(10);
```

```
        if( KEY0 = = 0 )                              //按键消抖
        {
            if( Trigger_delay < 9 ) Trigger_delay + + ;
            if( Trigger_delay > = 9 ) Trigger_delay = 9 ;
        }
        EXTI_ClearITPendingBit( EXTI_Line4 ) ;        //清除 LINE4 上的中断标志位
}
//外部中断 3 服务程序:KEY1 按键中断,减小触发延时
void EXTI3_IRQHandler( void )
{
        delay_ms( 10 ) ;
        if( KEY1 = = 0 )                              //按键消抖
        {
            if( Trigger_delay > 1 ) Trigger_delay - - ;
            if( Trigger_delay < = 1 ) Trigger_delay = 1 ;
        }
        EXTI_ClearITPendingBit( EXTI_Line3 ) ;        //清除 LINE4 上的中断标志位
}
```

8.9.5　实验仿真结果与分析

　　根据原理图连接好硬件电路，这里以 A 相为例进行介绍。系统开始运行后，LED0 亮，LED1 灭，指示当前选择控制为 A 相。通过示波器可观测到同步信号（2#波形）与触发脉冲（1#波形）的时序，如图 8.55 所示。图 8.55 所示波形与理论波形相一致，即实验结果与理论相符合。

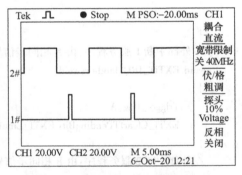

图 8.55　同步信号与触发脉冲时序图

　　利用示波器的光标测量功能可测得同步信号的周期为 20ms，高电平持续时间为 10ms，即占空比为 0.5，测量的同步信号周期如图 8.56 所示，测量的同步信号高电平持续时间如图 8.57 所示，即所生成的同步信号符合程序设计要求。

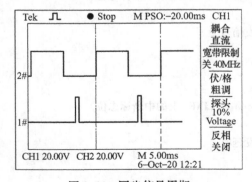

图 8.56　同步信号周期

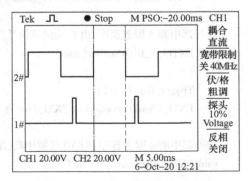

图 8.57　同步信号高电平持续时间

使用同样的方法可以测量触发脉冲的延时时间为 5ms，脉冲持续时间为 1ms，测量的触发脉冲延时时间如图 8.58 所示，测量的触发脉冲持续时间如图 8.59 所示，即生成触发信号也符合程序设计要求。

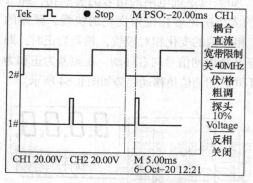

图 8.58　触发脉冲延时时间

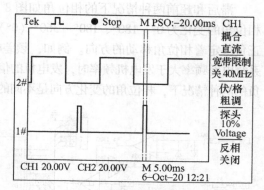

图 8.59　触发脉冲持续时间

本次实验还设计了按键中断控制延时时间功能，其调节范围为 1～9ms，程序默认延时时间为 5ms。按键 KEY0 可增加延时时间，在默认情况下按下 3 次，即增加延时时间到 8ms，测量的增加后的触发脉冲持续时间如图 8.60 所示；按键 KEY1 可减少延时时间，在默认情况下按下 3 次，即减少延时时间到 2ms，测量的减少后的触发脉冲持续时间如图 8.61 所示。

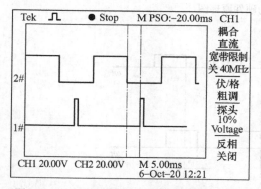

图 8.60　测量的增加后的触发脉冲持续时间

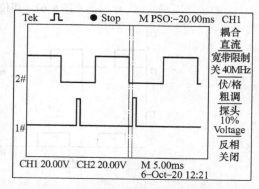

图 8.61　测量的减少后的触发脉冲持续时间

综上所述，实际实验结果符合设计预期和要求。

8.10　STM32 单片机测量并网前的频率及相位角参数

相位角是本设计装置中最重要的参数信息。发动机组合闸指令就是根据实时测算的相位角值的变化来发出的，根据所计算出的频差、压差以及允许的误差范围，计算出此时通道 N 的合闸导前角。在相位角等于或者逼近于合闸导前角的一个范围内发出合闸指令，使得并网装置在相位角几乎为零的时刻完成并网操作，使发电机平滑、安全地并入系统电网，以减少对发电机造成损伤。

8.10.1　频率及相位角测量的电路原理图

相位角测量的硬件原理图如图 8.62 所示。

滞后和超前两种情况下的相位角如图 8.63 所示。如果以系统电网的信号为参照物，那么相位角的变化为 0°～180°、180°～360°（0°）。频差的大小决定着相位角变化的快慢，频差的正负决定着相位角移动的方向。例如，频差较大时，相位角的变化相对较快，频差为正时，即系统电网频率大于发电机频率时，发电机的信号相对于系统电网信号向右移动。在频差为正和为负的两种情况下，相位角的变化方向是不同的，频差不同时的相位角移动趋势如图 8.64 所示。

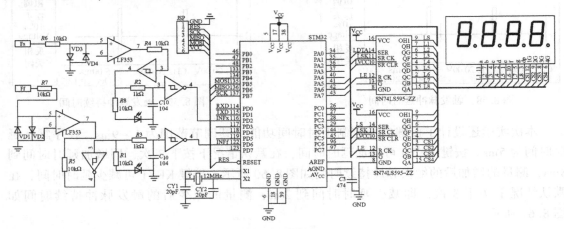

图 8.62　相位角测量的硬件原理图

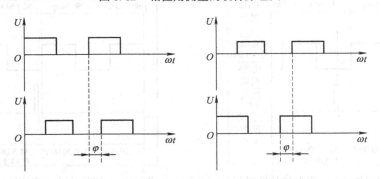

图 8.63　滞后和超前两种情况下的相位角

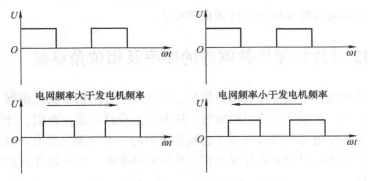

图 8.64　频差不同时的相位角移动趋势

8.10.2 相位角的测量方法

当电网频率大于发电机频率时，电网电压信号的周期将小于发电机电压信号的周期，假设将电网电压信号当成不动的参照，那么在示波器上可以看到发电机电压信号相对于电网信号向右移动，相位角从 0° 升到 180°，然后由 180° 降到 0°，如此循环。

假设将两个需要中断响应的信号用同一个定时器来计时，如果要得到相位角，则可使用一个计时器来获取两个信号相邻上升沿之间的时间数值。在 STM32 单片机内有一个输入捕获单元，可用来捕获外部事件，并为其赋予时间标记来说明此事件的发生时刻。外部事件的触发信号由引脚 ICP1 输入。当引脚 ICP1 上的逻辑电平（事件）发生了变化，并且这个电平变化被边沿检测器所证实，输入捕捉即被激发：16 位的 TCNT1 数据被复制到输入捕捉寄存器 ICR1，同时输入捕捉标志位 ICF1 置位。如果此时 ICF1 = 1，那么输入捕捉标志将产生输入捕捉中断。中断执行时，ICF1 自动清零。或者也可通过软件在其对应的 I/O 位置写入逻辑"1"清零。

通过输入捕获单元将相位角的实时计算监控变成了现实，电网信号通过中断 INT0 口端输入，发电机电压信号通过外部事件捕获接口 ICP1 接入。使用 16 位定时器 T1 来计时。外部中断 INT0 接口根据电网信号的方波上升沿触发中断响应计时。发电机电压方波信号接入捕获单元 ICP1 接口，由外部捕获中断响应寄存器 ICR1 来计时，同样使用的是 T1 定时器。相邻两上升沿定时器的计数值的差就是相应的电压方波信号的周期值，而相邻两个外部中断口 INT0 和 ICP1 的上升沿时间差与系统电网周期的比值就是相位角的占空比。

$$\varphi = (t_1 - t_2)/T$$

式中，φ 为占空比；t_1 为 ICP1 计时值；t_2 为 INT0 计时值；T 为系统信号周期值。

其中所计算的占空比分为两种情况，即所谓的超前和滞后。为了计算相位角简便，认为相位角从 0° 上升到 180° 然后由 180° 减小到 0°，所要实现的并网操作就是在相位角从 180° 变到 0° 时，在 0° 的瞬间闭合断路器，使发电机组并入系统电网。

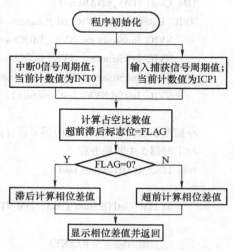

图 8.65 测量相位角的流程图

8.10.3 测量相位角的流程框图和程序

1. 测量相位角的流程框图
测量相位角的流程图如图 8.65 所示。

2. 测量相位角的程序

```
//定时器 5 的通道 1 输入捕获配置
//arr：自动重装值（TIM2、TIM5 是 32 位的）
//psc：时钟预分频数
void TIM5_CH1_Cap_Init( u32 arr,u16 psc)
{
    GPIO_InitTypeDef GPIO_InitStructure;
    TIM_TimeBaseInitTypeDef   TIM_TimeBaseStructure;
    NVIC_InitTypeDef NVIC_InitStructure;
```

```
    RCC_APB1PeriphClockCmd(RCC_APB1Periph_TIM5,ENABLE);          //TIM5 时钟使能
    RCC_AHB1PeriphClockCmd(RCC_AHB1Periph_GPIOA, ENABLE);        //使能 PORTA 时钟
    GPIO_InitStructure. GPIO_Pin = GPIO_Pin_0;                    //GPIOA0
    GPIO_InitStructure. GPIO_Mode = GPIO_Mode_AF;                 //复用功能
    GPIO_InitStructure. GPIO_Speed = GPIO_Speed_100MHz;          //设置 I/O 工作频率为 100MHz
    GPIO_InitStructure. GPIO_OType = GPIO_OType_PP;               //推挽复用输出
    GPIO_InitStructure. GPIO_PuPd = GPIO_PuPd_DOWN;               //下拉
    GPIO_Init(GPIOA,&GPIO_InitStructure);                        //初始化 PA0
    GPIO_PinAFConfig(GPIOA,GPIO_PinSource0,GPIO_AF_TIM5);         //PA0 复用位定时器 5
    TIM_TimeBaseStructure. TIM_Prescaler = psc;                   //定时器分频
    TIM_TimeBaseStructure. TIM_CounterMode = TIM_CounterMode_Up;  //向上计数模式
    TIM_TimeBaseStructure. TIM_Period = arr;                      //自动重装载值
    TIM_TimeBaseStructure. TIM_ClockDivision = TIM_CKD_DIV1;
    TIM_TimeBaseInit(TIM5,&TIM_TimeBaseStructure);
    //初始化 TIM5 输入捕获参数
    //CC1S = 01    选择输入端 IC1 映射到 TI1 上
    TIM5_ICInitStructure. TIM_Channel = TIM_Channel_1;
    TIM5_ICInitStructure. TIM_ICPolarity = TIM_ICPolarity_Rising;   //上升沿捕获
    TIM5_ICInitStructure. TIM_ICSelection = TIM_ICSelection_DirectTI;  //映射到 TI1 上
    TIM5_ICInitStructure. TIM_ICPrescaler = TIM_ICPSC_DIV1;        //配置输入分频,不分频
    TIM5_ICInitStructure. TIM_ICFilter = 0x00;                    //IC1F =0000 配置输入滤波器,不滤波
    TIM_ICInit(TIM5, &TIM5_ICInitStructure);
    TIM_ITConfig(TIM5,TIM_IT_Update|TIM_IT_CC1,ENABLE);           //允许更新中断,允许 CC1IE 捕获中断
    TIM_Cmd(TIM5,ENABLE);                                         //使能定时器 5
    NVIC_InitStructure. NVIC_IRQChannel = TIM5_IRQn;
    NVIC_InitStructure. NVIC_IRQChannelPreemptionPriority =2;     //抢占优先级
    NVIC_InitStructure. NVIC_IRQChannelSubPriority = 0;           //子优先级
    NVIC_InitStructure. NVIC_IRQChannelCmd = ENABLE;              //IRQ 通道使能
    NVIC_Init(&NVIC_InitStructure);                              //根据指定的参数初始化 NVIC 寄存器
}
//捕获状态(对于 32 位定时器来说,1μs 计数器加 1,溢出时间为 4294s)
//定时器 5 中断服务程序
void TIM5_IRQHandler(void)
{
    if(TIM_GetITStatus(TIM5, TIM_IT_CC1) ! = RESET)            //捕获 1 发生捕获事件
    {
        if(edge = = RESET)                                    //上升沿
        {
            rising = TIM5 - > CCR1 - rising_last;
            rising_last = TIM5 - > CCR1;
            TIM_OC1PolarityConfig(TIM5,TIM_ICPolarity_Falling);
            //CC1P =0,设置为上升沿捕获
            edge = SET;
```

```
                  }
              else
                  {
                      falling = TIM5 - > CCR1 - rising_last;
                      TIM_OC1PolarityConfig(TIM5,TIM_ICPolarity_Rising);
                  //CC1P = 0,设置为上升沿捕获
                      edge = RESET;
                  }
              }
              TIM_ClearITPendingBit(TIM5,TIM_IT_CC1|TIM_IT_Update);//清除中断标志位
          }
```

主程序主要代码如下：

```
    while (1)
    {
            uint32_t highsum = 0,wavesum = 0,dutysum = 0,freqsum = 0;
            LCD_Clear(0);
            delay_ms(1);
    sprintf(str,"rise:% 3d\nfall:% d\nfall - rise:% d",rising,falling,falling - rising);
            LCD_ShowString(0,100,str);
            sprintf(str," Freq:%.2f
    Hz\nDuty:%.3f\n",90000000.0/rising,(float)falling/(float)rising);
            //显示频率、占空比
            LCD_ShowString(0,200,str);
            delay_ms(100);
    }
```

8.11　STM32 单片机在自动控制液位中的应用

8.11.1　液位自动控制装置技术要求

设计并制作一个水位监测与控制装置，水位监测与控制装置示意图如图 8.66 所示。

1. 基本要求

1）通过键盘可以设定 B 容器里的液位（5 ~ 15cm 内的任意值），并通过自动控制进水阀门（或类似于电磁阀的装置）使 B 容器的液位达到该设定值，液位误差不超过 ± 0.5cm。

2）在规定水位范围内分别手工放水和加水。显示器能实时显示当前液位高度和进水阀门、出水阀门的状态，并将水位恢复至设定水位。

3）液位超过 18cm 或低于 3cm 时发出报警。

4）切断装置电源并改变水位，重新上电后能自动恢复水位。

2. 发挥部分

设计并制作一个采用主从控制的远程控制系统，远程的主控制器可以像基本要求中的从

处理器一样发出控制命令。

主控制器的功能：

1）通过主控制器向从处理器发送控制命令以实现远程控制。

2）可显示从处理器传输过来的液位信息和进出水阀门的状态信息。

从处理器的功能：

1）能接收主控制器设定的液位控制信息并显示，完成基本要求的所有功能。

2）完成与基本部分液位控制误差控制功能。

8.11.2 单片机控制原理图

单片机控制液位原理图如图 8.67 所示。

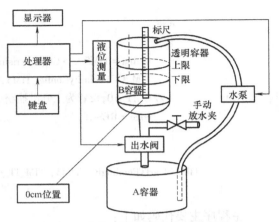

图 8.66 水位监测与控制装置示意图

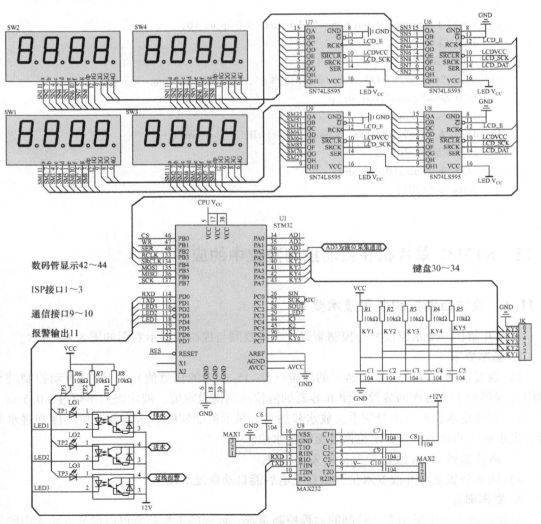

图 8.67 单片机控制液位原理图

198

8.11.3　液位控制及远程控制程序

```c
//water. c : source file for the water project
#include " water. h"
#include " waterADC. h"
#include < avr/eeprom. h >
#include " table. h"
#include " waterUART. h"
unsigned char list_buf[8] = {0,0,0,24,0,0,0,24};        //菜单数组
unsigned int ad_data[100];                              //AD 转换结果,AD 转换缓冲
long ad_buf[3];                                          //缓冲地址
static unsigned char point = 30 - 1;                     //AD 滤波数组指针
unsigned char key = 0;//键码
unsigned char led_d[35] = {0xee, 0x28, 0xb6, 0xba, 0x78, 0xda, 0xde, 0xa8, 0xfe, 0xfa,
                0xef, 0x29, 0xb7, 0xbb, 0x79, 0xdb, 0xdf, 0xa9, 0xff, 0xfb,
                0x00, 0x1e, 0xec, 0xd4, 0x7c, 0x10, 0x0e, 0x6e, 0x56, 0x01,
                0x0e, 0xfc, 0x5e, 0xc6, 0x6e},           //数码管段码
        led_w[5] = {0x11, 0x22, 0x44, 0x88, 0x00};       //数码管位码
unsigned int height_real, height_control;               //实际液位高度,液位控制高度
static void io_init( void)
{
    //函数通用映射
    //I/O 端口映射
    GPIO_InitTypeDef GPIO_InitStructure;
    RCC_APB2PeriphClockCmd( RCC_APB2Periph_GPIOA|RCC_APB2Periph_GPIOB|RCC_APB2Pe
    riph_GPIOC|RCC_APB2Periph_GPIOD, ENABLE);            //使能 PA、PB、PC、PD 接口时钟
    GPIO_InitStructure. GPIO_Pin = PORT_PIN;             //选择要设置的 I/O 接口
    GPIO_InitStructure. GPIO_Mode = GPIO_Mode_Out_PP;    //设置推挽输出模式
    GPIO_InitStructure. GPIO_Speed = GPIO_Speed_50MHz;   //设置传输速率
    GPIOA - > BSRR = 0x00f8;                             //A 接口电平状态 11111000
    GPIOB - > BSRR = 0x0;                                //B 接口电平状态 00000000
    GPIOC - > BSRR = 0x0e;                               //C 接口电平状态 00001110
    GPIOD - > BSRR = 0x00;                               //D 接口电平状态 00000000
        //看门狗映射
    wdt_disable();                                       //关闭看门狗
    //模拟比较器资源映射
    //关闭模拟比较器
    ACSR = 0x80;                                         //设置模拟比较器状态与控制
}
int main( void)
{
    //初始化函数映射
```

199

```c
    io_init();                                              //I/O 接口初始化
    adc_init();                                             //AD 初始化
    uart_init();                                            //通信初始化
    //添加其他初始化函数
    sei();                                                  //开中断允许位
    //全局中断映射
    unsigned char  i;
    //恢复上次掉电前保存的数据
    height_control = eeprom_read_byte((unsigned int8_t * )0x01);
    for (i = 0; i < 30; i++)//测液位
    {
        get_adc(2);                                         //获取 AD 口第二路 AD 值
    }
    while(1)
    {
        if(height_control < height_real – 2)
        {
            GPIOD – >BSRR | = 0x04;
            GPIOD – >BSRR & = 0xf7;
        }       //实际液位高度高于液位控制高度 2mm 以上时,启动出水阀门(OUT1)
            else if(height_control > height_real + 2)
        {
            GPIOD – >BSRR | = 0x08;
            PORTD & = 0xfb;
        }       //实际液位高度低于液位控制高度 2mm 以上时,起动水泵(OUT2)
    if((height_control > height_real – 2) && (height_control < height_real + 2))
    GPIOD – >BSRR & = 0xf3;//实际液位高度与液位控制高度在 2mm 范围内时,关闭出水阀门和水泵
    if(height_real > = 180)
    {
        GPIOD – >BSRR | = 0x10;
        GPIOD – >BSRR & = 0xf7;
        GPIOD – >BSRR | = 0x04;
    }//实际液位高度大于 180mm 时,发出警报,关闭水泵
    else if(height_real < = 30)
    {
        GPIOD – >BSRR | = 0x10;
        GPIOD – >BSRR& = 0xfb;
        GPIOD – >BSRR | = 0x08;
    }       //实际液位高度小于 180mm 时,发出警报,关闭出水阀门
        else
        GPIOD – >BSRR& = 0xef; 实际液位高度符合要求时,清除报警信号
    listshow();                                             //显示赋值
    menu_key();                                             //数码管显示菜单子程序
```

```
        get_adc(2);                                    //测液位
            send_char(' $ ');                          //起始位
            send_char(height_control);                 //水位控制值
            send_char(height_real);                    //水位实际值
            send_char(PIND);                           //D 口状态,即继电器输出情况
            for (i = 0; i < 10; i + +)                 //显示
            {
                led_list();
            }
        }
    }
}

/ *******************************************
数码管显示
******************************************* /
void led_outbyt(unsigned char a)                       //数码管显示程序
{
    unsigned char i, d;
    for (i = 0; i < 8; i + +)
    {
        cbi(GPIOB, 4);                                 //时钟信号
        d = a & 0x80;
        if (d)
            sbi(GPIOB, 2);                             //数据信号
        else
            cbi(GPIOB, 2);
        a < < = 1;
        sbi(GPIOB, 4);
    }
}
void led_list(void)//数码管位码显示位置
{
    unsigned char i, c;
    for (i = 0; i < 4; i + +)
    {
        led_outbyt(led_w[i]);                          //发送位码
        c = led_d[list_buf[i]] ^ 0xff;
        led_outbyt(c);                                 //发送段码
        c = led_d[list_buf[i + 4]] ^ 0xff;
        led_outbyt(c);                                 //发送段码
        cbi(GPIOB, 3);                                 //数据锁存
        sbi(GPIOB, 3);
        delay(0.88, 8000);
    }
```

```
        }
/ ***********************************************************************
                        数码管显示菜单子程序
   ***********************************************************************/
void menu_key(void)
{
unsigned char tem;
tem = PINA & 0xf0;                //从此开始为菜单程序(K4:翻页;K5:▼;K6:▲;K8:确认)
tem & = key;
if(tem ! = 0xf0)
{
    tem = PINA & 0xf0;            //再读键盘
    tem & = key;
    if(tem ! = 0xf0)              //确认按键按下
    {
        switch (tem)
        {
            case 0x70: height_control + + ;  break;//K8 按下
            case 0xd0: height_control + = 10; break;//K6 按下
            case 0xe0: height_control - - ; break;//K5 按下
            case 0xb0: height_control - = 10; break; //K4 按下
            default:break;
        }
        //写入 eeprom 中并保存
        eeprom_write_byte((unsigned int8_t * )0x01, height_control);
    }
    if (height_control < 50)      //设置下限为 50
    {
    height_control = 50;
    }
    if (height_control > 150)     //设置上限为 150
    {
    height_control = 150;
    }
}
while ((PINA | 0x0f) ^ 0xff)      //当键盘未释放时,一直显示
{
    led_list();
}
key = PINA & 0xf0;               //获得键码
}
```

```
/*******************************************
读取 ADC 的值及滤波子函数
*******************************************/
void get_adc( unsigned char i)
{
    unsigned char f, n = 90;
    ad_data[ point * 3 + i] = read_adc(i) * 10;        //读取 AD 值
    ad_buf[ i] = 0;
    for ( f = 0; f < n / 3; f + + )                      //求取 AD 值平均
    {
        ad_buf[ i] + = ad_data[ i + f * 3] ;
    }
    ad_buf[ i] / = n / 3;                                //平均值
    if ( point)                                          //改变数组指针
    {
        point - - ;
    }
    else
    {
        point = n / 3 - 1;
    }
}
/*******************************************
读取列表,转换成水位实际值
*******************************************/
unsigned int search( unsigned int ad_da)
{
    unsigned int j;
    j = 0;
    while( ad_da < table[ j] && j < 485)
    {
        j + + ;
    }
    return j + 25;
}
/*******************************************
显示赋值
*******************************************/
void listshow( void)
{
    unsigned int a, f, i;
    a = height_control;//显示
    f = table[ ad_buf[ 2] / 10 - 505] ;                   //显示
```

```c
        height_real = f;
        for (i = 0; i < 3; i++)
        {
            list_buf[2 - i] = a % 10;                    //显示
            list_buf[6 - i] = f % 10;                    //显示
            a /= 10;
            f /= 10;
        }
        list_buf[1] += 10;
        list_buf[5] += 10;
}
//AD 采集子程序
//waterADC. c：water ADC 的源文件
#include "water. h"
#include "waterADC. h"
void adc_init(void)
{
    //ADC 映射
    // ADC 时钟频率：125.000kHz
    // ADC 参考：AREF
    // ADC 噪声消除
    SFIOR |= 0x0;
    ADMUX = 0x40;                                        //开启 AD 转换,设置转换周期
    ADCSRA = 0x86;                                       //AD 转换通道
}
unsigned int read_adc(unsigned char adc_input)
{
    // 设置 ADC 输入
    ADMUX &= 0x78;                                       //选择 AD 转换通道
    ADMUX |= adc_input;
    //设置 ADC 转换
    sbi(ADCSRA, ADSC);                                   //开始转换
    //等待 ADC 转换完成
    loop_until_bit_is_set(ADCSRA, ADIF);                 //进行 AD 转换
    sbi(ADCSRA, ADIF);                                   //结束 AD 转换
    return ADCW;//返回 AD 值
}
//waterTimer. c 是 water Timer 程序的源文件
#include "water. h"
#include "waterTimer. h"
//液位定时器
extern unsigned char sign, t0, t1, t2;
void timers_init(void)
```

```
{
        //定时器资源映射
        //定时器/计数器 0 的时钟源:系统时钟
        //定时器/计数器 0 的时钟值:终止
        //定时器/计数器 0 的模式:常规模式
        //定时器/计数器 0 的输出方式 :不连续
        OCR0 = 0x00;                        //T0 未使用
        TCNT0 = 0x00;
        TCCR0 = 0x00;
        //定时器/计数器 1 的时钟源:系统时钟
        //定时器/计数器 1 的时钟频率值:125.0kHz
        //定时器/计数器 1 的模式:常规模式
        //定时器/计数器 1 的输出:A、B 均不连续
        OCR1A = 0xf424;
        OCR1B = 0xf424;
        TCNT1 = 0x0bdc;                     //T1,8 分频主频周期,设置溢出定时时间
        TCCR1A = 0x00;
        TCCR1B = 0x03;
        //定时器/计数器 2 的时钟源:系统时钟
        //定时器/计数器 2 的时钟值:终止
        //定时器/计数器 2 的模式:常规模式
        //定时器/计数器 2 的输出方式:不连续
        ASSR = 0x00;
        OCR2 = 0x00;
        TCNT2 = 0x00;
        TCCR2 = 0x00;
        TIMSK = 0x04;                       //开启 T1 溢出中断
        //定时器资源映射
}
SIGNAL(SIG_OVERFLOW1)
{
        //重新初始化定时器 1 的值
        TCNT1 = 0x0bdc;                     //设定 T1 定时器计数初始值
        //在此添加代码
}
//液位接收中断处理程序
//waterUART. c 是 water UART 程序的源文件
#include " water. h"
#include "waterUART. h"
void uart_init(void)                        //串行通信初始化
{
        //串口资源映射
        //波特率:19200
```

```
        //数据位:8 位
        //模式:异步通信
        //奇偶校验:无
        //停止位:1 位
        UBRRL  =  0x1A;
        UBRRH  =  0x00;
        UCSRA  =  0x00;
        UCSRC  =  0x86;
        UCSRB  =  0x98;                  //开启接收发送中断程序
}
/ *********************************
接收中断程序
 ********************************* /
SIGNAL(SIG_UART_RECV)               //其值赋于键盘处理程序
{
        extern unsigned char key;
        key  =  UDR;                     //接收
}
/ *********************************
发送 8 位数据程序
 ********************************* /
void send_char( char a)
{
        UDR  =  a;                       //发送
delay(1, 8000);                          //延时
}
//主机程序
int main( void)
{
        //初始化函数映射
        io_init( );                      //I/O 接口初始化
        adc_init( );                     //AD 初始化
        uart_init( );                    //通信初始化
        //添加其他初始化函数
        //全局中断映射
        sei( );                          //开中断允许位
unsigned char   i;
        listshow( );//显示赋值
        menu_key( );//数码管显示菜单子程序
        for (i = 0; i < 10; i + + )      //显示
        {
            led_list( );
        }
```

```
     }
}
/ ******************************************
    数码管显示(从 CPU)
  ****************************************** /
void led_outbyt( unsigned char a)      //数码管显示程序
{
    unsigned char i, d;
    for (i = 0; i < 8; i + +)
    {
        cbi(GPIOB, 4);               //时钟信号
        d = a & 0x80;
        if (d)
            sbi(GPIOB, 2);           //数据信号
        else
            cbi(GPIOB, 2);
        a < < = 1;
        sbi(GPIOB, 4);
    }
}
void led_list(void)                    //数码管位码显示位置
{
    unsigned char i, c;
    for (i = 0; i < 4; i + +)
    {
        led_outbyt(led_w[i]);        //发送位码
        c = led_d[list_buf[i]] ^ 0xff;
        led_outbyt(c);               //发送段码
        c = led_d[list_buf[i + 4]] ^ 0xff;
        led_outbyt(c);               //发送段码
        cbi(GPIOB, 3);               //数据锁存
        sbi(GPIOB, 3);
        delay(0. 88, 8000);
    }
}
/ ***********************************************************
    数码管显示菜单子程序(从 CPU)
  *********************************************************** /
void menu_key(void)
{
    uchar tem;
    tem = PINA&0xf0;                 //从此开始为菜单程序(K4:翻页;K5:▼;K6:▲;K8:确认)
    if(tem!  = 0xf0)
```

```
    {
        tem = PINA&0xf0;            //再读键盘
    }
    while ((PINA | 0x0f) ^ 0xff)    //当键盘未释放时,一直显示
    {
        led_list();
    }
    if(tem! = 0xf0)                 //确认按键按下
    {
        send_char(tem);            //发送键码
    }
}
/ *****************************************
显示赋值(从 CPU)
***************************************** /
void listshow(void)
{
    uint a, f, i;
    a = height_control;            //显示
    f = height_real;               //显示
    for (i = 0; i < 3; i + +)
    {
        list_buf[2 - i] = a % 10; //显示
        list_buf[6 - i] = f % 10; //显示
        a / = 10;
        f / = 10;
    }
    list_buf[1] + = 10;
    list_buf[5] + = 10;
}
```

主机液位通信程序

```
//hostUART. c 是 host UART 程序的源文件
#include " host. h"
#include " hostUART. h"
// ***************************************** /
void uart_init(void)//串行通信初始化
{
    //串口资源映射
    //波特率:19200
    //数据位:8 位
    //模式:异步通信
    //奇偶校验:无
    //停止位:1 位
```

```
            UBRRL = 0x1A;
            UBRRH = 0x00;
            UCSRA = 0x00;
            UCSRC = 0x86;
            UCSRB = 0x98;                    //开启接收发送中断程序
    }
/***************************************
    接收中断程序(从 CPU)
    **************************************/
    SIGNAL(SIG_UART_RECV)
    {
        extern unsigned char sign;
        extern unsigned int height_real, height_control;
        unsigned char a;
        a = UDR;//接收
        if (a == '$')                        //判断起始位
        {
            sign = 0;
        }
        else
        {
            sign + + ;
        }
        switch (sign)                        //显示及输出的赋值
        {
            case 1: height_control = a; break;
            case 2: height_real = a; break;
            case 3: PORTD = a; break;
            default: break;
        }
    }
/***************************************
    发送 8 位数据程序(从 CPU)
    **************************************/
    void send_char(char a)
    {
        UDR = a;                             //发送
        delay(1, 8000);                      //延时
    }
```

8.12　基于 STM32 单片机的高精度三相电能测量系统

三相电能测量系统主要由 STM32 单片机、ATT7022B 电能计量芯片、AT45DB161B 闪存

芯片、RTC4553 自带时钟的芯片、LCM12864 液晶显示器等构成，主要完成各类电力参数检测、历史参数记录等，可根据需要随时调用。本节主要介绍 ATT7022B 和 AT45DB161B 闪存。

ATT7022B 是一款精度高、功能强的多功能防窃电基波/谐波三相电能专用计量芯片，它集成了 7 路 16 位 A/D 转换器，其中 3 路用于三相电压采样，3 路用于三相电流采样，1 路用于零线电流或其他防窃电参数的采样，可输出采样数据和有效值，使用方便。该芯片适合三相三线和三相四线的应用。

该芯片集成了参考电压电路，包括基波、谐波和全波的各相电参数测量的数字信号处理电路，能够测量各相及各相（包括基波、谐波和全波）的有功功率、无功功率、视在功率、有功能量以及无功能量，同时还能测量频率、各相电流以及电压有效值、功率因数、相角等参数，提供两种视在电能（PQS、RMS），满足三相多功能电能表及基波/谐波电能表要求。

ATT7022B 内部的电压检测电路可以保证加电和断电时正常工作，提供一个 SPI 接口，方便与外部 MCU 之间进行计量参数以及校表参数的传递，支持全数字域的增益、相位校正，即纯软件校表。有功、无功电能脉冲输出 CF1、CF2，可以直接接到标准表，进行误差校正，而 CF3、CF4 输出基波/谐波下的有功和无功电能脉冲或者 RMS。

8.12.1　ATT7022B 功能简要说明

ATT7022B 的电路特性与 ATT7022 一致，外围电路可参照 ATT7022 的应用电路。

ATT7022B 在硬件上增加了第 7 路 A/D，电气特性与前 6 路相同，温度传感器内置 CF3 及 CF4 脉冲输出，其电气特性与 CF1、CF2 相同，新增的输入/输出脚在 ATT7022 中为空脚。

ATT7022B 与 ATT7022 比，新增了以下功能，通过读/写内部寄存器获得：

1）基波或谐波的有功/无功电能寄存器（寄存器地址为 50 ~ 57H、70 ~ 77H）。

2）基波或谐波的功率因数相角，用软件控制与正常计量基波加谐波条件下计量的寄存器复用。

3）视在有功/无功电能用软件控制与基波或谐波的有功/无功电能寄存器复用。

4）读校验寄存器（寄存器地址为 28H）用于校对读数据是否正确。

5）校表数据校验和寄存器（寄存器地址为 3EH、5FH）用于校对校表数据是否正确。

6）功率方向寄存器（寄存器地址为 3DH）指示合相/分相的有功和无功功率方向，将功率方向放在一个寄存器中，方便用户使用。

7）电压信号夹角的测量值存放在寄存器 5CH、5DH、5EH 中。

8）三相四线中电流相序的测量值存放在寄存器 2CH 中。

9）第 7 路 A/D 输出有效值存放在成年期 29H 中。

10）三相三线应用中的 B 相不参与电能计量，可作为独立的信号，输入的电压、电流、功率、功率因数值可读。

11）输出温度值存放在寄存器 2AH 中。

12）电压信号的测量范围决定电压通道增益。

13）信号校表时间取决于脉冲频率。

8.12.2 ATT7022B 的内部结构、封装及 AT45DB161B 功能简介

1. ATT7022B 的内部结构及封装

ATT7022B 的内部结构如图 8.68 所示，ATT7022B 的封装形式如图 8.69 所示。

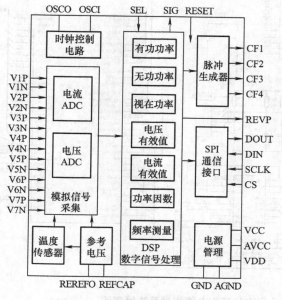

图 8.68　ATT7022B 的内部结构

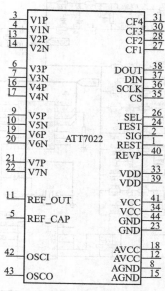

图 8.69　ATT7022B 的封装形式

2. 串行 Flash 芯片 AT45DB161B 功能简介

DataFlash – AT45DB161B 是美国 Atmel 公司推出的大容量串行 Flash 存储器产品，采用 NOR 技术制造，可用于存储数据或程序代码，其产品型号为 AT45DBxxxx，容量从 1MB 到 256MB。AT45DB161B 是 DataFlash 系列中的中档产品，单片容量为 16MB，AT45DB161B 封装如图 8.70 所示。

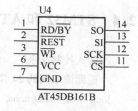

图 8.70　AT45DB161B 封装

8.12.3 STM32 单片机和 ATT7022B 电能芯片构成的高精度三相电能测量系统

ATT7022B 电能芯片构成的三相电能测量系统原理图如图 8.71 所示。AT45DB161B 引脚及功能描述见表 8.16。

表 8.16　AT45DB161B 引脚及功能描述

名称	功能	名称	功能
/CS	片选信号	/RESET	复位引脚
SCK	串行时钟输入信号	/WP	写保护引脚
SI	串行输入	SO	串行输出
RDY/BUSY	准备好/忙信号	NC	未用引脚

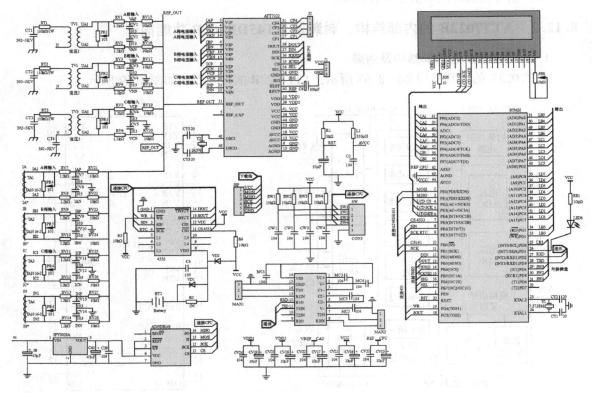

图 8.71 ATT7022B 电能芯片构成的三相电能测量系统原理图

8.12.4 STM32 和 ATT7022B 电能芯片控制软件

```
//输入控制命令
//返回读取到的24位数据
long read_7022(uchar a)
{
    char i;
    long res = 0;
    sbi(PORTB,4);          //片选拉高
    cbi(PORTB,5);          //时钟拉低
    cbi(PORTB,4);          //片选拉低
    del();                 //20μs 延时
    //命令输出
    for(i = 7;i > = 0;i - -)
    {
        sbi(PORTB,5);      //时钟拉高
        if(a&0x80)   sbi(PORTB,2);    //高电平数据输出
        else    cbi(PORTB,2);         //低电平数据输出
```

```
        a < < = 1;                      //数据左移
        cbi(PORTB,5);del();             //时钟拉低
    }
    //数据输入
    for(i = 23;i > = 0;i − −)
    {
        sbi(PORTB,5);                   //时钟拉高
        res < < = 1;                    //数据左移
        if(bit_is_set(PINB,3))          //数据输入
            res| = 0x01;                //保存读取到的数据
        del();                          //20μs 延时
        cbi(PORTB,5);                   //时钟拉低
        del();                          //20μs 延时
    }
    sbi(PORTB,2);                       //输出
    sbi(PORTB,5);                       //时钟拉高
    sbi(PORTB,4);                       //片选拉高
    return res;                         //返回 24 位的数据
}
```

8.13　基于 TEA1622P 的通用开关电源

TEA1622P 是开关电源控制器 IC，市电整流后可直接连接。本电路采用双芯片结构组合而成：高压部分使用 EZ – HVSOI 工艺，其余部分则用 BI – CMOS 工艺。

电路包括高压功率开关和一个由整流后的电源电压直接供电的启动电路，以及一个专用的谷值转换电路，容易实现低成本电压源和电流源的组合，使高效小型电网电子功能插座成为可能。

1. TEA1622P 的特点

为通用电源设计；集成功率开关：12Ω，650V MOSFET；输入交流电网电压范围：80 ~ 276V；频率可调，设计灵活；RC 振荡器对负载不敏感；谷值转换，导通损耗小；输出功率降低时，频率亦降低，待机功率小于 100mW；可调的过电流保护；欠电压保护；温度保护；绕组短路保护；系统故障状态处于安全再启动方式；有初级辅助绕组及次级光电耦合反馈两种反馈方式；封装形式为 DIP。

2. TEA1622P 引脚描述

1）TEA1622P 封装如图 8.72 所示。

2）TEA1622P 引脚功能说明见表 8.17。

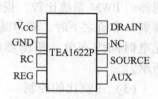

图 8.72　TEA1622P 封装

表 8-17 TEA1622P 引脚功能说明

符号	引脚	功能
V$_{CC}$	1	电源电压
GND	2	接地
RC	3	频率设置
REG	4	稳压输入
AUX	5	辅助绕组电压输入端（定时）（去磁化）
SOURCE	6	内部 MOS 管的源极
NC	7	不连接
DRAIN	8	内部 MSO 管的漏极，谷值传感器和启动电流的输入

3. TEA1622P 功能介绍

TEA1622P 处在密集的反激转换器的一次侧，起核心作用。变压器的辅助绕组可用于间接反馈控制隔离输出，同时还为本电路供电。如果要对输出电压或电流反馈实现更精确的控制，可采用次级传感电路及光耦反馈。

TEA1622P 使用电压方式控制。其工作频率由最大变压器去磁化时间和振荡器时间决定。当转换器工作在自振荡电源状态时，其工作频率由变压器去磁化时间决定；当转换器工作在恒定频率，并可由外接元件 R_{RC} 和 C_{RC} 来调整时，则由振荡器的时间来决定工作频率，这种方式称为脉宽调制（PWM）。

（1）启动和欠电压锁定

最初 IC 是由整流器后的电源供电，一旦 V$_{CC}$ 脚上的电压超过 V$_{CC}$（start）电平，IC 的供电就开始转换。只有 V$_{CC}$ 足够高时，IC 的供电才会由变压器的辅助绕组取代，同时由电网的供电停止，从而使 IC 工作频率提高。一旦 V$_{CC}$ 脚的电压降到 V$_{CC}$（stop）电平之下，IC 就停止转换，然后重新开始由整流后的电源供电。

（2）振荡器

振荡器的频率由 RC 脚上的外接电阻和电容决定。外加电容快速充电至 V$_{RC}$（max）电平，然后放电至 V$_{RC}$（main）电平，因为放电是指数型的，脉冲占空比对稳压值相当灵敏，在低占空比的敏感度与高占空比系数的敏感度相等。在整个调节范围内，与带有线性锯齿振荡器的 PWM 系统比较，指数型放电的振荡器的增益更稳定。为了获得高效率，一旦占空比降到某个值之下时，频率就降低，这是由振荡器电容充电时间来实现的。要确保电容器能在充电时间内充电，振荡器电容器的值应在 1nF 之内。TEA1622P 内部结构框图如图 8.73 所示。

（3）占空比的控制

占空比由内部稳压电压和 RC 脚上的振荡器信号控制。开关电源的最小占空比是 0%，最大占空比设定为 75%。

图 8.74 是以 TEA1622P 为核心元件构成开关电源的原理图。

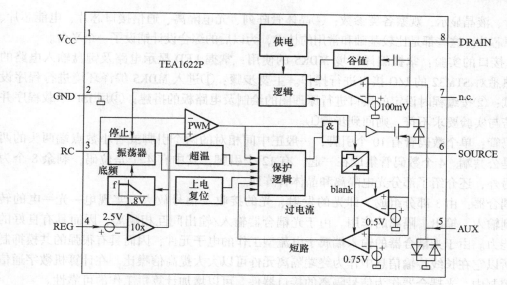

图 8.73 TEA1622P 内部结构框图

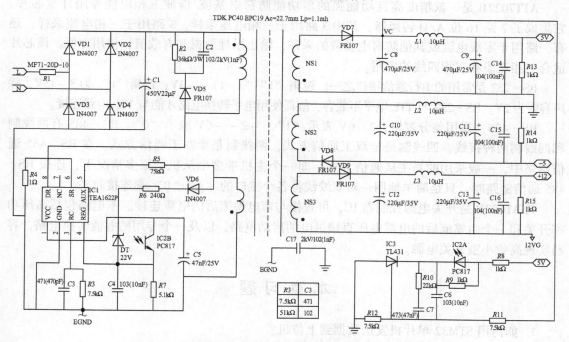

图 8.74 以 TEA1622P 为核心元件构成开关电源的原理图

本 章 小 结

为了让读者更加直观地理解芯片的功能设置和软件的设计使用，安排了比较具有代表性的几个单片机实验，读者可根据实验步骤来体验和掌握对此芯片的控制和设计。主要了解和掌握的内容包括：①开关量的控制；②定时/计数、中断、外中断，能测量频率和相位等参数；

③数码管、液晶显示，观察各类参数；④晶体管阵列、光电隔离、通信接口芯片、电能芯片、开关电源芯片。这些都是比较基础和常用的技术，为以后的综合设计铺设了一个平台。

I/O 接口的实验：掌握编译环境 MDK5 的使用；掌握 LED 显示电路及键盘输入电路的设计；熟悉对 STM32 的 I/O 接口进行操作。主要步骤：①进入 MDK5 编译环境进行程序设计与调试；②按编程时设定的接口进行原理图的绘制及电路板的搭建；③用 ISP 下载程序并验证，若与实验要求不符，则回到步骤①。

数码管：单个数码管有 10 个引脚，一般正中间相对的两个引脚或者小数点端两头的两个引脚是公共端。4 个数码管集成在一起，有 12 个引脚，其中有 4 个是位码，剩余 8 个为段码。另外，还介绍了部分光电隔离和晶体管阵列。

光耦合器：由 3 部分组成，即光的发射、光的接收及信号放大，实现电—光—电的转换，起到输入、输出、隔离的作用。由于光耦合器输入/输出间互相隔离，因而具有良好的抗干扰能力。由于光耦合器的输入端属于电流型工作的电子元件，因而具有很强的共模抑制能力，所以它在长线传输信息中作为终端隔离元件可以大大提高信噪比。在计算机数字通信及实时控制中，光耦合器作为信号隔离的接口器件，可以增加计算机工作的可靠性。

ATT7022B 是一款精度高且功能强的多功能防窃电基波/谐波三相电能专用计量芯片，它集成了 7 路 16 位 A/D 转换器，其中 3 路用于三相电压采样，3 路用于三相电流采样，还有一路用于零线电流或其他防窃电参数的采样，输出采样数据和有效值，使用方便。该芯片适合三相三线和三相四线的应用。

RS-232 是常用的串行通信接口之一。逻辑"1"为 -15~-3V；逻辑"0"为 3~15V，噪声容限为 2V。RS-232 与 TTL 电平不兼容，故需使用电平转换电路才能与 TTL 电路连接。

RS-485：采用差分逻辑，2~6V 表示"1"，-2~-6V 表示"0"。RS-485 有两线制和四线制两种接线，四线制是全双工通信方式，两线制是半双工通信方式。在 RS-485 通信网络中，一般采用的是主从通信方式，即一个主机带多个从机。很多情况下，连接 RS-485 通信链路时，只是简单地用一对双绞线将各个接口的"A""B"端连接起来。

TEA1622P 是开关电源控制器 IC，可直接与市电整流后的电源连接。本电路包括高压功率开关和一个由整流后的电源电压直接供电的启动电路，以及一个专用的谷值转换电路，容易实现高效小型开关电源。

本 章 习 题

1. 如何用 STM32 单片机发送数据到上位机？
2. 如何用上位机发送数据到 STM32 单片机？
3. 如何实现 STM32 单片机与单片机之间的通信。
4. 编写 STM32 单片机测量频率和相位的代码。
5. 如何用 STM32 单片机实现两组 LED 数码管显示实验？
6. 如何用 STM32 单片机实现 LCD 显示实验？
7. 简述 ATT7022B 电能专用计量芯片的使用方法。
8. 用 STM32 单片机设计一个液位控制系统，要求正确选择传感器。
9. 简述 TEA1622P、RS-485 等的使用方法。

第 9 章　STM32 实验平台操作指南

内容提要　本章介绍了在 MDK5 中新建 STM32 工程的步骤，还介绍了工程的编译及仿真等。

9.1　在 MDK5 下新建 STM32 工程

建立一个基于 V3.5 版本固件库的 STM32F1 工程模板，步骤如下：

1）在建立工程之前，建议用户在计算机的某个目录下面建立一个文件夹，后面所建立的工程都可以放在这个文件夹下面，本例建立的文件夹为 Template。

2）选择 MDK 的菜单：选择 Project→New μVision Project 命令，如图 9.1 所示再将目录定位到刚才建立的文件夹 Template 之下，在这个目录下面建立子文件夹 USER，然后定位到 USER 目录下，工程文件都保存到 USER 文件夹下面。工程命名为 Template，单击"保存"按钮。定义工程名称如图 9.2 所示。

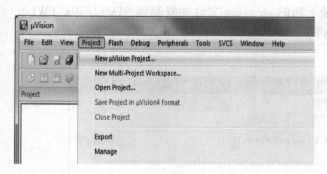

图 9.1　选择新建工程命令

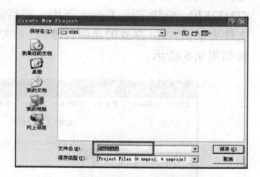

图 9.2　定义工程名称

接下来会出现一个选择 CPU 的界面，从中可选择芯片型号。芯片型号的选择如图 9.3 所示，因为 ALIENTEK 精英版 STM32F103 所使用的 STM32 型号为 STM32F103ZE，所以在这里选择 STM32F103ZE。

3）单击 OK 按钮，MDK5 会弹出 Manage Run-Time Environment 对话框，如图 9.4 所示。这是 MDK5 新增的一个功能，在这个界面中，用户可以添加自己需要的组件。在图 9.4 所示的界面中直接单击 Cancel 按钮，得到图 9.5 所示的界面。

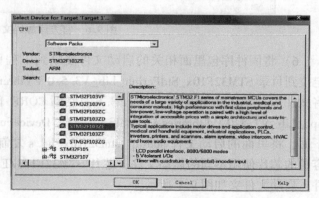

图 9.3　芯片型号的选择

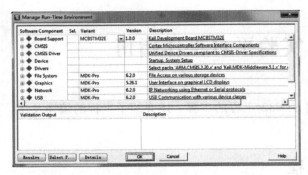

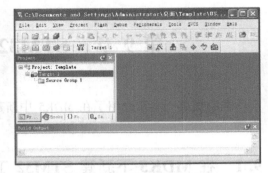

图 9.4　Manage Run-Time Environment 对话框　　　　图 9.5　工程初步建立界面

4）接下来在 Template 工程目录下面，新建 3 个文件夹：CORE、OBJ 以及 STM32F10x_FWLib。CORE 用来存放核心文件和启动文件，OBJ 用来存放编译过程文件以及 hex 文件，STM32F10x_FWLib 文件夹，顾名思义，用来存放 STM32 官方提供的库函数源码文件。已有的 USER 目录除了用来存放工程文件外，还用来存放主函数文件 main. c 及其他文件，如 system_stm32f10x. c 等。

5）将官方的固件库包里的源码文件复制到工程目录文件夹下面。打开官方固件库包，定位到之前准备好的固件库包的目录 STM32F10x_StdPeriph_Lib_V3. 5. 0 \ Libraries \ STM32F10x_StdPeriph_Driver 下面，将目录下面的 src，inc 文件夹复制到 STM32F10x_FWLib 文件夹下面。src 存放的是固件库的 . c 文件，inc 存放的是对应的 . h 文件。官方库源码文件夹如图 9. 6 所示。

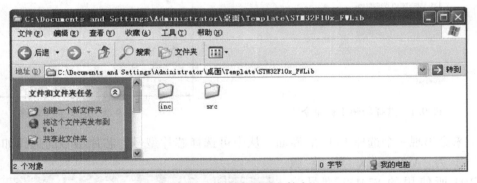

图 9.6　官方库源码文件夹

6）将固件库包里面相关的启动文件复制到工程目录 CORE 之下。打开官方固件库包，定位到目录 STM32F10x_StdPeriph_Lib_V3. 5. 0 \ Libraries \ CMSIS \ CM3 \ CoreSupport 下面，将文件 core_cm3. c 和文件 core_cm3. h 复制到 CORE 下面。再定位到目录 STM32F10x_StdPeriph_Lib_V3. 5. 0 \ Libraries \ CMSIS \ CM3 \ DeviceSupport \ ST \ STM32F10x \ startup \ arm 下面，将里面的启动文件 startup_stm32f10x_hd. s 复制到 CORE 下面。之前已经描述了不同容量的芯片使用不同的启动文件，芯片 STM32F103ZE 是大容量芯片，所以选择这个启动文件。启动文件夹如图 9.7 所示。

7）将 STM32F10x_StdPeriph_Lib_V3. 5. 0 \ Libraries \ CMSIS \ CM3 \ DeviceSupport \ ST \

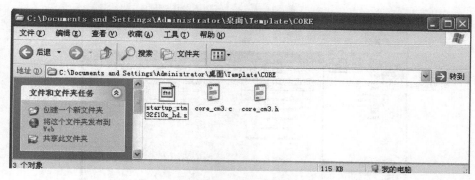

图 9.7　启动文件夹

STM32F10x 下面的 3 个文件（stm32f10x. h、system_stm32f10x. c、system_stm32f10x. h）复制到 USER 目录之下。

　　将 STM32F10x_StdPeriph_Lib_V3. 5. 0 \ Project \ STM32F10x_StdPeriph_Template 下面的 4 个文件（main. c、stm32f10x_conf. h、stm32f10x_it. c、stm32f10x_it. h）复制到 USER 目录下面。

　　8）将需要的固件库相关文件复制到工程目录下，再将这些文件加入工程中。右键单击 Target1，选择 Manage Components 命令，在弹出界面中的 Project Targets 一栏，将 Target 的名称修改为 Template，然后在 Groups 一栏删掉 Source Group1，建立 3 个 Groups：USER、CORE、FWLIB。再单击 OK 按钮，会看到 Target 名称以及 Group 情况。

　　9）在 Group 中添加需要的文件。按照步骤 8）的方法，右键单击 Tempate，选择 Manage Components 命令，在弹出的界面中选择需要添加文件的 Group。先选择 FWLIB，再单击右边的 Add Files，定位到刚才建立的目录 STM32F10x_FWLib/src 下面，将里面所有的文件都选中（Ctrl + A），再单击 Add 按钮，最后关闭。此时可以看到 Files 列表下面包含添加的文件。

　　10）用同样的方法将 Groups 定位到 CORE 和 USER 下，然后添加需要的文件。CORE 下需要添加的文件为 core_cm3. c、startup_stm32f10x_hd. s、USER 目录下需要添加的文件为main. c、stm32f10x_it. c、system_stm32f10x. c。此时需要添加的文件均已添加到工程中了，最后单击 OK 按钮，工程建立完成。

9.2　工程的编译

　　工程编译步骤：

　　1）编译之前先选择编译中间文件，编译后存放目录。方法是使用魔术棒工具，单击 Output 选项卡中的 Select Folder for Objects 按钮，然后选择目录为新建的 OBJ 目录。存放目录界面如图 9.8 所示。

　　2）单击编译按钮 编译工程，会看到很多报错，原因是找不到头文件。编译报错界面如图 9.9 所示。

　　3）回到工程主菜单，单击魔术棒按钮 ，弹出一个对话框，选择 C/C + + 选项卡，再

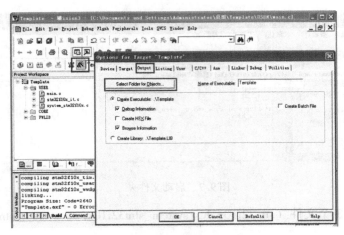

图 9.8　存放目录界面

单击 Include Paths 右边的按钮，弹出一个添加 Path 的对话框，将目录添加进去。Keil 只会在一级目录查找，如果目录下面还有子目录，那么 Path 要定位到最后一级子目录。最后单击 OK 按钮。

4）接下来编译工程，会看到又报了很多同样的错误。此时需要配置一个全局的宏定义变量。定位到 C/C++ 选项卡，在 Define 输入框里填写 "STM32F10X_HD, USE_STDPERIPH_DRIVER"，单击 OK 按钮。配置全局宏定义变量，如图 9.10 所示。

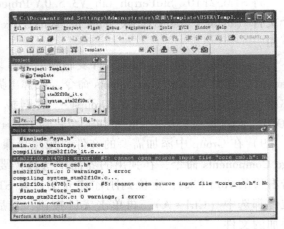

图 9.9　编译报错界面

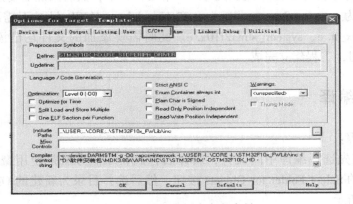

图 9.10　配置全局宏定义变量

5）在编译之前打开工程 USER 下面的 main.c，复制下面的代码到 main.c 中覆盖已有代码，然后进行编译。编译成功界面如图 9.11 所示。

```
#include "stm32f10x. h"
void Delay(u32 count)
{
u32 i = 0;
for(;i < count;i + +);
}
int main(void)
{
GPIO_InitTypeDef GPIO_InitStructure;
RCC_APB2PeriphClockCmd(RCC_APB2Periph_GPIOB|
RCC_APB2Periph_GPIOE, ENABLE);          //使能 PB、PE 端口时钟
GPIO_InitStructure. GPIO_Pin = GPIO_Pin_5;      //LED0→PB. 5 端口配置
GPIO_InitStructure. GPIO_Mode = GPIO_Mode_Out_PP;  //推挽输出
GPIO_InitStructure. GPIO_Speed = GPIO_Speed_50MHz;  //I/O 口工作频率为 50MHz
GPIO_Init(GPIOB, &GPIO_InitStructure);       //初始化 GPIOB. 5
GPIO_SetBits(GPIOB,GPIO_Pin_5);           //PB. 5 输出高电平
GPIO_InitStructure. GPIO_Pin = GPIO_Pin_5;      //LED1→PE. 5 推挽输出
GPIO_Init(GPIOE, &GPIO_InitStructure);       //初始化 GPIO
GPIO_SetBits(GPIOE,GPIO_Pin_5);           //PE. 5 输出高电平
while(1)
{
GPIO_ResetBits(GPIOB,GPIO_Pin_5);
GPIO_SetBits(GPIOE,GPIO_Pin_5);
Delay(3000000);
GPIO_SetBits(GPIOB,GPIO_Pin_5);
GPIO_ResetBits(GPIOE,GPIO_Pin_5);
Delay(3000000);
}
}
```

　　一个工程模版建立完毕后还需要配置，编译后生成 hex 文件。同样单击魔术棒按钮，进入配置菜单，在打开的对话框中选择 Output 选项卡，然后选择 3 个复选框。其中，Create HEX File 选项可编译生成 hex 文件，Browse Information 选项可以查看变量和函数定义。配置图如图 9.12 所示。

图 9.11 编译成功界面

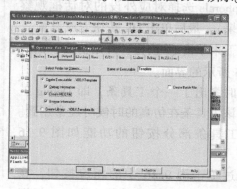

图 9.12 配置图

221

重新编译代码，可看到在 OBJ 目录下面生成了 hex 文件，这个文件用 FlyMcu 下载到 mcu 即可。

9.3 STM32 在 MDK5 下的仿真

9.3.1 仿真配置

在软件仿真之前检查配置问题，在 IDE 里面单击 按钮，在打开的对话框中选择 Target 选项卡如图 9.13 所示。在该选项卡中主要检查芯片型号和晶振频率，其他的选项一般默认。

确认了芯片型号及外部晶振频率（8.0MHz）之后，基本上就确定了 MDK 5.14 软件仿真的环境了，接下来再选择 Debug 选项卡，Debug 选项卡设置如图 9.14 所示。

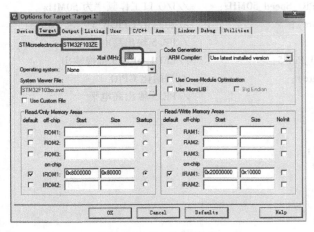

图 9.13 Target 选项卡

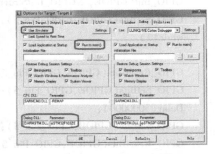

图 9.14 Debug 选项卡设置

在图 9.14 中，选择 Use Simulator 单选按钮，即使用软件仿真。选择 Run to main（）复选框，即跳过汇编代码，直接跳转 main（）函数开始仿真。设置最下方的 Dialog DLL 分别为 DARMSTM. DLL 和 TARMSTM. DLL，设置最下方的 Parameter 均为 – pSTM32F103ZE，用于支持 STM32F103ZE 的软硬件仿真（即可以通过 Peripherals 选择对应外设的对话框观察仿真结果）。最后单击 OK 按钮完成设置。

接下来单击 @ 按钮，开始仿真，出现图 9.15 所示的界面。

此时多出了一个工具条，即 Debug 工具条，该工具条在仿真的时候时经常用到。Debug 工具条部分按钮的功能如图 9.16 所示。

通过单击图 9.16 中的相应按钮，在图 9.17中会出现相应的功能小窗口，根据

图 9.15 开始仿真界面

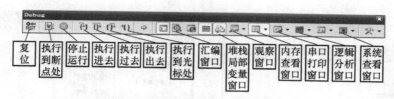

图 9.16　Debug 工具条部分按钮的功能

需要可对小窗口的位置进行布局。

把指针放到 main.c 的 12 行的左侧空白处，双击鼠标左键，可看到在 12 行的左侧出现了一个框，即表示设置了一个断点。然后单击 ▤ 按钮，执行到该断点处，如图 9.18 所示。

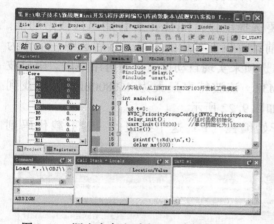

图 9.17　调出内存查看窗口、串口打印窗口

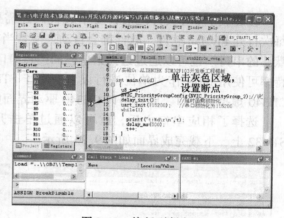

图 9.18　执行到断点处

9.3.2　串口程序下载

STM32 的程序下载有多种方法，例如，使用 USB、串口、JTAG、SWD 等方式都可以下载 STM32 代码。常用的是通过串口或利用 USB 下载 STM32 代码。

STM32 串口下载的方法有两个步骤：

1）把 B0 接 V3.3（保持 B1 接 GND）。

2）按一下复位按键。

1. CH340 驱动安装

在 USB -232 处插入 USB 线，并接上计算机。在设备管理器里面可看到 USB 串口，如果不能看到则要先卸载之前的驱动，卸载完后重启计算机，再重新安装提供的驱动。USB 串口如图 9.19 所示。

图 9.19　USB 串口

USB 串口驱动安装成功，就可以使用串口下载代码了。

2. 程序的下载

串口下载软件选择 FlyMcu，其启动界面如图 9.20 所示。

选择要下载的 hex 文件。用 FlyMcu 软件打开 OBJ 文件夹，找到 Template.hex，打开并进行相应设置后，下载代码界面中的 FlyMcu 设置如图 9.21 所示。

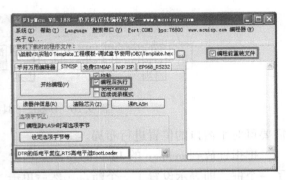

图 9.20 FlyMcu 启动界面　　　　　　　图 9.21 下载代码界面中的 FlyMcu 设置

在装载了 hex 文件之后，要下载代码还需要选择串口，FlyMcu 有智能串口搜索功能。每次打开 FlyMcu 软件，软件都会自动去搜索当前计算机上可用的串口，然后选中一个作为默认的串口。也可以通过选择菜单栏的搜索串口选项来实现自动搜索当前可用串口。串口波特率可使用 bit/s 作为单位进行设置，对于 STM32，该波特率最大为 460800bit/s。再找到 CH340 虚拟的串口，虚拟串口 CH340 驱动界面如图 9.22 所示。

选择了相应串口之后，就可以通过单击开始编程（P）这个按钮，一键下载代码到 STM32 上，下载完成界面如图 9.23 所示。

图 9.22 虚拟串口 CH340 驱动界面　　　　　　　图 9.23 下载完成界面

本 章 小 结

本章主要讲述的是如何在 MDK5 下新建 STM32 工程、工程编译、仿真设置及串口程序下载。

在 MDK5 下新建一个基于 V3.5 版本固件库的 STM32F1 工程模板的步骤：

①编译之前先选择编译中间文件，编译后存放目录；②单击编译按钮编译工程，查看编译报错；③回到工程主菜单，单击魔术棒按钮弹出一个菜单，选择 C/C++ 选项；④配置一个全局的宏定义变量；⑤打开工程 USER 下的 main.c，复制代码到 main.c 以覆盖已有代码，再进行编译。

串口程序下载：STM32 的程序下载有多种方法。使用 USB、串口、JTAG、SWD 等方式，都可以下载代码。常用的是通过串口或利用 USB 下载代码。

STM325 在 MDK5 下的仿真：在软件仿真之前检查配置，在 IDE 里面单击魔术棒按钮，确定 Target 选项卡内容，主要检查芯片型号和晶振频率，其他选项默认。

本章习题

1. 通过官方网站或其他渠道下载并安装 MDK5，熟悉开发环境的使用。
2. 在 MDK5 下新建一个 STM32 工程模板的步骤是什么？请列举。
3. 建立模板后，编译的具体步骤是什么？
4. 编译成功后生成的是什么类型的文件？存放在哪个文件夹里？
5. 如何进行 STM32 工程在 MDK5 下的仿真？

参 考 文 献

[1] 沈卫红，任沙浦，朱敏红. STM32 单片机应用与全案例实践 [M]. 北京：电子工业出版社，2017.

[2] 冯新宇. ARM Cortex – M3 体系结构与编程 [M]. 北京：清华大学出版社，2017.

[3] 邢传玺. 嵌入式系统应用实践开发：基于 STM32 系列处理器 [M]. 长春：东北师范大学出版社，2019.

[4] 武奇生. 基于 ARM 的单片机应用及实践：STM32 案例式教学 [M]. 北京：机械工业出版社，2014.

[5] 卢有亮. 基于 STM32 的嵌入式系统原理与设计 [M]. 北京：机械工业出版社，2013.

[6] 肖广兵，万茂松，羊玢. ARM 嵌入式开发实例：基于 STM32 的系统设计 [M]. 北京：电子工业出版社，2013.

[7] 张洋，刘军，严汉宇. 原子教你玩 STM32：库函数版 [M]. 北京：北京航空航天大学出版社，2015.

[8] 蒙博宇. STM32 自学笔记 [M]. 3 版. 北京：北京航空航天大学出版社，2019.

[9] 刘军，张洋，严汉宇. 例说 STM32 [M]. 3 版. 北京：北京航空航天大学出版社，2018.

[10] 海涛. ATmega 单片机原理及应用：C 语言教程 [M]. 北京：机械工业出版社，2008.